気象予報士
かんたん合格 解いてわかる必須ポイント12

気象予報士
中島俊夫 著

技術評論社

- 本書中の気象予報士試験問題および解答例は、一般財団法人 気象業務支援センターの承認を得て掲載しています。
- 本書中の衛星画像・天気図は、気象庁より提供を受けています。
- 本書は発刊時点（2014年6月）における著者独自の調査に基づいて情報を提供しています。その後、変更される可能性があることをご了承ください。
- 本書は正確な記述につとめましたが、掲載されている情報の運用結果については、弊社および著者はいっさいの責任を負いませんことをご了承ください。

はじめに
~気象予報士を目指す方に夢と希望を~

　私の前著書『気象予報士 かんたん合格10の法則』を出版してから、もう3年以上が経ちます。その本を出版した年は他にも大きな動きがありました。それが気象予報士の家庭教師「夢☆カフェ」をひとりで始めたことです。

　それまでは1対多数のスクーリング形式の授業を行ってきましたが、「夢☆カフェ」はマンツーマン形式です。初めての試みでもあり、生徒の皆様の質問がその場でダイレクトに来るので、それは大変なものでした。でもこの経験が私自身を大きく成長させたことも確かな事実です。おかげさまで2014年6月の段階で、当講座の合格率は約30%（受講生合計35名中、11名が合格）となりました。

　本書は生徒の皆様から「わからない」と質問のあった部分を中心に、これまでの実際の過去問（主に学科）から熱力学などのジャンルごとに問題を選び、その解説をしています。今後、似たような問題が出題されたときにもすばやく解けるようにと、そのポイントに焦点を絞り、どの本よりもわかりやすい解説を心がけております。また少しでも難しい問題を楽しく感じていただけるようにと、たくさんのキャラクターたちが本書を盛り上げています。前著書から引き続き登場するキャラクターもいますし、この本の中での新しいキャラクターもいます。それぞれに個性があり、とてもかわいらしくて憎めないやつなんですよね（笑）。

　読者の皆様の喜ぶ顔をイメージしながら、たくさんの想いを込めて作ったこの本。少しでも合格への近道になれば、とてもうれしく思います。

　最後になりましたが、この本を作る機会を与えてくださった技術評論社の皆様やその関係者の皆様、私の気象の先生方、そして私の本を待ち望んでくれている読者の皆様、生徒の皆様。心から感謝をしています。

2014年6月　中島俊夫

気象予報士かんたん合格　解いてわかる必須ポイント12 ― 目次

ポイント1　大気の熱力学　9

- 熱力学について ………………………………………………… 10
  - 1 状態方程式と静力学平衡 ……………………………… 12
  - 2 熱力学の第一法則 ……………………………………… 20
  - 3 温位と相当温位 ………………………………………… 26
  - 4 安定と不安定 …………………………………………… 30
  - 5 水蒸気量を表す様々な言葉 …………………………… 34
  - 6 エマグラム ……………………………………………… 44

ポイント2　降水過程　47

- 雨が降る仕組みについて ……………………………………… 48
  - 1 エーロゾル ……………………………………………… 50
  - 2 暖かい雨 ………………………………………………… 54
  - 3 冷たい雨 ………………………………………………… 58
  - 4 雲と霧 …………………………………………………… 62

ポイント3　大気における放射　67

- 放射について …………………………………………………… 68
  - 1 黒体に係わる法則 ……………………………………… 70
  - 2 放射平衡 ………………………………………………… 78
  - 3 散乱 ……………………………………………………… 82

ポイント 4 大気の運動　89

- 風について ……………………………………………………… 90
  - 1 風に働く力 ………………………………………………… 92
  - 2 地衡風 …………………………………………………… 99
  - 3 傾度風 …………………………………………………… 102
  - 4 地上付近で吹く風 ………………………………………… 110
  - 5 温度風 …………………………………………………… 114
  - 6 渦度 ……………………………………………………… 118

ポイント 5 気象予報士試験における計算問題　123

- 計算問題について ……………………………………………… 124
  - 1 気圧と高度の関係 ………………………………………… 126
  - 2 凝結熱と気層の温度上昇 ………………………………… 128
  - 3 気圧と気温と密度の関係 ………………………………… 133
  - 4 相対渦度 ………………………………………………… 136
  - 5 絶対渦度保存則 …………………………………………… 142
  - 6 立方体に流出入する空気 ………………………………… 145

ポイント 6 気象衛星観測　149

- 気象衛星観測について ………………………………………… 150
  - 1 静止気象衛星と極軌道衛星 ……………………………… 152
  - 2 可視画像と赤外画像 ……………………………………… 155
  - 3 水蒸気画像 ……………………………………………… 158
  - 4 雲パターン ……………………………………………… 161

ポイント 7 気象レーダー観測　169

- 気象レーダー観測について ……………………………………………………… 170
  - 1 気象レーダーの仕組み ……………………………………………… 172
  - 2 気象レーダーの誤差 ………………………………………………… 175
  - 3 気象ドップラーレーダー …………………………………………… 178
  - 4 ウィンドプロファイラ ……………………………………………… 182

ポイント 8 数値予報とガイダンス　187

- 数値予報とガイダンスについて ………………………………………………… 188
  - 1 数値予報モデルと静力学平衡・非静力学平衡 …………………… 190
  - 2 客観解析 ……………………………………………………………… 195
  - 3 数値予報プロダクト ………………………………………………… 198
  - 4 ガイダンスの種類 …………………………………………………… 202
  - 5 系統的誤差 …………………………………………………………… 205

ポイント 9 天気図と気象災害・注意報・警報　209

- 天気図と気象災害・注意報・警報について …………………………………… 210
  - 1 季節ごとに見られる特徴的な天気図 ……………………………… 212
  - 2 気象災害 ……………………………………………………………… 217
  - 3 注意報・警報 ………………………………………………………… 220
  - 4 土壌雨量指数・流域雨量指数 ……………………………………… 224

ポイント10 気象擾乱 227

- 気象擾乱について ……………………………………………… 228
  - 1 温帯低気圧 ……………………………………………… 230
  - 2 台風 ……………………………………………………… 235
  - 3 寒冷低気圧 ……………………………………………… 240
  - 4 日本付近に影響を与える気圧配置 …………………… 243

ポイント11 法令 253

- 法令について …………………………………………………… 254
  - 1 気象業務法 ……………………………………………… 256
  - 2 災害対策基本法 ………………………………………… 259
  - 3 水防法、消防法 ………………………………………… 261

ポイント12 実技 267

- 実技について …………………………………………………… 268
  - 1 天気記号の読み取り …………………………………… 270
  - 2 学科の知識を実技試験で活かす ……………………… 276
  - 3 実技試験で出題される計算問題 ……………………… 279
  - 4 ストーリーを意識することの大切さ ………………… 284

索引 …………………………………………………………………… 290

ポイント 1
大気の熱力学

このポイント1では
気象学の中でも最も基本となる知識であり、
そして最も理解をすることが難しいといわれている
熱力学について、実際に問題を解きながら
一緒に理解を進めていきます。

熱力学について

熱力学とひと言でいっても、その内容は多岐に渡ります。このポイント1では試験でも重要な熱力学を、下記の節に分けてお話ししていきます。

① 状態方程式と静力学平衡

状態方程式と静力学平衡はどちらも数式で表されており、この2つの式の考え方から空気の温度と密度（簡単にいうと重さ）と層厚（高度差）の関係を導き出すことができます。

② 熱力学の第一法則

空気が上昇や下降をすると体積に変化が生じて、さらに空気の温度にも変化が起きます。それを熱力学の第一法則という式で示すことができます。またその際の温度変化率は水蒸気の凝結（水蒸気➡水への変化）を伴うか伴わないかで変わり、前者を湿潤断熱変化、後者を乾燥断熱変化と呼びます。

③ 温位と相当温位

温位とは簡単にいうと温度のことで、詳しくは1000hPaの高さに合わせた温度（絶対温度）のことです。そして相当温位とは、その温位にさらに水蒸気の潜熱を足し合わせたもので、ここからその空気の性質（温暖または寒冷、湿潤または乾燥）を把握することができます。

④ 安定と不安定

大気の状態が安定なのか、それとも不安定なのかという言葉は、天気予報でもたびたび耳にするので、気象用語の中でも馴染みのある言葉でしょう。

安定しているかどうかは空気が上昇しやすいかしにくいかで分類され、上昇しやすい場合を不安定とし、上昇しにくい場合を安定としています。

5 水蒸気量を表す様々な言葉

気象学で水蒸気量を表す言葉には、実に様々なものがあります。水蒸気は雲のもとであり、さらに雨のもとでもあります。それだけ気象学では天気を予測するために水蒸気を考慮することが大切であると考えられ、様々な言葉を駆使することで、その水蒸気量を表しているのでしょう。

特に混合比（水蒸気の質量／乾燥空気の質量）という普段聞きなれないような言葉もあり、これらを理解することが大切です。

6 エマグラム

エマグラムとは、大気の安定度などの状態を把握するために用いられる図（右図参照）のことです。

この図には色々な意味を持った線が組み合わさっているため、理解することはとても難しく、個人的にはエマグラムを理解して初めて、熱力学が理解できるのではないかと考えているほどです。

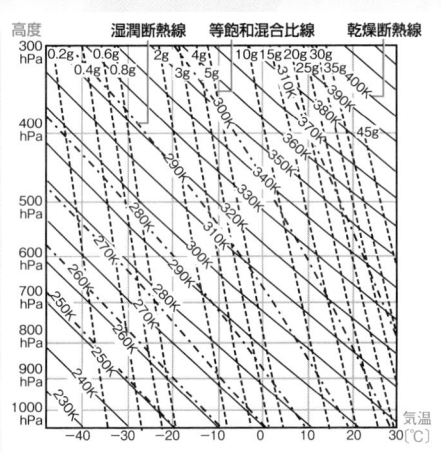

それでは気象学の中でも最も難解だといわれているこの熱力学を各節ごとに、実際に問題を解きながら、いっしょに理解を深めていきましょう。

ポイント1 大気の熱力学

1 状態方程式と静力学平衡

 **問題**　平成20年度 第1回 通算第30回試験　一般知識 問4
難度：★★★★☆

図は静力学平衡にある大気の700hPa等圧面と850hPa等圧面の高度分布を、それぞれ実線と破線で重ねて描画したものである。地点A〜Eのそれぞれにおける二つの等圧面間の気層の平均気温Ta(K)〜Te(K)の関係式として正しいものを、下記の①〜⑤の中から一つ選べ。

① Tb = Td < Ta = Tc = Te
② Ta = Tb < Tc = Td < Te
③ Ta < Tb = Tc < Td = Te
④ Ta = Tc = Te < Tb = Td
⑤ Tb < Ta = Td < Tc < Te

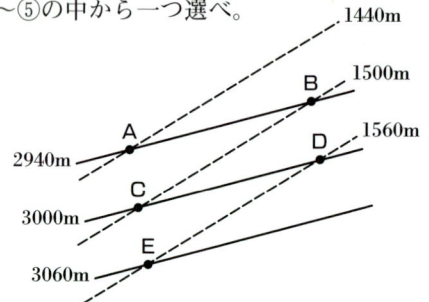

　この問題はこの節のテーマでもある状態方程式や静力学平衡の考え方を用いて解くことができるのですが、まずは気圧という言葉について復習をして、そこからこの問題の解説をしていきます。

　気圧（単位：hPaまたはPa）とは単位面積（一般に1㎡を指す）あたりの空気の重さという意味があります。ごく簡単にいうと空気の重さです。

　地上で観測される気圧の値は平均するとだいたい1000hPa程度であり、それはつまり地上よりも上にある空気の重さが平均する

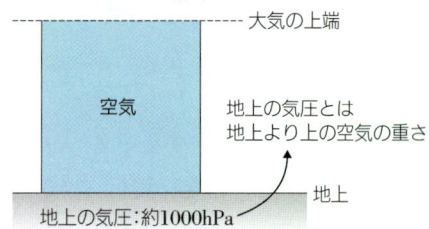

気圧の単位

hPa(ヘクトパスカル)またはPa(パスカル)
※1hPa＝100Paに相当

状態方程式と静力学平衡 **1-1**

と、だいたい1000hPa程度であることを意味しています。

そしてこの気圧が空気の重さである以上、高度が高くなればなるほど空気の量は減るために空気の重さは軽くなり、気圧は減少します。

だいたい地上0mで1000hPa、高度1500mでは850hPa、高度3000mで700hPa、高度5500mで500hPa、高度9000mまで高くなると気圧は300hPaまで減少することが一般的です。

日本で最も高い富士山の頂上が3776mですから、気圧に換算すると700hPaくらいであることがわかりますよね。

そしてこの各気圧の間（例えば1000hPa〜500hPaや850hPa〜700hPaなど）の高度差を層厚という言葉を用いて表すことがあるのですが、その層厚（各気圧間の高度差）は一定ではなく、場所や季節によって差があります。結論をいうと気温により差ができるものです。

その層厚がどのくらいになるかは、状態方程式や静力学平衡の考え方を用いて求めることができます。

状態方程式も静力学平衡もどちらも数式であり、その数式の形や各記号の意味については右図の通りです。

詳しい解説については私の著書『気象予報士 かんたん合格10の法則』でも書いていますので、

ポイント1 大気の熱力学

上空に向かうほど、空気が少なくなる
→気圧は高度が高くなるほど低くなる

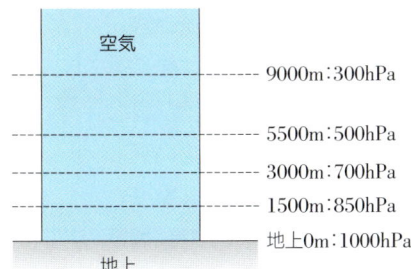

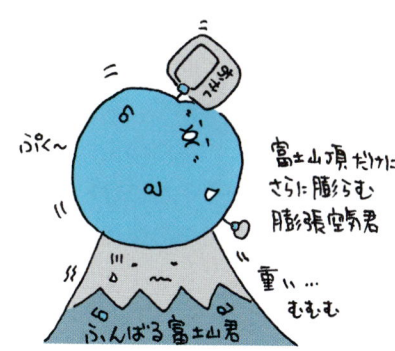

● 状態方程式

$$P = \rho R T$$

P:気圧　ρ:密度　R:気体定数　T:絶対温度

● 静力学平衡

$$\Delta P = -\rho g \Delta Z$$

ΔP:気圧差　ρ:密度　g:重力加速度　ΔZ:高度差

ここでは割愛させていただきますが、状態方程式と静力学平衡の式から暖かい空気（温度の高い空気）は軽く（密度が小さく）て高度差（層厚）が大きい、逆に冷たい空気（温度の低い空気）は重く

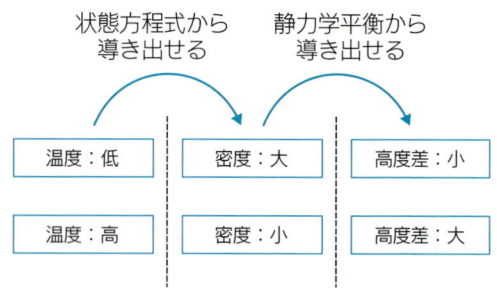

（密度が大きく）て高度差（層厚）が小さいという関係を導き出せます。

　つまり暖かい空気ほど高度差が大きくなり、冷たい空気ほど高度差が小さくなるわけですから、層厚（各気圧間の高度差）が大きいほど、その場所の空気の温度が高く、層厚が小さいほど、その場所の空気の温度は低いということになります。この温度と層厚の関係こそが、今回の問題を解く上で最も重要なポイントです。

●**層厚**（ここでは500〜1000hPa）**と温度の関係**

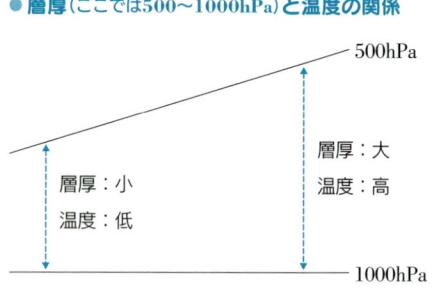

　つまり今回の問題の各A〜E地点の700hPa〜850hPa面の層厚（高度差）を読み取り、その層厚の大小が温度の高低を表していることになります。

　問題文より、実線が700hPaの等圧面であり、破線が850hPaの等圧面の高さを表しているわけですから、A地点は700hPaの高さが2940mであり、850hPaの高さが1440mになります。

　同じようにB地点では700hPaの高さが2940mで850hPaの高さが1500m、C地点では700hPaの高さが3000mで850hPaの高さが1500m、D地点では700hPaの高さが3000mで850hPaの高さが1560m、最後にE地点

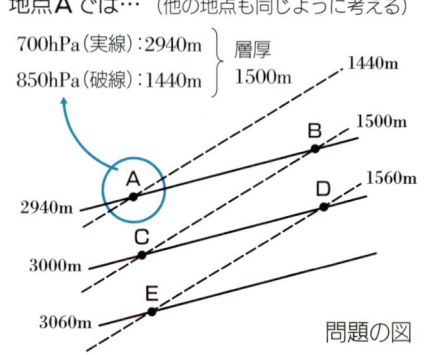

問題の図

では700hPaの高さが3060m
で850hPaの高さが1560mと
いうことになります。

●各地点の層厚

地点 **A** の層厚：2940m － 1440m ＝ 1500m
地点 **B** の層厚：2940m － 1500m ＝ 1440m
地点 **C** の層厚：3000m － 1500m ＝ 1500m
地点 **D** の層厚：3000m － 1560m ＝ 1440m
地点 **E** の層厚：3060m － 1560m ＝ 1500m

　ここから各地点の層厚（ここでは700hPa〜850hPaの高度差）を求めるとA地点は1500m（2940m－1440m＝1500m）、B地点では1440m（2940m－1500m＝1440m）、C地点では1500m（3000m－1500m＝1500m）、D地点では1440m（3000m－1560m＝1440m）、最後にE地点では1500m（3060m－1560m＝1500m）ということになります。

　状態方程式と静力学平衡の関係により、層厚の大小が温度の高低（層厚が大きいほど温度が高く、層厚が小さいほど温度が低い）を表していることになります。A地点とC地点とE地点の層厚は700hPaと850hPaの高度そのものに違いはありますが、層厚は1500mと同じであることからその層間（ここでは700hPa〜850hPa）の温度も同じであることがわかります。そしてB地

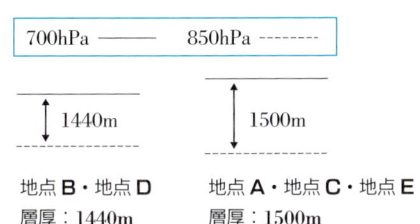

700hPa ——　　　850hPa ------

↕1440m　　　↕1500m

地点 **B**・地点 **D**　　　地点 **A**・地点 **C**・地点 **E**
層厚：1440m　　　　　層厚：1500m

↓ ここから温度をまとめると…

地点 **A・C・E** ➡ 温度が同じ
地点 **B・D** ➡ 温度が同じ
地点 **B・D** より地点 **A・C・E** のほうが温度が高い

点とD地点も700hPaと850hPaの高度そのものに違いはありますが、層厚は1440mと同じですから、その層間の温度も同じであることがわかります。また層厚が大きいほど温度も高いことになるので、B地点とD地点（いずれも層厚1440m）よりも層厚の大きいA地点とC地点とE地点（いずれも1500m）では温度が高いことになります。

　以上をまとめますと、A地点とC地点とE地点の温度が同じで、B地点とD地点の温度も同じということです。そしてその両者を比べると、B地点とD地点の温度よりもA地点とC地点とE地点の温度のほうが高いことになります。

したがって、今回の問題の解答は①Tb＝Td＜Ta＝Tc＝Teとなります（※Taは地点Aの温度、Tbは地点Bの温度、Tcは地点Cの温度、Tdは地点Dの温度、Teは地点Eの平均温度を表しています）。

このように温度と層厚の関係を示した問題では、状態方程式と静力学平衡の基本をおさえておく必要があります。

その中でも「温度が高いほど層厚が大きくなり、逆に温度が低いほど層厚が小さくなる」という考え方は基本です。この考え方をきちんと覚えておけば、同じような問題が出た場合にもすばやく解くことができます。その他のパターンについても、次の問題で解説をしていきます。

※問題の中で「静力学平衡にある大気」とことわり書きをしている理由は、$\varDelta P = -\rho g \varDelta Z$ の式が成り立つことであり、気圧差が一定の場合は密度と高度差（層厚）が反比例の関係にあることをここでは意味しています。つまりここから層厚の大小が密度の大小、すなわち温度の高低を表すことにつながります。

1-1 状態方程式と静力学平衡

問題　平成23年度 第1回 通算第36回試験　一般知識 問8
難度：★★★★☆

ある地点の高層気象観測において、三つの異なる時刻に図のA、B、Cで示される気温の鉛直分布が観測され、各観測時刻における500hPaの高度は、いずれも5000mであった。このとき各時刻における地上気圧PA、PB、PCの大小関係として正しいものを、下記の①～⑤の中から一つ選べ。ただし、大気は十分に乾燥しており、静力学平衡が成り立っている。

① PA＝PB＝PC
② PA＞PB＝PC
③ PA＞PB＞PC
④ PA＜PB＝PC
⑤ PA＜PB＜PC

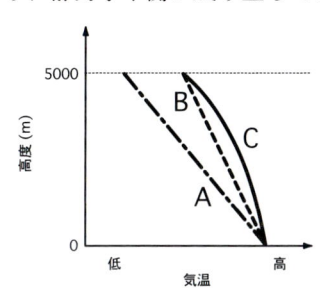

ポイント 1　大気の熱力学

まず気圧とは、ある高さよりも上にある空気の重さ（詳しくは単位面積：1m²あたり）です。

> 気圧…ある高さよりも上にある空気の重さ
> ※正しくは単位面積：1m²あたり

つまり地上気圧とは地上よりも上にある空気の重さのことで、地上よりも上にある空気の重さが変化することで地上気圧も変化するものと考えることができます。では地上よりも上にある空気の重さが変化するときとは、どのようなときでしょうか？

まずはじめに考えることができるのは空気の量です。地上よりも上にある空気の量が何かしらの理由で増加すれば空気は重くなり、地上気圧も高くなります。

逆に地上よりも上にある空気の量が何かしらの理由で減少すれば空気は軽くなり、地上気圧も低く

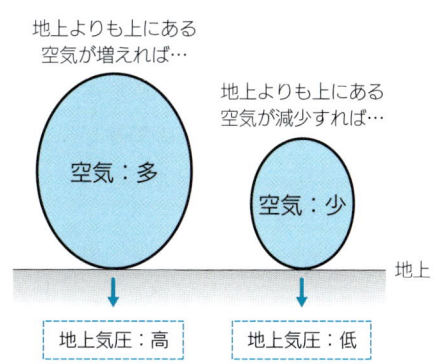

なります。

　次に考えることができるのは空気の温度です。前回の問題でもお話しをした通り、「暖かい空気は密度が小さく層厚が大きい、逆に冷たい空気は密度が大きく層厚が小さい」という関係を、状態方程式と静力学平衡から導くことができます。

　その中でも今回の問題では「暖かい空気は密度が小さくつまり軽い、逆に冷たい空気は密度が大きくつまり重い」という関係を用います。

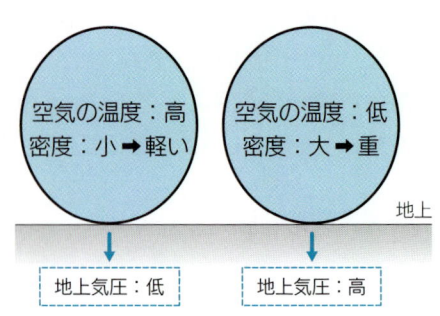

　そのように空気の温度により空気の密度（重さや軽さ）が変化するのであれば、地上よりも上にある空気の温度でその空気の密度が変化し、そこから地上気圧も変化することになります。

　問題文より各観測時刻ともに500hPaの高度が5000mといわれていることから、それは5000mよりも上にある空気の重さが500hPaの気圧に相当するという意味になります。

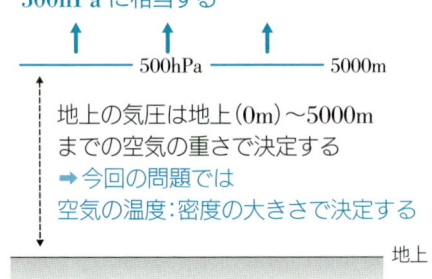

　つまり各観測時刻ともに500hPaの高度が5000mと同じわけですから、ここで地上の気圧に変化が出るのは、地上（0m）から5000mまでの空気の重さということになり、今回の問題では空気の温度による密度の差と考えることができます。

　問題の図（右図参照）では、左に行くほど温度が低いことを意味しています。A、B、Cという時

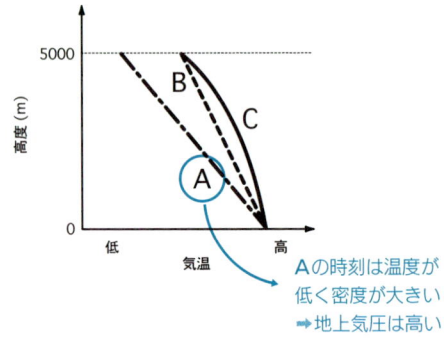

刻に観測した中では、地上の気温は同じであっても、地上から5000mまでの温度が全般的に低いAという時刻に観測したときのほうが、地上から5000mまでの空気の密度が大きく重いということになります。つまり地上気圧も高くなります。

Bの時刻はCの時刻より温度が低く密度が大きい
➡地上気圧はBの時刻のほうが高い

同じようにして、Bという時刻とCという時刻に観測した場合の地上気圧を比べていきましょう。

地上と5000mの高度ではどちらも気温は同じなのですが、その区間の温度に違いが見られることが問題の図よりわかります（上図参照）。

具体的にはBという時刻に観測した場合のほうが、その区間の温度が全般的に低く、逆にCという時刻に観測した場合のほうが、その区間の温度が全般的に高くなっています。それが地上の気圧に変化を導く理由です。

地上と5000mの温度が仮に同じであっても、その区間の中で空気の温度に差があれば空気の密度に差が生じることになり、もちろんそこから地上の気圧にも変化がつくことに注意が必要です。

つまりBとCではBという時間に観測した場合のほうが、空気の温度が低く密度が大きく重いということです。つまり気圧が高くなります。逆にCという時間に観測した場合のほうが、空気の温度が高く密度が小さく軽いということです。つまり気圧は低くなります。

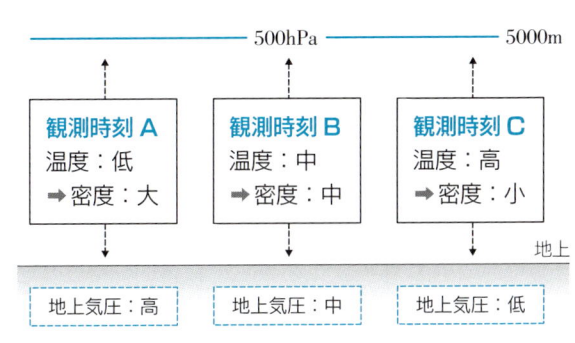

以上のことから、地上気圧はAが最も高く逆にCが最も低くなり、この問題の解答は③PA＞PB＞PCになります※。

※またここでのPAはAの観測時刻の地上気圧、PBはBの観測時刻の地上気圧、PCはCの観測時刻の地上気圧を表しています。

ポイント1 大気の熱力学

2 熱力学の第一法則

問題　平成17年度 第1回 通算第24回試験　一般知識 問2
難度：★★★☆☆

乾燥空気の熱力学に関して述べた次の文(a)〜(d)の正誤について、下記の①〜⑤の中から正しいものを一つ選べ。

(a) 空気塊の内部エネルギーは、絶対温度で表した気温の2乗に比例する。
(b) 外から熱量を与えられた空気塊の内部エネルギーは、外に仕事をしない場合には、熱量を与える前より小さくなる。
(c) 空気塊が断熱的に膨張して外に仕事をした場合には、内部エネルギーは大きくなる。
(d) 空気塊の定積比熱は、定圧比熱よりも小さい。

① (a)のみ正しい　② (b)のみ正しい　③ (c)のみ正しい
④ (d)のみ正しい　⑤ すべて誤り

この問題は熱力学の第一法則の考え方を用いることで解くことができ、その法則は右図のように数式で表されます。

● 熱力学の第一法則

$$\Delta Q = \Delta W + \Delta U$$

デルタキュー　デルタワット　デルタユー
加えた熱量　　体積変化　　　温度変化
　　　　　　　→仕事　　　　→内部エネルギー

この式の中でΔQが加えた熱量であり、ΔWが体積変化を表し、具体的には仕事という意味があります。そしてΔUが温度変化を表し、具体的には内部エネルギーを表しています。

(a)の記述について

熱力学の第一法則によると、空気塊の内部エネルギーとはΔUの部分にあたり、それは噛み砕くと温度変化という意味でもあります。
つまり空気塊の内部エネルギーは、温度が上昇したり下降したりすること

によって変化することを意味しています。温度が高いほど内部エネルギーは大きくなり、逆に温度が低いほど内部エネルギーは小さくなります。

そのような理由から、空気塊の内部エネルギーは特に絶対温度※の2乗に比例して大きくなったり小さくなったりするようなものではなく、単に温度（絶対温度）が上昇したり下降したりすることによって変化するものです。ここから(a)の記述は誤りとなります。具体的には空気塊の内部エネルギーは絶対温度に比例するものです。

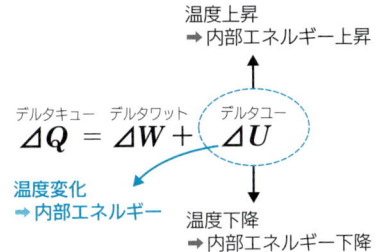

☀ (b)の記述について

周囲から空気塊に熱を加えた場合、一般的にその熱エネルギーは体積変化と温度変化の2つのエネルギーに使用されます。つまり空気塊は膨張して、さらに温度も上昇することになります。

もしこのときに体積変化にエネルギーが使われなければ、加えた熱量はすべて温度変化に使用されるため、よ

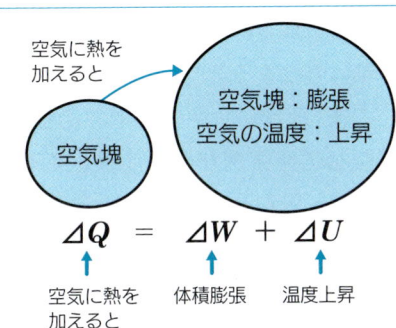

りいっそう温度が上昇します。以上のことから、外（周囲という意味）から空気塊に熱量を与えて外に仕事（膨張という意味）をしない場合、熱量を与える前よりも温度が高くなることになり、内部エネルギーは大きくなります。ここから(b)の記述は誤りであることがわかります。

ちなみにこのように空気塊に対して外から熱を加えたり、逆に外に熱を放出したりして空気塊の体積が変化することを非断熱変化といいます。

※絶対温度（単位 K：ケルビン）は理論上最も低い温度を0K（ゼロケルビン）とした温度で、それを摂氏（単位：℃）で表すと－273℃（0K＝－273℃）になります。摂氏から絶対温度に直す場合には摂氏に273を足し、絶対温度を摂氏に直す場合には絶対温度から273を引きます。

☀ (c)の記述について

空気塊が何かしらの理由で上昇すると、この空気塊の周囲にある空気の気圧が低くなるために膨張し、その膨張するために空気塊自身のエネルギーが使われるために温度が下降します。

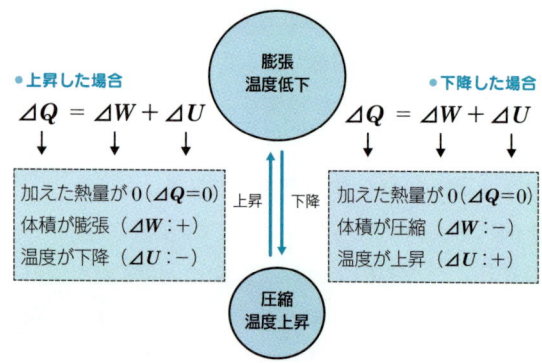

逆に空気塊が何かしらの理由で下降すると、この空気塊の周囲にある空気の気圧が高くなるために圧縮し、その収縮に伴い空気塊自身のエネルギーが余るので温度が上昇します。このように周囲から熱のやりとりがなくても空気塊の体積は変化することになります。これを断熱変化といいます。

つまり断熱的（断熱変化のこと）に膨張して空気塊が外に仕事をする場合は空気塊の温度が下がり、内部エネルギーは減少します。ここから(c)の記述は誤りになります。

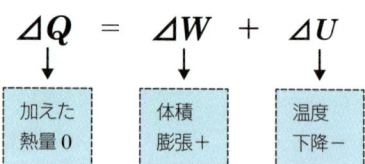

☀ (d)の記述について

ここでは定積比熱と定圧比熱の意味についてしっかりと理解をしておく必要があります。まず比熱（または熱容量と表記）

- **定積（定容）比熱（記号Cv）**…体積（容積）を一定として空気1kgを1℃上昇させるのに必要なエネルギー
- **定圧比熱（記号Cp）**…圧力（気圧）を一定として空気1kgを1℃上昇させるのに必要なエネルギー

には、空気1kgを1℃上昇させるのに必要なエネルギー（熱量）という意味があります。

その中でも定積比熱（記号：Cv）は別名を定容比熱ともいいます。空気の体積（容積）を一定にしたままで空気1kgを1℃（絶対温度で1Kと表記されることもある）上昇させるのに必要なエネルギーのことです。

定圧比熱（記号：Cp）は、空気の圧力（気圧）を一定にしたままで空気1kgを1℃上昇させるのに必要なエネルギーのことです。この定積比熱と定圧比熱についても、熱力学の第一法則の考え方を用いることで説明することができます。

● **定積比熱の考え方**

$$\varDelta Q = \varDelta W + \varDelta U$$

（加えた熱量）（体積変化：仕事）（温度変化：内部エネルギー）
　　　　　　　　一定

※体積を一定としており、加えた熱量はすべて温度変化のみに使われる。
➡ 少ないエネルギーで空気の温度を1℃上昇させることができる

定積比熱とは、体積を一定にしたままで空気1kgを1℃上昇させるのに必要なエネルギーを表しています。つまり空気に熱を加えた場合、通常であればその熱は体積変化と温度変化の2つのエネルギーに使われるのですが、ここでは体積を一定にしたままで空気1kgを1℃上昇させるので、熱力学の第一法則の式の中では⊿Wの体積変化（仕事）の部分が一定（要は変わらない）になることになります。

ここから空気に加えた熱は体積変化には使われずにすべて温度変化のエネルギーに使われることになり、少ないエネルギーで空気の温度を1℃上昇させることができます。

● **定積比熱の数値と単位の意味**

717J のエネルギーが必要

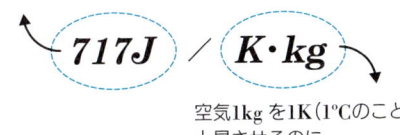

空気1kgを1K（1℃のこと）上昇させるのに

※J（ジュール）…エネルギーの単位

つまり効率的に空気の温度を上昇させることができ、定積比熱は数値で表すと717J/K・kgになります。

一方、定圧比熱は、圧力を一定にしたままで空気1kgを1℃上昇させるので、熱力学の第一法則の式の中では一定になる部分がどこにもありません。したがって、空気に熱を加えた場合、その熱は体積変化と温度変化の両方に使われるので、定積比熱のときよりも空気1kgを1℃上昇させるためには余分にエネル

● **定圧比熱の考え方**

$$\varDelta Q = \varDelta W + \varDelta U$$

（加えた熱量）（体積変化：仕事）（温度変化：内部エネルギー）

※加えた熱量は体積変化と温度変化の2つに使われる
➡ 空気の温度を1℃上昇させるには余分（体積変化）にエネルギーが必要

ギーが必要になります。そのような理由から定積比熱よりも定圧比熱のほうがその数値は大きくなり、定圧比熱は数値で表すと1004 J/K・kgになります。

　ここから空気塊の定積比熱(717 J/K・kg)は定圧比熱(1004J/K・kg)よりも小さくなり(d)の記述は正しいことになります。

　以上のことから、問題の答えは④(d)のみ正しいになります。

　熱力学の第一法則の中でも定積比熱と定圧比熱についてはよく出題されており、試験ではまさに定番の問題です。

　定積比熱と定圧比熱に関する問題を考えるときに大切なことは、定積比熱と定圧比熱そのものの数値の大小を聞かれているのか、それとも定積比熱と定圧比熱の考え方を用いたときの空気塊の温度の変化の大小について聞かれているのかを把握することです。

●定圧比熱の数値と単位の意味

1004Jのエネルギーが必要

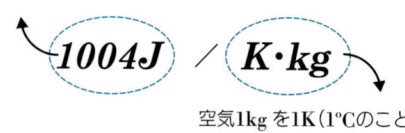

空気1kgを1K(1℃のこと)上昇させるのに

※J(ジュール)…エネルギーの単位

　先ほどの問題(平成17年度第1回通算第24回試験　一般知識　問2)の(d)の記述では、定積比熱(体積を一定としたままで空気1kgを1℃上昇させるのに必要なエネルギー)と定圧比熱(圧力を一定としたままで空気1kgを1℃上昇させるのに必要なエネルギー)そのものの数値の大小を比べていました。この場合はそのまま定積比熱(717 J/K・kg)のほうが小さく、定圧比熱(1004J/K・kg)のほうが大きいということになります。

　それでは次のように問題で聞かれた場合はどのようになるでしょう？

> 　圧力を一定に保って空気塊に熱を加えた場合の温度変化は、体積を一定に保って同量の熱を加えた場合の温度変化に比べて小さい。(平成18年度第1回通算第26回　一般知識　問2より一部抜粋)

この場合は定積比熱と定圧比熱そのものの数値の大小ではなく、同じ熱量を加えた場合の空気塊の温度変化について聞かれていることがポイントです。

　体積を一定に保って空気塊に熱を加えた場合（定積比熱）のほうが、少ないエネルギー量で温度を上昇させることが

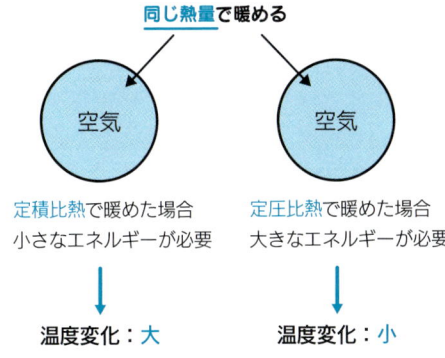

できます。したがって、「同じ熱量で」と条件がついた場合、圧力を一定に保って空気塊に熱を加えた場合（定圧比熱）よりも空気塊の温度変化は大きくなります。逆にいうと圧力を一定に保って空気塊に熱を加えたほうが空気塊の温度変化は小さくなり、この問題は正しいことになります。

　定積比熱と定圧比熱そのものの数値の大小なのか、それとも空気塊の温度変化の大小なのか、どちらについて聞かれているかを判別することは大切です。

ポイント1 大気の熱力学

3 温位と相当温位

問題　平成10年度 第2回 通算第11回試験　一般知識 問2
難度：★★★★☆

地表から上空にかけての気温と露点温度の観測結果が下の問題図のようになっているとき、温位と相当温位の鉛直方向の変化の様子を正しく表しているものを、次の①〜⑤のうちから一つ選べ。

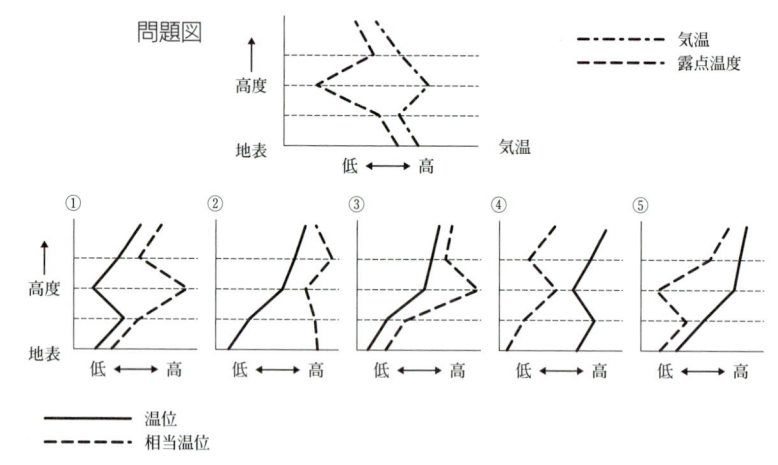

　温位（記号：θ）とは、ある高さにある空気塊を1000hPaまで乾燥断熱変化させたときの温度を絶対温度に直したものという意味です。

- **温位（記号 θ）**…ある高さの空気塊を1000hPaまで乾燥断熱変化させたときの温度を絶対温度に直したもの
- **相当比熱（記号 θe）**…温位に、水蒸気が凝結したときの潜熱をすべて足したもの

　その温位とよく似た言葉に相当温位があり、相当温位（記号：θe）には温位に水蒸気が凝結したときの潜熱をすべて足したものという意味があります。

　例えば1000hPaの高さに30℃の空気があり、この空気の温度である

30℃を絶対温度に直すと303K（30℃＋273＝303K）になります。これがこの空気の温位です。

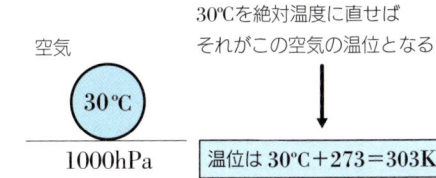

　ここでは作業を簡単にするためにあらかじめ1000hPaの高さに空気があるとしていますが、もし空気が1000hPaの高さにない場合は必ず乾燥断熱変化で1000hPaの高さの温度を求めて、その温度を絶対温度に直してください。

　そしてこの空気はいくらか水蒸気を含んでいるものとし、その水蒸気が凝結（水蒸気から水への変化のことで、要は雲を作ること）すると、潜熱という熱を放出して空気自身を暖める効果があります。ですから、水蒸気を含んでいる

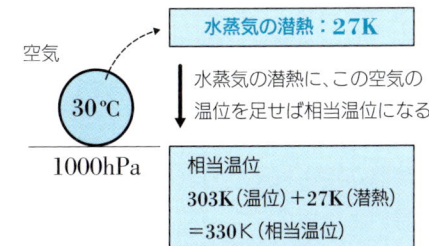

というだけで、その空気は潜在的な熱を含んでいることになります。ここではその水蒸気の潜熱の総量が仮に27Kという絶対温度に相当する熱量であるとすると、この空気の相当温位は、先ほど求めた303Kという温位に水蒸気の潜熱である27Kを足した330Kとなります。

　つまりその空気が湿潤空気（水蒸気を含んだ空気）である場合※、温位に水蒸気の潜熱を足したものが相当温位ですので、熱を足した分だけ、相当温位は温位よりも高くなります。

　そして含んでいる水蒸気が多ければ多いほど水蒸気の潜熱も多くなるわけですから、その空気の温位と相当温位の差は大きくなります。逆に、含んでいる水蒸気が少なければ少ないほど水蒸気の潜熱も少なくなるわけですから、その空気の温位と相当温位の差は小さくなります。

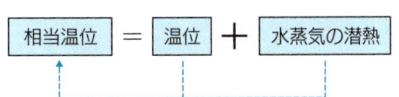

温位に水蒸気の潜熱を加えた分だけ
湿潤空気の相当温位は温位よりも高くなる

水蒸気をたくさん含んでいる空気ほど、水蒸気の潜熱が多く、温位と相当温位の差は大きくなる

※水蒸気がまったく含まれていない乾燥空気であれば、水蒸気の潜熱が0になるわけですから、その場合はその空気の温位と相当温位は等しくなります。

地上から上空にかけての気温と露点温度の差※が小さいほど湿潤であり、気温と露点温度の差が大きいほど乾燥していることになります。今回の問題では問題図（右図参照）より、地上から上空にかけての気温と露点温度の観測結果

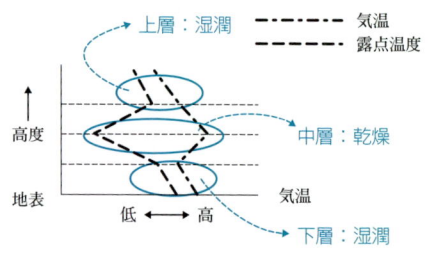

は、観測地点の下層では湿潤であり、中層では乾燥しており、さらに上層ではまた湿潤となっていることがわかります（※ここでの下層、中層、上層とは対流圏下層、中層、上層という意味ではなく、あくまでも図で示されているこの観測地点の高度の違いを表現しています）。

　まず湿潤空気においては水蒸気の潜熱が足されるため、温位は相当温位よりも高くなることはありません。したがって、問題の④と⑤の図は相当温位よりも温位のほうが高くなっているため、誤りであることがわかります（※仮に乾

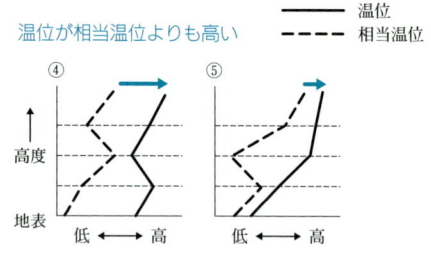

燥空気で考えても水蒸気の潜熱が足されないだけで、その場合の温位と相当温位は等しくなるため、④と⑤の図は誤りであることがわかります）。

　そして相当温位は簡単にいうと温位に水蒸気の潜熱を足したものです。空気中に水蒸気が多く含まれているとき（湿潤）ほど水蒸気の潜熱が多くなるので温位と相当温位の差は大きくなり、逆に空気中に水蒸気が含まれていないとき（乾燥）ほど、水蒸気の潜熱が少

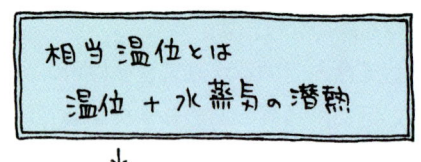

なくなるので温位と相当温位の差は小さくなります。

※気温と露点温度の差を湿数（$T - Td$）といい、湿数が０に近づくほど（要は数値が小さいほど）湿潤な空気であることを意味しています。

温位と相当温位　1-3

　この問題の中の観測地点の下層では気温と露点温度の差が小さく湿潤であり、中層では気温と露点温度の差が大きく乾燥しており、さらに上層では気温と露点温度の差が小さく湿潤となっています（右図参照）。

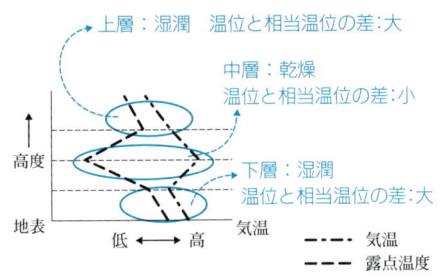

　それを温位と相当温位の関係に当てはめて考えていくと、下層では湿潤であり水蒸気の潜熱も多くなるので、温位と相当温位の差は大きくなります。

　逆に中層では乾燥しており水蒸気の潜熱も少なくなるので、温位と相当温位の差は小さくなりま

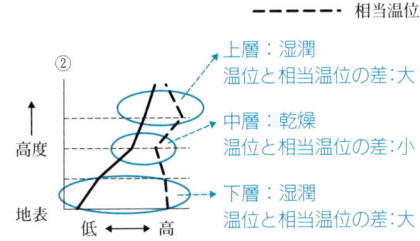

す。さらに上層ではまた湿潤となり水蒸気の潜熱も多くなるので、温位と相当温位の差は大きくなります。この関係（下層：湿潤⇒温位と相当温位の差：大
　中層：乾燥⇒温位と相当温位の差：小　上層：湿潤⇒温位と相当温位の差：大）をすべて満たしている図は問題の②（上図参照）であり、<u>②の図がこの問題の観測地点の温位と相当温位の鉛直方向の変化の様子を正しく表しています。</u>

　参考までに、問題の①と③の図は温位と相当温位のグラフの形に多少の差はあれども、湿潤な下層と上層で温位と相当温位の差が小さく、乾燥している中層で温位と相当温位の差が大きいので誤りです。

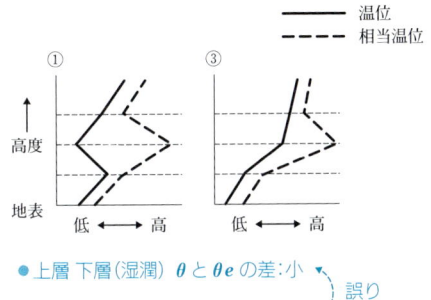

ポイント1　大気の熱力学

ポイント1 大気の熱力学

4 安定と不安定

問題　平成9年度 第2回 通算第9回試験　一般知識 問3
難度：★★☆☆☆

　下の表はある観測点における大気の温度を地表から1kmごとに測定した結果を示す。これについての下の文章で、下線部分①～⑤のうち、誤っているものを一つ選べ。

　ただし、乾燥断熱減率は約1.0℃/100m、対流圏下層での湿潤断熱減率は約0.5℃/100mとする。

高度(km)	気温(℃)	高度(km)	気温(℃)	高度(km)	気温(℃)
0	22.8	6	−19.7	12	−50.1
1	12.8	7	−26.2	13	−50.1
2	6.3	8	−32.1	14	−50.1
3	−0.2	9	−38.5	15	−50.1
4	−6.7	10	−44.9		
5	−13.2	11	−50.1		

　高度1km以下の成層は、乾燥大気に対し①中立である。
　また、高度1kmから3kmの成層は②絶対不安定である。
　高度③11kmより高いところは成層圏とみられ、温位は上にいくほど④高くなっており、大気の成層は⑤絶対安定である。

　大気の状態には、大きく分けると安定と不安定という2つがあります。空気が上昇や下降（運動）をしても元の高さに戻る状態のことを安定といい、そのまま上昇や下降を続ける状態のことを不安定といいます。
　例えば熱気球は空を飛ぶことができますが、これは気球の中の空気を暖めることで周囲の空気よりも密度を小さく（要は軽く）する

熱気球は不安定な状態
熱気球君　ふわふわ

安定と不安定　1-4

ことで上昇を続けているのです。

このように周囲の空気よりも暖かい空気は上昇を続けていくことができますが、これがまさに不安定な状態です。熱気球が空を飛ぶのも不安定な状態だからと考えることができます。

そして具体的には大気の状態は、絶対安定、条件付不安定、絶対不安定の3つに分けることができます。

ある地点の鉛直方向（上空に向けて）の気温減率（気温変化率）と、乾燥断熱減率（乾燥断熱変化の気温変化率：1℃/100mのこと）と、湿潤断熱減率（湿潤断熱変化の気温変化率：0.5℃/100mのこと）を比べることで3つの状態に分けられます。

例えば、湿潤断熱減率よりもある地点の気温減率が小さい場合は絶対安定になります。

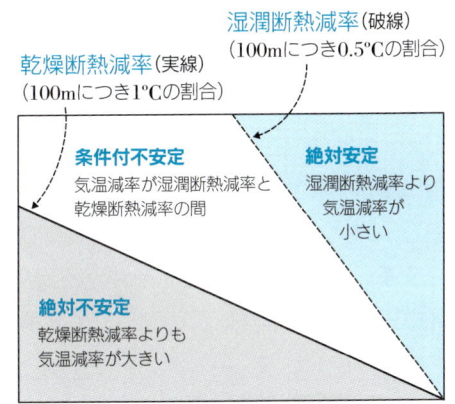

●3つの大気の状態

絶対安定　　　　気温減率と乾燥断熱減率と
条件付不安定　　湿潤断熱減率を比べて分類
絶対不安定

湿潤断熱減率と乾燥断熱減率の間に、ある地点の気温減率が当てはまると条件付不安定になり、乾燥断熱減率よりもある地点の気温減率が大きくなると絶対不安定になります（右上図参照）。ちなみに乾燥断熱減率とある地点の気温減率が同じ場合は乾燥中立な成層状態であり、湿潤断熱減率とある地点の気温減率が同じ場合は湿潤中立な成層状態といいます。

①の下線部について

高度0kmの気温が22.8℃で、高度1kmの気温が12.8℃です。高度0kmから1kmにかけて10℃気温が低下していることがわかります。

高度(km)	気温(℃)	
0	22.8	気温減率
1	12.8	100mにつき1℃

高度1km以下は乾燥断熱減率と同じ減率
→乾燥大気に中立な状態

つまり高度1km以下の気温減率は100mにつき1℃であり、これは問題文に書かれている乾燥断熱減率（約1℃/100m）と同じ気温減率になります。このような大気を乾燥中立といい、乾燥大気に対して中立であるとした①の下線部は正しいことになります。

☀ ②の下線部について

高度1kmの気温が12.8℃で、高度3kmの気温が−0.2℃です。高度1kmから高度3kmにかけて気温は13℃気温が低下していることがわかります。

高度(km)	気温(℃)
1	12.8
2	6.3
3	−0.2

気温減率
100mにつき0.65℃

高度1km〜3kmは乾燥断熱減率と湿潤断熱減率の間の減率
→ 条件付不安定な成層状態

つまり高度1kmから高度3km（2kmの層間）にかけての気温減率は100mにつき0.65℃であり、これは問題文に書かれている湿潤断熱減率（約0.5℃/100m）と乾燥断熱減率（約1℃/100m）の間の気温減率にあたります。このような大気を条件付不安定といい、絶対不安定とした②の下線部は誤りになります。ここからこの問題の解答は②になります。

☀ ③の下線部について

高度11kmまでは気温は、その減率に差はありますが、大きくみると低下しており、高度11kmよりも上空では−50.1℃と高度によらず一定であることがわかります。

高度(km)	気温(℃)
11	−50.1
12	−50.1
13	−50.1
14	−50.1
15	−50.1

気温が−50.1℃と一定

高度11kmよりも上空では高度によらず気温が一定
→ 成層圏とみられる

一般的に対流圏では高度とともに気温は低下し、成層圏に入ると、はじめ等温層（気温が高度によらず一定である状態）が続き、その後に気温が高度とともに上昇します。したがって、高度11kmよりも高いところは成層圏とみられる、とした③の下線部は正しいことになります。

④の下線部について

温位とは、前節でもお話しをしたように、ある高さにある空気塊を1000hPaまで乾燥断熱変化をしたときの温度を絶対温度に直したものです。

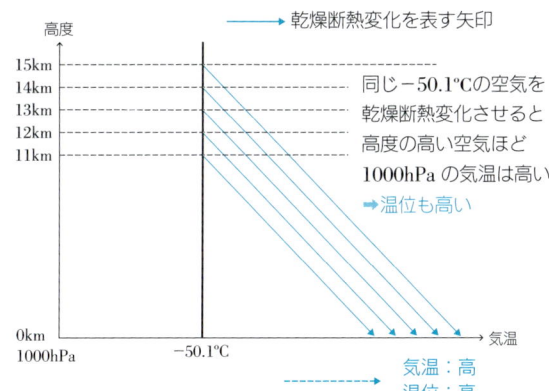

高度11kmよりも上空では高度によらず気温が−50.1℃と同じです。仮に高度0km（要は地上）を1000hPaとした場合、高度11kmから高度15kmまでの同じ気温（−50.1℃）の空気を、1000hPaまで乾燥断熱減率により下降させたとします。

すると、高度11kmよりも高度15kmのように、高度がより高いところにある空気のほうが、1000hPaまで乾燥断熱減率により下降させたときの気温が高いことになります。そしてその気温を絶対温度に直した温位も高いことになります（右上図参照）。

そのような理由から、11kmよりも高いところでは温位は上にいくほど高くなっているとした④の下線部は正しいことになります。

⑤の下線部について

高度11kmよりも高いところでは高度によらずに気温−50.1℃と一定です。その層間の気温減率は0℃であり、問題文に書かれている湿潤断熱減率（約0.5℃/100m）よりもその気温減率は小さいことになります。

このような大気を絶対安定といい、ここから⑤の下線部は正しいことになります。

高度(km)	気温(℃)	
11	−50.1	
12	−50.1	
13	−50.1	気温減率 0℃
14	−50.1	
15	−50.1	

高度11kmよりも上空では気温減率が0℃
→ 絶対安定な成層状態

ポイント1 大気の熱力学

5 水蒸気量を表す様々な言葉

問題　平成23年度 第2回 通算第37回試験　一般知識 問4
難度：★★★★☆

二つの未飽和空気塊A、Bがあり、空気塊Aの混合比はqである。空気塊Bに含まれる乾燥空気の質量は空気塊Aに含まれる乾燥空気の質量の3倍で、空気塊Bの混合比は3qである。これら二つの空気塊を混合した空気塊の混合比として正しいものを、下記の①〜⑤の中から一つ選べ。ただし、二つの空気塊を混合した後も空気塊は未飽和であったとする。

① (4/3) q　　② (3/2) q　　③ (5/3) q
④ (9/4) q　　⑤ (5/2) q

この問題は、別々の混合比の値を持った空気塊Aと空気塊Bを混合した後の混合比の値について求める問題です。ここでは混合比の正しい意味をしっかりと理解しておく必要があります。

混合比（単位：g/kg）とは、簡単にいうと空気中に含まれている水蒸気量を表した言葉です。

● 混合比（単位：g/kg）

乾燥空気（水蒸気を取り除いた空気）の質量に対し水蒸気の質量がどのくらいになるかの比率

↓ 分数で表すと…

$$混合比 = \frac{水蒸気の質量}{乾燥空気の質量}$$

詳しくは乾燥空気（水蒸気を取り除いた空気）の質量に対して水蒸気の質量がどのくらいになるかという比率を表したものです。混合比＝$\frac{水蒸気の質量}{乾燥空気の質量}$ と、分数の形でも表すことができます。

この問題の中では未飽和※空気塊AとBがあり、空気塊Aの混合比は問題文

※未飽和とは飽和に達していない状態のことで、空気塊が水蒸気を限界まで含んでいる状態のことを飽和といいます。

水蒸気量を表す様々な言葉 1-5

よりqであることがわかります。混合比は $\dfrac{水蒸気の質量}{乾燥空気の質量}$ という分数の形で表すことができますから、空気塊Aの混合比がqということは、このときの水蒸気の質量と乾燥空気の質量は $\dfrac{1(水蒸気の質量)}{1(乾燥空気の質量)}$ ということになります（右図を参照）。

● 空気塊Aの混合比

$$q(混合比) = \dfrac{水蒸気の質量:1}{乾燥空気の質量:1}$$

qの前には水蒸気の質量:1／乾燥空気の質量:1 の比率を表した1が省略されている

$\dfrac{1(水蒸気の質量)}{1(乾燥空気の質量)} = 1$ になるので、この1を略して、混合比qとだけ表しているのが空気塊Aです。

ですから、このqの前には実は1が省略されており、その1は $\dfrac{1(水蒸気の質量)}{1(乾燥空気の質量)}$ という、水蒸気の質量と乾燥空気の質量の比率を表した1です。これが、この問題を解く上での最大のポイントです（※正確には水蒸気の質量の単位はg、乾燥空気の質量の単位はkgですが、ここでは単に比率がわかればよいので単位は省略しています）。

未飽和空気塊Aを水蒸気と水蒸気を取り除いた空気（乾燥空気）に分けると、その質量比は1と1になる

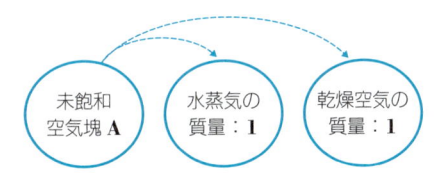

未飽和空気塊A → 水蒸気の質量：1 ／ 乾燥空気の質量：1

つまりこのときの空気塊Aの水蒸気の質量は1であり、乾燥空気の質量も1であることがわかります（右上図参照）。

次に問題文より空気塊Bに含まれる乾燥空気の質量は空気塊Aに含まれる乾燥空気の質量の3倍で、空気塊Bの混合比は3qであることをヒントにして、さらに先ほど求めた空気塊Aの水蒸気の質量と乾燥空気の質量がそれぞれ1であることを用いて、空気塊Bの水蒸気の質量と乾燥空気の質量を求めていきます。

空気塊Bに含まれる乾燥空気の質量は空気塊Aに含まれる乾燥空気の質量の3倍であり、空気塊Aの乾燥空気の質量は1なので、空

気塊Bの乾燥空気の質量はその3倍の3になります。

また空気塊Bの混合比は3qであり、乾燥空気の質量は3であることを用いてここから空気塊Bの水蒸気の質量を求めることができます。

混合比は分数で表すと、$\dfrac{水蒸気の質量}{乾燥空気の質量}$でしたから、ここに空気塊Bの乾燥空気の質量である3を当てはめて混合比を3qにするためには、水蒸気の質量は9でないと矛盾が生じてしまいます。

つまり$\dfrac{9（水蒸気の質量）}{3（乾燥空気の質量）}=3$となり、空気塊Aの混合比q$\left(\dfrac{1\leftarrow（水蒸気の質量）}{1\leftarrow（乾燥空気の質量）}\right)$の3倍であるという意味で空気塊Bの混合比は3qになるわけです。

そのような理由からこのときの空気塊Bの水蒸気の質量は9であり、乾燥空気の質量は3であることがわかります（上図参照）。

● 空気塊Bの混合比

$$3q（混合比）= \dfrac{水蒸気の質量：9}{乾燥空気の質量：3}$$

混合比が3qで乾燥空気の質量が3だから水蒸気の質量は9にならないと矛盾が生じる

そして水蒸気の質量が1、乾燥空気の質量が1（混合比はq）である空気塊Aと、水蒸気の質量が9、乾燥空気の質量が3（混合比は3q）である空気塊Bを混合するわけですから、混合した後の空気塊の水蒸気の質量は1＋9＝10となり、乾燥空気の質量は1＋3＝4になります。ここから混合後の空気塊の混合比は$\dfrac{10（水蒸気の質量）}{4（乾燥空気の質量）}$となり、それをさらに約分をすると$\dfrac{5}{2}$となります。そして空気塊の混合比q（水蒸気の質量：1/乾燥空気の質量：1）の$\dfrac{5}{2}$倍という意味で、空気塊AとBを混合した後の空気塊の混合比は$\dfrac{5}{2}$qになります。以上のことから解答は⑤になります。

	水蒸気の質量	乾燥空気の質量
空気塊A	1	1
空気塊B	＋9	＋3
混合後の空気塊	10	4

水蒸気量を表す様々な言葉　1-5

問題　平成21年度 第1回 通算第32回試験　一般知識 問5
難度：★★★★★

海面付近（気圧1000hPa）にある温度30℃、相対湿度50%の空気塊を、高度1km（気圧900hPa）まで断熱的に上昇させたとする。このときの空気塊の相対湿度の値に最も近いものを、下記の①〜⑤の中から一つ選べ。ただし、乾燥断熱線および湿潤断熱線の勾配はそれぞれ10℃/km、5℃/kmとし、温度と飽和水蒸気圧の関係は表のとおりとする。

温度（℃）	10	15	20	25	30	35	40
飽和水蒸気圧(hPa)	12.3	17.1	23.4	31.7	42.4	56.2	73.8

① 60%　② 70%　③ 80%　④ 90%　⑤ 100%

　この問題の概要を簡単にお話しすると、海面付近（1000hPa）にある空気塊が高度1km（900hPa）まで上昇した場合の相対湿度を求めましょうということです。

　この問題を解くにあたり、まずは海面付近にある空気塊の温度が30℃で相対湿度が50%であることを用いて、この空気塊が海面付近に位置しているときの水蒸気圧※を把握しましょう。

　相対湿度（記号：Rh）とは空気中に含まれている水蒸気量を百分率（%）で表したもの（式は下図参照）です。それが50%であるということは空気中に含まれている水蒸気量（今回の問題では水蒸気圧に該当する）が、ここでは含むこ

● **相対湿度（記号：Rh）を求める式**

$$相対湿度（\%） = \frac{実際に含まれている水蒸気密度（水蒸気圧）}{そのときの気温における飽和水蒸気密度（飽和水蒸気圧）} \times 100$$

※水蒸気圧（単位：hPa）とは正確には水蒸気の分圧のことですが、空気中に含まれている水蒸気量が増えれば水蒸気圧も大きくなるので、水蒸気圧と水蒸気量は同じような意味で用いても構いません。

とのできる最大の水蒸気量の中の50%、つまり半分であることを意味しています。

温度(℃)	10	15	20	25	30	35	40
飽和水蒸気圧(hPa)	12.3	17.1	23.4	31.7	42.4	56.2	73.8

海面付近、温度30℃の空気塊の飽和水蒸気圧は42.4hPaである

そして海面付近にある空気塊の温度が30℃であり、この温度で飽和水蒸気圧（空気中に含むことのできる最大の水蒸気量を水蒸気圧で表した言葉）は決定するため、問題の表より温度30℃における空気塊の飽和水蒸気圧は42.4hPaであることがわかります。

この42.4hPaとは温度30℃の空気塊が含むことのできる最大の水蒸気量を水蒸気圧で表したものであり、この空気塊の相対湿度は50%です。したがって、この空気塊が実際に含んでいる水蒸気圧は42.4hPaの50%、つまり半分に値する21.2hPaであることがわかります。これが海面付近に位置していたときの空気塊の水蒸気圧になります。

海面付近の空気塊の水蒸気圧は？

42.4hPa（飽和水蒸気圧）
↓ 相対湿度は50%であるため
21.2hPa（水蒸気圧）

次に、この海面付近で21.2hPaの空気塊が、高度1kmまで断熱的に上昇した場合の温度変化について考えます。海面付近にある空気塊は相対湿度50%であり、飽和（空気が限界まで水蒸気を含んでいる状態）に達しておらず、ここでは乾燥断熱変化※により高度1kmまで上昇します。

問題文に乾燥断熱線の勾配（傾きの度合い）は10℃/kmであると書かれており、これは乾燥断熱変化において空気塊が上昇や下降する場合は1kmで10℃気温が変化するという意味です。

ちなみに空気塊が乾燥断熱変化で上昇

1km ----------- 20℃
乾燥断熱変化
1kmで10℃低下
30℃
海面付近(0m)

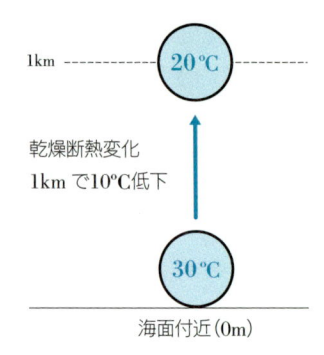

※空気塊が雲を作らず（水蒸気の凝結を伴わず）上下運動することを乾燥断熱変化（記号：Γd）、雲を作りながら（水蒸気の凝結を伴いながら）上下運動することを湿潤断熱変化（記号：Γm）といいます。気温変化率はΓdが100mあたり1℃（1kmあたり10℃）、Γmが100mあたり0.5℃（1kmあたり5℃）です。

する場合、1kmで10℃気温が低下（逆に空気塊が乾燥断熱変化で下降する場合は1kmで10℃気温が上昇する）することになります。つまり海面付近（高度0mと考える）にある温度30℃の空気塊は、高度1kmまで上昇すると気温が10℃低下するので20℃になります。

飽和水蒸気圧は空気塊の温度で決定しますから、高度1kmまで上昇した空気塊の温度は20℃なので、この高度（1km）での空気塊の飽和水蒸気圧は問題の表より、23.4hPaであることがわかります。

温度（℃）	10	15	20	25	30	35	40
飽和水蒸気圧（hPa）	12.3	17.1	23.4	31.7	42.4	56.2	73.8

高度1km、温度20℃の空気塊の飽和水蒸気圧は23.4hPaである

この空気塊の海面付近に位置していたときの水蒸気圧は21.2hPaでした。高度1kmまで上昇した後の飽和水蒸気圧（23.4hPa）と海面付近での水蒸気圧（21.2hPa）を用いて相対湿度を求めると $\frac{21.2\text{hPa（水蒸気圧）}}{23.4\text{hPa（飽和水蒸気圧）}} \times 100 =$ 約90%となるので、ここから高度1kmまで上昇した後の空気塊の相対湿度は④90%が正解です。……といいたいのですが、これは誤りです。

●**高度1kmの相対湿度を求める**

$$\frac{21.2\text{hPa（海面付近で求めた水蒸気圧）}}{23.4\text{hPa（高度1kmでの飽和水蒸気圧）}} \times 100 = 約90\%$$

↓
この相対湿度は誤り!!

空気塊が上昇するにあたって、気圧に変化がなければ（要は等圧変化であれば）上記の④90%が正解です。しかし、海面付近の気圧が1000hPaで高度1kmの気圧が900hPaと問題の中に書かれているように、空気塊が上昇する際、気圧に変化が生じると、それとともに空気塊が含んでいる水蒸気圧（ここでは海面付近での水蒸気圧21.2hPa）にも変化が生じます。

例えば地上の気圧が1000hPaであるとします。気圧とは簡単にいうとある高さよりも上にある空気の重さですから、地上の気圧が1000hPaということは、地上よりも上にある空気の重さが1000hPaに相当するという意味です。ただ単に空気といっても、その空気には窒素であったり酸素であったりと色々な粒子が混合しています。仮に空気中に含まれている水蒸気の割合が

ここではどこでも1％であるなら、この地上の気圧1000hPaのうちの1％分に該当する10hPaは水蒸気の圧力ということになります。これを水蒸気の分圧といい、水蒸気圧と呼んでいるのです（上図参照）。

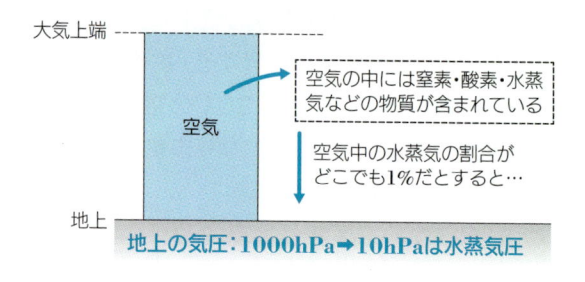

　高度が高くなると一般的に気圧は低くなり、下図のように破線の高さまで高度が高くなると900hPaまで気圧が低下したとします。

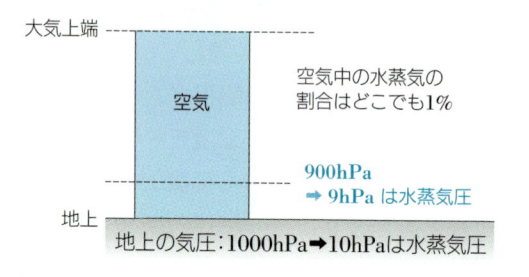

　空気中に含まれている水蒸気の割合はここではどこでも1％と仮定していましたから、900hPaのうちの1％に該当する9hPaは水蒸気の圧力であり、900hPaの高さでの水蒸気圧（水蒸気の分圧）ということになります。

　このように気圧の変化と同じように、気圧が低くなる場合は水蒸気圧も低く（気圧：900hPa→水蒸気圧：9hPa）なり、逆に気圧が高くなる場合は水蒸気圧も高く（気圧：1000hPa→水蒸気圧：10hPa）なるのです（※高度が変化しても気圧が同じであれば理論的には水蒸気圧も変化しないことになりますが、一般的に高度が高くなれば気圧は低くなり、高度が低くなれば気圧は高くなるように、高度とともに気圧も変化するため、水蒸気圧も変化すると考えることができます）。

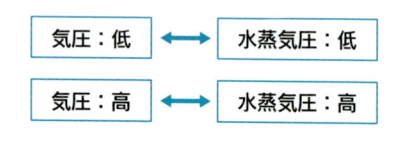

　そのような理由から、今回の問題のように海面付近の空気塊が高度1kmまで上昇して、気圧が1000hPaから900hPaまで低下した場合、海面付近で求めた空気塊の水蒸気圧（21.2hPa）も変化するはずで、具体的にはその値（21.2hPa）は低下するはずなのです。

水蒸気量を表す様々な言葉　1-5

それではどのくらい水蒸気圧が低下するのか、それを求めるために必要なのが前問でも出てきた混合比という考え方です。

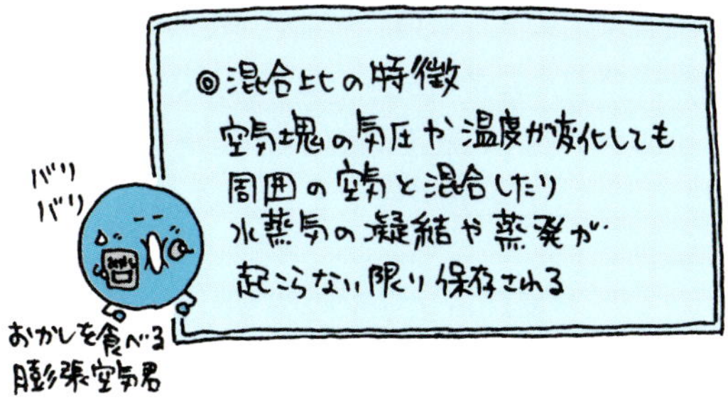

この混合比も空気中に含まれる水蒸気量を表す言葉（詳しい意味は前問を参照）ですが、今回の問題を解く上での大きな特徴があります。混合比は、空気塊の気圧や温度が変化しても、周囲の空気と混合したり水蒸気の凝結や蒸発が起こらない限り保存される※（数値が変わらない）ということです。

◎混合比の特徴
空気塊の気圧や温度が変化しても周囲の空気と混合したり水蒸気の凝結や蒸発が起こらない限り保存される

この混合比には、その空気塊の混合比を求める式があり、それが $0.622 \times \dfrac{e}{P}$（e：水蒸気圧　P：気圧）というものです。この式は大切です。

● 混合比を求める式

$$0.622 \times \dfrac{e \,（水蒸気圧）}{P \,（気圧）}$$

つまり気圧とそのときの水蒸気圧をそれぞれの記号に代入し、0.622（単に0.6と書かれる場合もある）という定数をかければ、そこから空気塊の混合比を求めることができます。

今回の問題ではこの混合比を求める式を用います。まず海面付近にある空気塊の気圧（1000hPa）と水蒸気圧（21.2hPa）、そして高度1kmまで上昇した後の空気塊の気圧（900hPa）と水蒸気圧（ここを求めたいのでxhPaとする）をそれぞれ該当する記号に代入します。

1km
気圧：900hPa
水蒸気圧：xhPa
20℃　$0.622 \times \dfrac{x\text{hPa}}{900\text{hPa}}$

気圧：1000hPa
水蒸気圧：21.2hPa
30℃　$0.622 \times \dfrac{21.2\text{hPa}}{1000\text{hPa}}$

海面付近（0m）

そして、それに0.622をかけたものが海面付近と高度1kmでの空気塊の混合比で、それぞれ $0.622 \times \dfrac{21.2\text{hPa}}{1000\text{hPa}}$ と $0.622 \times \dfrac{x\text{hPa}}{900\text{hPa}}$ となります。

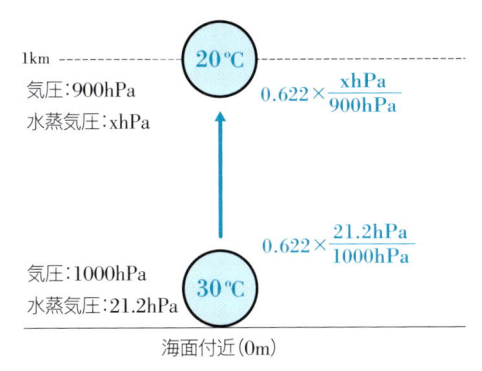

※今回の問題では乾燥断熱変化で海面付近から高度1kmまで上昇するため、水蒸気の凝結や蒸発もなく周囲の空気と混合することもありません。したがって、混合比は気圧や温度が変化しても保存されることになります。

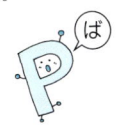

ポイント1　大気の熱力学

ここで大切なことは、この両者（海面付近と高度1kmでの空気塊）の混合比は保存されるため、＝（イコール）で結ぶことができるということです。このように＝で結ぶことで高度1kmにある水蒸気圧（ここではxhPaと表記している）を求めることができます（以降の計算では単位は省略するものとします）。

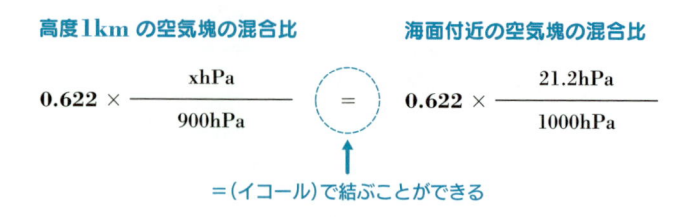

高度1kmの空気塊の混合比　　**海面付近の空気塊の混合比**

$$0.622 \times \frac{xhPa}{900hPa} = 0.622 \times \frac{21.2hPa}{1000hPa}$$

＝（イコール）で結ぶことができる

　まず両辺（左辺：$0.622 \times \frac{x}{900}$ と右辺：$0.622 \times \frac{21.2}{1000}$）に同じ数字である0.622をかけているので、この0.622は無視することができます。

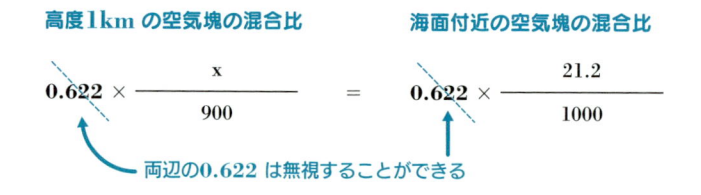

高度1kmの空気塊の混合比　　**海面付近の空気塊の混合比**

$$0.622 \times \frac{x}{900} = 0.622 \times \frac{21.2}{1000}$$

両辺の0.622は無視することができる

　左辺の分母にある900を両辺にかければ、左辺の分母にある900を約分することができ、$x = \frac{21.2}{1000} \times 900$ となり、これを計算していけば $x = \frac{19080}{1000} = 19.08$ となります。
　この19.08が高度1kmにおける空気塊の水蒸気圧であり、ここに単位も加えると19.08hPaということになります。

両辺に900をかけると
左辺の分母の900が約分できる

$$\frac{x}{900} \times 900 = \frac{21.2}{1000} \times 900$$

計算すると…

$$x = \frac{21.2}{1000} \times 900 = \frac{19080}{1000} = 19.08$$

高度1kmの空気塊の水蒸気圧は**19.08hPa**となる

　海面付近で温度30℃の空気塊が高度1kmまで、ここでは乾燥断熱変化により上昇した温度は20℃であり、そのときの飽和水蒸気圧は23.4hPaであり（P.39を参照）、先ほど求めたように高度1kmの水蒸気圧が19.08hPaです。

この飽和水蒸気圧（23.4hPa）と水蒸気圧（19.08hPa）を用いることで、ようやく高度1kmにおける空気塊の相対湿度を求めることができます。

相対湿度を求める式（図P.37を参照）に値を代入すると $\dfrac{19.08\text{hPa}（水蒸気圧）}{23.4\text{hPa}（飽和水蒸気圧）} \times 100$ となり、これを計算すると約82％となります。このような理由から高度1kmにおける相対湿度に最も近い値は③80％ということになります。

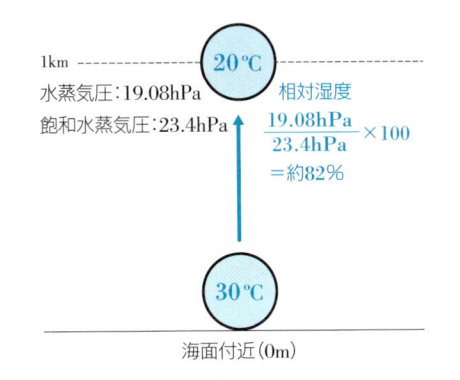

このように空気塊の相対湿度について問われた場合、気圧が変化するかどうかはとても重要なキーワードなので、まずはそれを問題文から見つけましょう。そして気圧が変化すれば、水蒸気の凝結や蒸発などが仮になくても水蒸気圧は変化する※ことに注意をして、相対湿度を求めるように心掛けなければなりません。

1km における空気塊：
- 水蒸気圧：19.08hPa
- 飽和水蒸気圧：23.4hPa
- 相対湿度 $\dfrac{19.08\text{hPa}}{23.4\text{hPa}} \times 100 =$ 約82％

海面付近(0m)：30℃

ポイント1　大気の熱力学

キーワードを語るPさん
「この問題では気圧が変化するかどうかを考えることが大切だピー」

※水蒸気圧だけでなく、水蒸気密度についても同じことがいえます。つまり気圧が低下すると断熱膨張に伴い水蒸気密度も小さくなり、気圧が上昇すると断熱圧縮に伴い水蒸気密度も大きくなります。

ポイント1 大気の熱力学

6 エマグラム

問題　平成22年度 第1回 通算第34回試験　一般知識 問2
難度：★★★☆☆

空気塊を断熱的に持ち上げる過程について述べた次の文章の空欄(a)〜(d)に入る適切な語句の組み合わせを、下記の①〜⑤の中から一つ選べ。

夏期や梅雨期にみられる積乱雲が発達しやすい状態の大気を考える。この大気の下層にある空気塊を断熱的に持ち上げ続けると、持ち上げ凝結高度で水蒸気の凝結が始まり、それ以降、高度の増加に対する気温低下の割合が(a)する。空気塊をさらに上昇させて自由対流高度を超えると空気塊は周囲の大気より(b)なり、自力で上昇するようになる。空気塊はある高度で浮力を失いこの上昇は止む。この高度は(c)高度にほぼ相当し、上昇中の空気塊が周囲の大気と混合する場合には混合しない場合よりも(d)なる。

	(a)	(b)	(c)	(d)
①	増加	冷たく	雲底	低く
②	増加	暖かく	雲頂	高く
③	減少	冷たく	雲頂	高く
④	減少	暖かく	雲頂	低く
⑤	減少	暖かく	雲底	高く

(a)の穴埋めについて

持ち上げ凝結高度（記号：LCL）とは、空気塊が上昇したときに雲を作りはじめる（水蒸気の凝結を伴う）高度のことで、この高さは雲の雲底高度（雲の最も低い部分に該当する高度）に相当します。

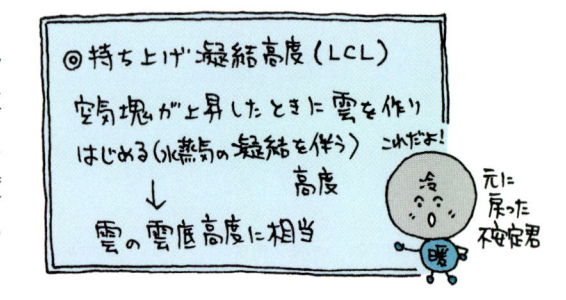

エマグラム **1-6**

ポイント1 大気の熱力学

　この持ち上げ凝結高度まで空気塊は雲を作らないので乾燥断熱変化で上昇し、そのときの高度の増加に対する気温低下の割合は100mにつき1℃です。

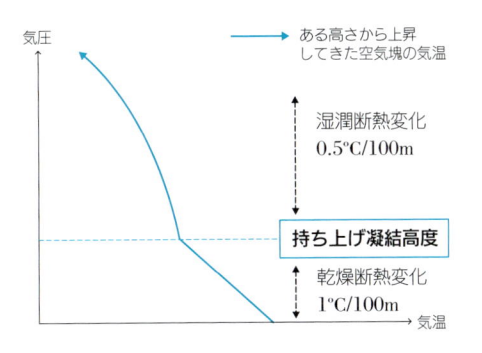

　持ち上げ凝結高度以降の高さでは、空気塊は雲を作りながら上昇することになるので湿潤断熱変化で上昇します。つまり高度の増加に対する気温低下の割合は、100mにつき0.5℃（具体的には気温変化の割合には幅がありますが、試験では100mにつき0.5℃の割合で出題されることが多い）です。

　そのような理由から、持ち上げ凝結高度までは乾燥断熱変化（100mにつき1℃）、それ以降の高さでは湿潤断熱変化（100mにつき0.5℃）となり、気温低下の割合は減少するため(a)には減少が当てはまることになります。

(b)の穴埋めについて

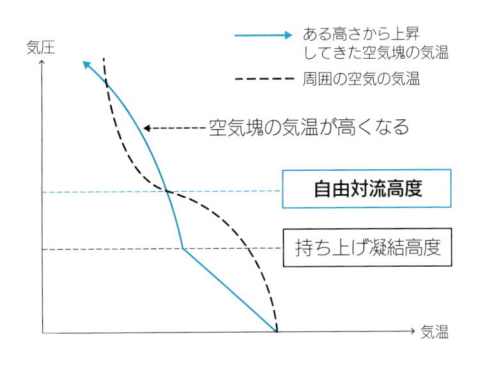

　自由対流高度（記号：LFC）とは周囲の空気よりも、ある高さから上昇してきた空気塊のほうが気温が高く、密度が小さく軽くなることで浮力（空気塊に働く上向きに働く力のこと）を得て、何も力を加えなくても自然に上昇をし始める高さのことをいいます（右上図参照）。

　そのような理由から(b)には暖かくが当てはまります。

　この自由対流高度までは、周囲の空気よりも、ある高さから上昇してきた空気塊のほうが気温が低く密度が大きく重い状態です。したがって、下層での空気の収束や地形の効果など、何らかの力が働かないと空気塊は上昇することができません。ただし、この自由対流高度まで空気塊が達することができれば、そのあとは自由に上昇することができ、雲も発達していくことができるのです。

　問題にあるように夏季や梅雨期に見られる積乱雲が発達するかどうかは、こ

の自由対流高度まで空気塊を上昇させることができるかにかかっています。

☀ (c)の穴埋めについて

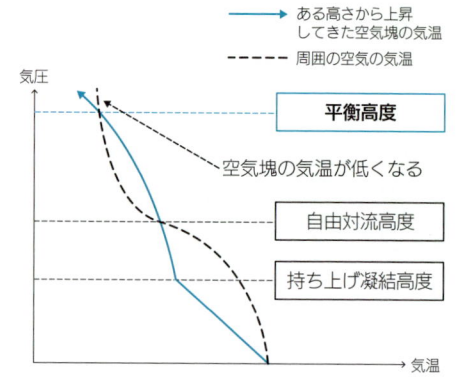

　自由対流高度の高さを超えてさらに空気塊が上昇を続けていくと、再び周囲の空気よりも、ある高さから上昇してきた空気塊のほうが気温が低くなり密度が大きく重くなることで浮力を失い、それ以上は上昇することができなくなる高さがあります。

　この高さのことを平衡高度といい、ここで空気の上昇が止むわけですから、これ以上は雲も発達することができません。この平衡高度がほぼ雲の雲頂高度（雲の最も高い部分に該当する高度）に相当します（上図参照）。そのような理由から(c)には雲頂が当てはまることになります。

☀ (d)の穴埋めについて

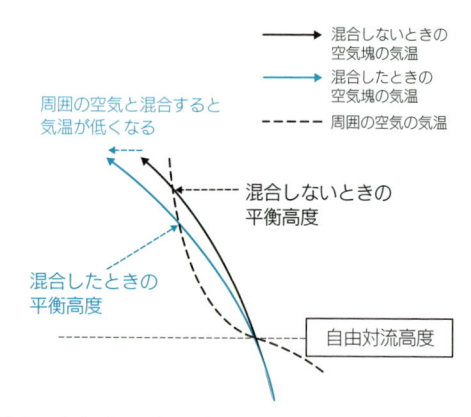

　自由対流高度を超えて平衡高度に至るまでは、周囲の空気よりも、ある高さから上昇してきた空気塊のほうが気温が高く、逆に周囲の空気のほうが気温が低いことになります。

　つまり周囲の気温の低い空気と混合するということは、ある高さから上昇してきた空気塊の気温が周囲の空気と混合しないときよりも低くなります。その結果、右上図のように平衡高度の高さも低くなり、そこから雲頂高度も周囲の空気と混合しないときよりも低くなります。そのような理由から(d)には低くが当てはまります。

　以上のことをまとめると、今回の問題は(a)減少、(b)暖かく、(c)雲頂、(d)低くという解答の組み合わせの④が正しいということになります。

ポイント 2
降水過程

このポイント2では、降水過程という、
簡単にいうと雨（または雪）が降る仕組みについて
お話しをしていきます。
その他にも雲と霧（または、もや）についても
ここでお話ししていきます。

雨が降る仕組みについて

　単純に雨といっても、この雨には暖かい雨と冷たい雨の2種類があります。
　天気予報などでも暖かい雨と冷たい雨という台詞を聞くことがありますが、それは単純に雨を受けて感じる体感温度のようなものを表しています。
　秋から冬に向けての時期はひと雨ごとに気温は低くなり、そのような時期に降る雨を冷たい雨といいます。逆に、冬から春に向かう時期にはひと雨ごとに気温は高くなるため、そのような時期に降る雨を暖かい雨といいます。
　試験で出題される暖かい雨と冷たい雨は、天気予報などで使用されるものとはまた異なります。雨に至るまでの過程（仕組み）で、暖かい雨と冷たい雨に区別されています。暖かい雨と冷たい雨を主に下記の節に分けて、この降水過程の章でお話ししていきます。

１ エーロゾルとは

　エーロゾル（エアロゾルとも表記）とは、簡単にいうと、ちりやほこりのことで詳しくは空気中を漂う微粒子です。
　雨（または雪）はもちろん空に浮かんでいる雲から降ってきます（詳しくは雲の粒子が成長して落下してきたものが雨や雪）が、その雲のもとになるものがこのエーロゾルです。つまり雲や雨を知るにあたって、まずそのもととなるエーロゾルについて知る必要があります。

２ 暖かい雨

　空に浮かんでいる雲の粒子は、雲の中の温度によって水滴か氷晶で構成されており、その雲の粒子の中でも水滴のみが成長して落下してきたものを暖かい雨といいます。熱帯地方のスコールが代表的なものです。
　その暖かい雨の中でも、この節では特に雨粒の落下速度（終端速度）につい

て問題を解きながら理解を深めていきます。

③ 冷たい雨

　暖かい雨とは逆に、雲の粒子の中でも氷晶が成長（要は雪になるということ）して落下してくる最中に融けて雨になったものを冷たい雨といいます。日本で降る雨のほとんどが実はこの冷たい雨に該当します。

傘をとじたら地上におりてる水滴君

日本はほとんど冷たい雨なんだポチャ

④ 雲と霧

　雲と霧は基本的には同じようなもので地上に接しているものが霧、地上から離れているものが雲です。雲にはいくつか種類があり、10種類に分類され、それを十種雲形（下図参照）といいます。

種類			名称(俗称)	高さ
層状雲	上層雲	巻雲(Ci) 巻積雲(Cc) 巻層雲(Cs)	すじぐも うろこぐも うすぐも	5～13km
	中層雲	高積雲(Ac) 高層雲(As)	ひつじぐも おぼろぐも	2～7km(高層雲は上層まで広がることもある)
	下層雲	層雲(St) 層積雲(Sc)	きりぐも くもりぐも	地面付近～2km
		乱層雲(Ns)	あまぐも	雲底はふつう下層にあるが雲頂は中上層まで発達していることが多い
対流雲		積雲(Cu)	わたぐも	0.6～6kmまたはそれ以上
		積乱雲(Cb)	にゅうどうぐも	雲底はふつう下層にあるが雲頂は上層(圏界面付近)まで発達している

※雲のできる高さは中緯度地方での目安

　それではこの降水過程について、各節に分けて一緒に問題を解いて理解を深めていきましょう。

ポイント2　降水過程

ポイント2 降水過程

1 エーロゾル

問題　平成20年度 第1回 通算第30回試験　一般知識 問5
難度：★☆☆☆☆

　大気中のエーロゾルについて述べた次の文(a)〜(d)の下線部の正誤の組み合わせとして正しいものを、下記の①〜⑤の中から一つ選べ。

(a) エーロゾルの多くは、宇宙空間から大気に入ってくる塵である。
(b) 降水過程でエーロゾルは重要な役割を担っており、凝結核として働くエーロゾルの数は、働かないものに比べて圧倒的に多い。
(c) 大陸上の積雲は、一般に海洋上の積雲に比べて単位体積あたりの雲粒の数が多く、かつ雲粒の平均的な大きさは小さい。これは、凝結核として働く単位体積あたりのエーロゾルの数が、大陸上のほうが海洋上に比べて多いことによる。
(d) 放射エネルギー収支において、エーロゾルは太陽放射を散乱・吸収する役割を果たしている。

	(a)	(b)	(c)	(d)
①	正	正	誤	正
②	正	誤	正	誤
③	誤	正	誤	正
④	誤	誤	正	正
⑤	誤	誤	正	誤

(a)の下線部について

　エーロゾルとは大気中のちりやほこりであり、雲のもとになるものです。エーロゾルを核（中心）として空気中の水蒸気が集まり、そのエーロゾルの周りに凝結して小さな水滴、つまり雲粒を作ります（次ページ上図参照）。
　例えば雪だるまを作るにしてもまずは小さな雪の球を作り、その雪の球を中心（核）として転がし、最終的に大きな雪の球を作り上げていきますよね？

それと同じで雲粒（要は雲）という小さな水滴を作り上げるには、核となるものがあったほうが作りやすいのです。

その役割を担うのがエーロゾルというちりやほこりで、詳しくは大気中の微粒子です。実際にエーロゾルのない清浄な空気中では相対湿度が100％（飽和に達している状態）を超えてもなかなか雲は発生しません。

そしてこのエーロゾルとしては、海面のしぶきが蒸発して残った塩分である海塩粒子、陸地の地表から巻き上げられた土壌粒子、火山活動により大気中に放出された粒子、自動車や工場など人間活動に伴い放出された汚染粒子、そのほかにも植物の花粉などが挙げられます。

このようにエーロゾルは多種多様であり、宇宙から大気に入ってくるちりがエーロゾルになることは少ないので(a)の下線部は誤りになります。

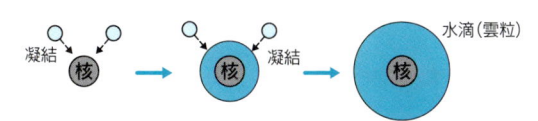

● エーロゾルの役目
エーロゾルを核(中心)として水蒸気が凝結してくる
エーロゾルを中心とした水滴(雲粒)ができる

● エーロゾルの種類
海塩粒子・土壌粒子・火山活動により大気中に放出された粒子・汚染粒子・植物の花粉など

(b)の下線部について

雲の粒は水滴と氷晶という小さな粒で構成されており、水滴のもととなるエーロゾルを凝結核、氷晶のもととなるエーロゾルを氷晶核といいます。

雲（もや・霧）の発生からみて重要なのが、吸湿性（空気中の水分を吸いとる性質）が高

● 雲（もや・霧）の発生にとってエーロゾルの重要な性質
・吸湿性（大気中の水分を吸いとる性質）が高い
・水溶性（水に溶けやすい性質）が大きい

く、水溶性（水に溶ける性質）が大きいもので、すべてのエーロゾルが凝結核として働くわけではないので(b)の下線部は誤りになります。

☀ (c)の下線部について

エーロゾルの数と大きさは陸上と海上で異なります。エーロゾルの数は陸上（陸上の中でも特に市街地などで特に多い）で海上よりも相対的に多くて、エーロゾルの大きさは陸上よりも海上のほうが相対的に大きいのです。

	陸上	海上
エーロゾルの数	多い	少ない
エーロゾルの大きさ	小さい	大きい

エーロゾルがもとになり雲は発生しますから、つまりエーロゾルの数や大きさで、その雲を構成する雲粒の数や大きさが決定することになります。

陸上では海上よりもエーロゾルの数は多いので、そこから発生する雲粒の数もある一定の空間で比べた場合、海上に比べて陸上のほうが多いことになります。

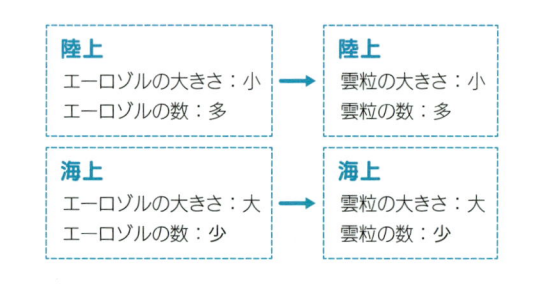

```
陸上
エーロゾルの大きさ：小    →    陸上
エーロゾルの数：多              雲粒の大きさ：小
                                雲粒の数：多

海上
エーロゾルの大きさ：大    →    海上
エーロゾルの数：少              雲粒の大きさ：大
                                雲粒の数：少
```

またエーロゾルの大きさは海上よりも陸上のほうが小さい※ので、そこから発生する雲粒の大きさも海上に比べて陸上のほうが小さいことになります。

そのような理由から大陸上の積雲は、一般に海洋上の積雲に比べて単位体積（1m³：ある一定の空間と考えてもかまいません）あたりの雲粒の数が多く、雲粒の平均的な大きさは小さいことになります。

単位体積とは…
1m³
1m³のこと
※ある一定の空間と考えても良い

※エーロゾルの大きさは海洋上のほうが大きいため、そこから発生する雲粒も大きく、さらに急速に雨粒が成長する可能性も高く（雨粒までの成長が速く）なります。

これはエーロゾルの数が大陸上のほうが海洋上に比べて多く、またエーロゾルの大きさも大陸上のほうが海洋上よりも小さいためなので、(c)の下線部は正しいことになります。

☀ (d)の下線部について

空気中を漂うエーロゾルは太陽放射（簡単にいうと太陽光線）を散乱（色々な方向に光線を反射すること）・吸収する役割があるので(d)の下線部は正しいことになります。

以上のことをまとめると、(a)誤、(b)誤、(c)正、(d)正となり、ここから④の解答が正しいことになります。

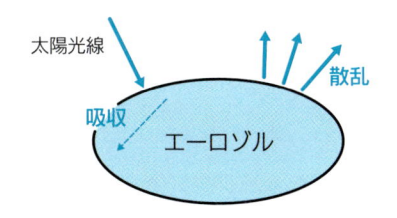

2 暖かい雨

ポイント2 降水過程

問題
平成9年度 第2回 通算第9回試験　一般知識 問4
難度：★★★★☆

次の文章の空欄を埋める語句として適当なものを、次の①〜⑤の中から一つ選べ。

微小な水滴が空気中を落下し、落下速度が一定となるとき、水滴に働く重力（mg）と逆向きに働く空気による抵抗力（$6\pi r\eta V$）がつりあって、次の式が成り立つ。

$$mg = 6\pi r\eta V$$

このとき半径が10μmの水滴と半径が5μmの水滴の落下速度の比は□である。

ここでmは水滴の質量、rは水滴の半径、ηは空気の粘性係数、Vは落下速度、gは重力加速度を表す。

	10μm水滴		5μm水滴
①	1	:	4
②	1	:	2
③	2	:	1
④	4	:	1
⑤	8	:	1

　終端速度とは、水滴に働く下向きの重力と上向きに働く空気抵抗※が等しい状態であり、水滴の落下速度が一定になる速度のことを意味しています。
　つまり問題文にあるmg（重力）＝$6\pi r\eta V$（空気抵抗）という式は、その

（重力）　　（空気抵抗）
$$mg = 6\pi r\eta V$$

m：水滴の質量　g：重力加速度
π：円周率　r：水滴の半径
η（エータ）：粘性係数　V：落下速度

※空気の粘性係数…空気などの流体の粘り気の度合い

※空気抵抗を摩擦力と表すこともあります。また、水滴には下向きの重力と上向きの空気抵抗のほかに上向きに浮力も働いています。ただし、水滴に働く浮力は非常に小さいので、無視して考えることがほとんどです。

暖かい雨 2-2

終端速度を表す式になります。

この終端速度の式（mg＝6πrηV）を用いて前ページの問題を解いていくことになるのですが、この式をそのまま用いては解くことができません。式を変形させていく必要があります。

mg＝6πrηVを①の式として、今回は水滴の落下速度を求めたいのでまずはこの①の式をV＝の式に直します。

変形のしかたは、左辺（＝より左側の記号）と右辺（＝より右側の記号）を入れ替え、両辺（左辺と右辺のこと）を6πrηで割ります。これでV＝$\frac{mg}{6πrη}$というV＝の式に直すことができます。これを②の式とします。

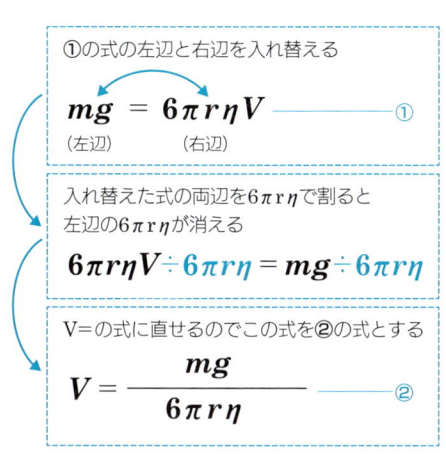

①の式の左辺と右辺を入れ替える

$$mg = 6πrηV \quad ①$$
（左辺）　　（右辺）

入れ替えた式の両辺を6πrηで割ると左辺の6πrηが消える

$$6πrηV ÷ 6πrη = mg ÷ 6πrη$$

V＝の式に直せるのでこの式を②の式とする

$$V = \frac{mg}{6πrη} \quad ②$$

ポイント2　降水過程

そしてこの終端速度を考える上で最もポイントとなるのが、水滴の質量を表すmの記号を$\frac{4}{3}πr^3ρ$という記号に置き換えることができるかどうかです。

質量とは具体的には体積に密度をかけたもの※です。ここでは水滴を球形とした場合の体積$\frac{4}{3}πr^3$に水滴の密度ρをかけたものが水滴の質量mにあたるため、mを$\frac{4}{3}πr^3ρ$に置き換えることができます。その置き換えた式が右図の③です。

③の式の中で約分をすると、分子と分母にあるπは消えて分子の

水滴の質量（m）は4/3πr³ρと表現できるためこれを②の式のmに代入する

4/3 r³ρ を代入

$$V = \frac{m \, g}{6πrη} \quad ②$$

次のような式になり、これを③の式とする

$$V = \frac{4/3\,πr^3ρg}{6πrη} \quad ③$$

③の式の中で約分をするとπが消えて、分子のr³ はr² になる

$$V = \frac{4/3\,\cancel{π}\,r^3ρg}{6\,\cancel{π}\,r\,η} \quad ④$$

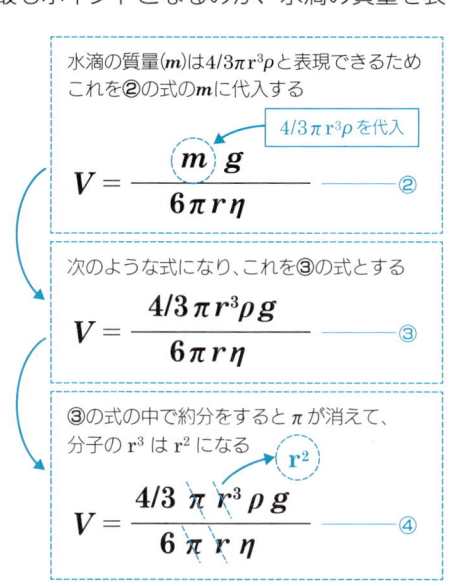

※密度（kg/m³）は、その単位が意味するように1m³あたりの質量であり、密度（1m³あたりの質量）と体積をかければ全体の質量となります。例えば物体の体積が2m³でその物体の密度が2kg/m³（1m³あたり2kgの質量）であれば、その物体の全体の質量は2m³（体積）×2kg/m³（密度）＝4kg（全体の質量）になります。

r^3はr^2となり、分母のrは消えます。すると、$V=\dfrac{4/3r^2\rho g}{6\eta}$となり、これを④の式とします。

この問題では半径が10μmの水滴と半径が5μmの水滴の落下速度の比について聞かれており、つまり半径と落下速度の関係についてのみ問われているわけですから、半径rと落下速度Vの関係がわかればいいわけです。

つまり④の式のr^2とVの関係がわかればよいということです。そこで、そのほかの記号や数値については考えず、r^2とV以外の記号や数値は式を簡単にするため、ここではすべてをまとめてAという記号に置き換えることにします（ここではAとしたが、特に決まりはなくどんな記号でもよい）。

すると④の式は$V=Ar^2$（$V=r^2A$でもよい）という非常にすっきりとした形になり、これを⑤の式とします。

あとはこの⑤の式の半径rと落下速度Vの関係を考えればよいわけです。半径が1のときは落下速度はその半径を2乗（1^2）した比率で1となり、半径が2のときは落下速度はその半径を2乗（2^2）した比率で4となります。そして半径が5のときは落下速度はその半径を2乗（5^2）した比率で25となり、半径が10のときは落下速度はその半径を2乗（10^2）した比率で100となるのです。

④の式のr^2とVの関係がわかればいいのでその他の記号をまとめてここではAとする

$$V=\dfrac{4/3\; r^2\; \rho\; g}{6\; \eta} \quad ④$$

$V=Ar^2$というすっきりとした式になる

$$V=Ar^2 \quad ⑤$$

V 落下速度	$=$	A	r^2 半径
半径が1のとき落下速度は1	1		1^2
半径が2のとき落下速度は4	4		2^2
半径が5のとき落下速度は25	25		5^2
半径が10のとき落下速度は100	100		10^2

暖かい雨　2-2

　つまり半径が5μmの水滴の落下速度25に対して、半径が10μmの水滴の落下速度は100になり、その比率は1（半径5μmの水滴）：4（半径10μmの水滴）です。以上のことから、この問題の解答は④になります。
　今回の問題のように微小な水滴（雲粒と考えてもよい）の落下速度（終端速度）※は、半径が1のときは1、半径が2のときは4、半径が5のときは25、半径が10のときは100となるように、半径の2乗に比例して大きくなる特徴があります。

微小な水滴（雲粒）の半径と落下速度の関係
↓
落下速度（終端速度）は水滴の半径の2乗に比例して大きくなる

ポイント2　降水過程

※落下速度（終端速度）が半径の2乗に比例して大きくなるのは、今回の問題のように微小な水滴（要は雲粒）の場合です。雨粒の場合は$\sqrt{r}$（半径の平方根）に比例して大きくなり、つまり雨粒の半径が1のときは落下速度は$\sqrt{1}$（＝1）であり、半径が2となると、落下速度は$\sqrt{2}$（＝1.4）倍になります。

ポイント2 降水過程

3 冷たい雨

問題 平成21年度 第2回 通算第33回試験 一般知識 問5
難度：★★★☆☆

　過冷却雲粒を豊富に含む雲層の中を、雲粒より粒径が大きく数の少ない氷晶が落下している。この氷晶の成長について述べた次の文章の空欄(a)～(e)に入る適切な語句の組み合わせを、下記の①～⑤の中から一つ選べ。

　過冷却雲粒を豊富に含む雲層内の空気は、(a)に対しては飽和、(b)に対しては過飽和となっているため、水蒸気が(c)に向かって輸送される。また、この雲層内では氷晶と過冷却雲粒が衝突する場合があり、衝突時には過冷却雲粒は氷晶に付着して(d)する。このような衝突がさらに進むと(e)が形成される。

	(a)	(b)	(c)	(d)	(e)
①	水	氷	過冷却雲粒から氷晶	凍結	あられ
②	水	氷	過冷却雲粒から氷晶	凍結	雪片
③	水	氷	氷晶から過冷却雲粒	融解	あられ
④	氷	水	過冷却雲粒から氷晶	凍結	雪片
⑤	氷	水	氷晶から過冷却雲粒	融解	あられ

　冷たい雨とは、雲の中で氷晶が成長して氷粒（要は雪のこと）となり、落下する最中に融けて雨になったものをいいます。もちろん融けなければそれは雪です。日本で降る雨のほとんどがこの冷たい雨であるといわれています。

　冷たい雨を理解する上で最も大切なポイントが、雨と氷に対する飽和水蒸気密度（または飽和水蒸気圧）の違いです。飽和水蒸気密度とは空気中に含むこ

とのできる最大の水蒸気量を表したもので、その値は温度によって決まって(温度に依存して)います。

右図のように飽和水蒸気密度には、0℃以下では水に対するものと氷に対するものがあります。両者を比べた場合、同じ温度であれば氷に対する飽和水蒸気密度(飽和水蒸気圧でも同じことがいえる)のほうが小さいことがわかります。

温度	水	氷
−5 ℃	3.4	3.3
−10 ℃	2.4	2.1
−15 ℃	1.6	1.4
−20 ℃	1.1	0.9

飽和水蒸気密度(単位 g/m^3)の温度による変化

それではこの水に対する飽和水蒸気密度と氷に対する飽和水蒸気密度の違いとは、いったい何を表しているのでしょうか？ 先に結論をいうと水と氷の周囲にある空気の飽和水蒸気密度のことを表しているのです。

例えば−10℃の空気中に水と氷がある場合、水に対する飽和水蒸気密度は2.4g/m^3であり、これは水の周囲にある空気(詳しくは1m^3あたり)が含むことのできる水蒸気量が2.4gであることを表しています。

●**水と氷の飽和水蒸気密度の違い**

−10 ℃　　　　　　　−10 ℃

水　　　　　　　　　氷

水に対する飽和水蒸気　　氷に対する飽和水蒸気
密度→2.4g/m^3　　　密度→2.1g/m^3

水の周囲の空気(1m^3あたり)　氷の周囲の空気(1m^3あたり)
が **2.4g** 水蒸気を含める　　　が **2.1g** 水蒸気を含める

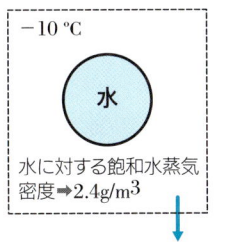

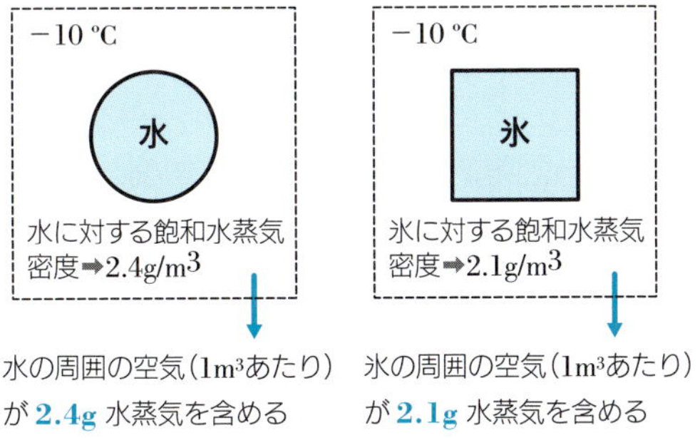

一方、氷に対する飽和水蒸気密度は2.1g/m^3であり、これは氷の周囲にある空気(詳しくは1m^3あたり)が含むことのできる水蒸気量が2.1gであることを表しています。

つまり0℃以下で同じ温度である場合、水よりも氷の周囲にある空気のほうが飽和水蒸気密度が小さい状態であるため、その空気中に含める水蒸気が水の周囲にある空気よりも少ないことになります。

冷たい雨を理解するためには、まずはこのように水と氷に対する飽和水蒸気密度の違いについて知ることが大切です。

⒜⒝⒞の穴埋めについて

問題文にある過冷却雲粒というのは別名を過冷却水滴ともいい、0℃以下に

なっても凍っていない水滴のことを意味しています。

　つまり過冷却雲粒を多く含む雲層とは、0℃以下でも凍っていない水滴を多く含む雲層内のことを意味しています。雲層内はすでに0℃以下ですから、そのような過冷却雲粒（要は水滴である）だけではなく、氷晶も少なからず含んでいることになります。

　水滴（ここでいう過冷却雲粒のこと）と氷晶（雲の粒の中でも氷の粒）が同じ気層内に存在しているときは、その水滴と氷晶の周囲の空気の飽和水蒸気密度の違いについて考えなくてはなりません。

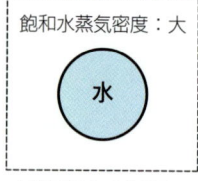

飽和水蒸気密度：大　　　飽和水蒸気密度：小
水　　　　　　　　　　氷
水蒸気を多く含める　　水蒸気を多く含めない

　そして正確には同じ温度であるという条件がつきますが、水滴よりも氷晶の周囲にある空気のほうが飽和水蒸気密度が小さく、つまりそれは水蒸気をあまり含めない状態のことを表しています。

　そのように考えると水滴の周囲の空気は飽和（水蒸気を限界まで含んだ状態）※に達していても、氷晶の周囲の空気は水滴の周囲の空気よりも飽和水蒸気密度が小さいために過飽和（含んでいる水蒸気の量が限界を超えている状態）の状態に達していることがあります。含んでいる水蒸気の量が限界を超えると、その水蒸気は氷晶の表面で昇華（水蒸気から氷への変化）することになり

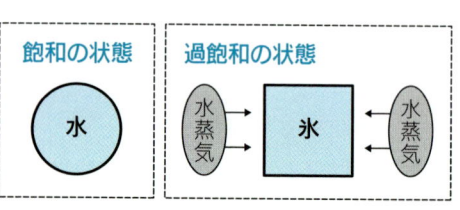

飽和の状態　　　過飽和の状態
水　　　　　水蒸気→氷←水蒸気
水に対して飽和していても氷晶に対して過飽和であるため水蒸気が昇華　➡　氷晶のみ成長

（この過程を昇華凝結過程という）、水蒸気は水滴ではなく氷晶に向かって輸送されることになり、氷晶のみが成長することになります。このような理由から(a)には水、(b)には氷、(c)には過冷却水滴から氷晶が当てはまることになります。

※場合により水に対して未飽和（水蒸気を限界まで含んでいない状態）、氷に対して飽和と表現されていることがあります。いずれにしても氷に対する飽和水蒸気密度が小さいことを理解していることが大切です。

冷たい雨 **2-3**

☀ (d)(e)の穴埋めについて

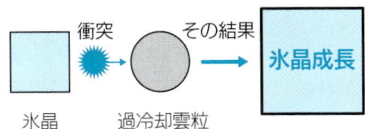

　過冷却雲粒を多く含む雲層内では、氷晶と過冷却雲粒が衝突することがあります。

> 氷晶と過冷却雲粒が衝突すると氷晶の上に凍りつく

　過冷却雲粒とは0℃以下になっても凍っていない水滴のことで、そのような水滴は不安定であるため、何か衝撃を与えると一瞬にして凍りつく特徴があります。つまり氷晶と過冷却雲粒が衝突すると、その氷晶の上で過冷却雲粒が凍結（または凝固と呼ぶこともある）し、その氷晶が大きく成長することになります。このような氷晶の成長過程をライミングといいます。

　このような衝突がさらに進むとあられと呼ばれる氷の粒（直径が5mm未満）になり、その直径の大きさが5mm以上の氷の粒にまで成長するとそれはひょう※と呼ばれます。

　そのようなことから(d)には凍結、(e)にはあられが当てはまり、以上のことからこの問題の解答は①になります。

　一般的にひょうは発達した積乱雲の中で生じるものです。発達した積乱雲の中には強い上昇流があります。そこで発生したあられは、強い上昇流により地上に落下することができずに、吹き上げられては落下し、再び強い上昇流により吹き上げられては落下することを繰り返します。そのうちにあられの表面に何度も過冷却雲粒が凍結し、やがてひょうと呼ばれるほど大きな氷粒にまで成長して、地上に落下してくることがあります。

　ひょうを割ってその断面を見ると、年輪（樹木の横断面にみられるほぼ同心円状の輪）のように層状になっていて、何度もその表面で過冷却雲粒が凍結したことがわかります。

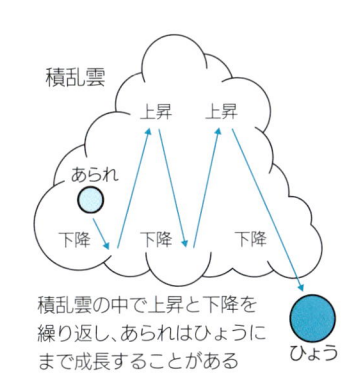

> その昔、日本ではかぼちゃサイズのひょうが降ったことがあるポチャ
> その傘では防げないよ 水滴君

> 積乱雲の中で上昇と下降を繰り返し、あられはひょうにまで成長することがある

ポイント2　降水過程

※雨と雪が混ざって降るものをみぞれといい、溶けかけの雪もみぞれといいます。

ポイント2 降水過程

4 雲と霧

問題　平成21年度 第1回 通算第32回試験　一般知識 問9
難度：★★☆☆☆

霧に関する次の文(a)〜(d)の正誤の組み合わせとして正しいものを、下記の①〜⑤の中から一つ選べ。

(a) 暖かく湿った空気が冷たい海面上を移動して冷却されると蒸気霧が発生する。
(b) 放射霧は、秋季から冬季にかけて風の弱い晴れた日の明け方に発生しやすい。
(c) 霧が発生するためには、暖かく湿った気塊が地表面や水面などによって下層から冷やされる必要があるため、常に気温の逆転層が存在する。
(d) 霧ともやは、凝結によって生じたごく小さな水滴が大気中に浮遊する現象であり、相対湿度が70％未満のときをもや、70％以上のときを霧という。

	(a)	(b)	(c)	(d)
①	正	正	正	誤
②	正	誤	正	正
③	誤	正	誤	正
④	誤	誤	正	正
⑤	誤	正	誤	誤

霧（または、もや）というのは地上に接した雲のようなものであり、その霧の発生というのは雲と同じであると考えることができます。

つまりその発生の理由は大きく2つに分けることができ、①空気を露点温度（簡単にいうと飽和に達するときの温度）に達するまで冷やしたときや、空気を冷やさなくても②飽和に達するまで水蒸気が供給されれば、霧は発生することになります※。

● 霧の発生理由
①空気を露点温度（簡単にいうと飽和に達するときの温度）に達するまで冷やしたとき
②飽和に達するまで水蒸気が供給されたとき
※場合によっては①と②が同時に起きることもある

※場合によっては①と②が同時に起こり、発生することもあります。

雲と霧 2-4

☀ ⓐの記述について

　暖かく湿った空気が冷たい水面上を移動すると下層から冷やされて、露点温度まで達すると霧が発生することになります。このような霧を移流霧といいます。よってⓐの記述は誤りになります。

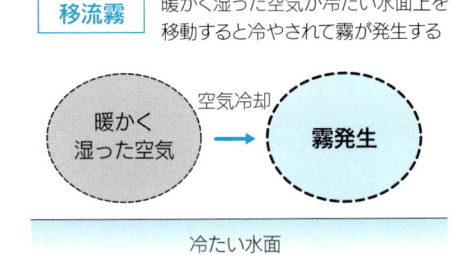

移流霧：暖かく湿った空気が冷たい水面上を移動すると冷やされて霧が発生する

　ちなみにⓐの記述にある蒸気霧とは、冬の露天風呂に棚引く湯気のようなものです。暖かい水面上に接する空気はその水面により暖められて、またその水面から蒸発した水蒸気により湿っているのが一般的です。

　そこに相対的に冷たい空気が流入してくると、水面上にもともとある暖かく湿った空気と混合します。その際に気温が低下したり水蒸気が供給されることにより、霧ができることがあります。これが蒸気霧（または混合霧という）です。

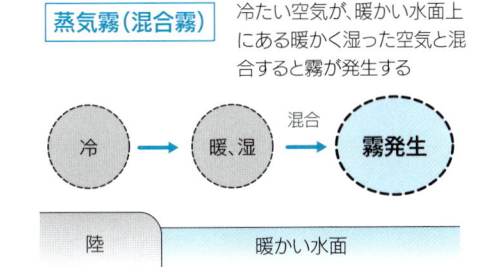

蒸気霧（混合霧）：冷たい空気が、暖かい水面上にある暖かく湿った空気と混合すると霧が発生する

☀ ⓑの記述について

　放射霧とはよく晴れた風の弱い日の明け方頃に発生する霧のこと※で、一般的に夜間の放射冷却が原因で発生します。

　放射冷却とは夜間の地球放射（地球から熱エネルギーが出ていくこと）により熱が放出されて、地表付近の気温が低くなることです。その際に露点温度まで気温が低下すればそこで霧が発生します。これが放射霧です。

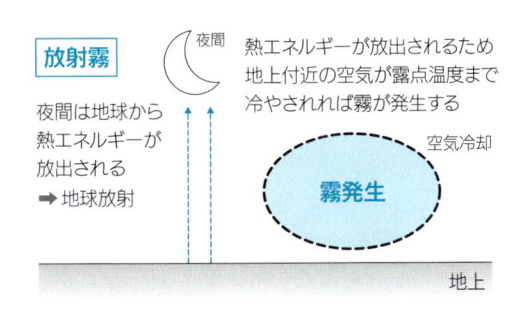

放射霧：夜間は地球から熱エネルギーが放出される ➡ 地球放射／熱エネルギーが放出されるため地上付近の空気が露点温度まで冷やされれば霧が発生する

※空が雲に覆われていると地球放射がその雲に邪魔され、風が強いと相対的に暖かい空気と混合するため気温の低下が弱くなり、放射霧は発生しにくくなります。

ポイント2　降水過程

またこの放射冷却は夜間が長くなる秋季から冬季にかけて顕著に発生するものであり、それが原因で発生する放射霧も多くなります。以上のことから(b)の記述は正しいことになります。

☀ (c)の記述について

私たちが暮らしている対流圏（右図参照）では、山に登れば気温が低下するように気温は高度とともに低下していくことが一般的です。

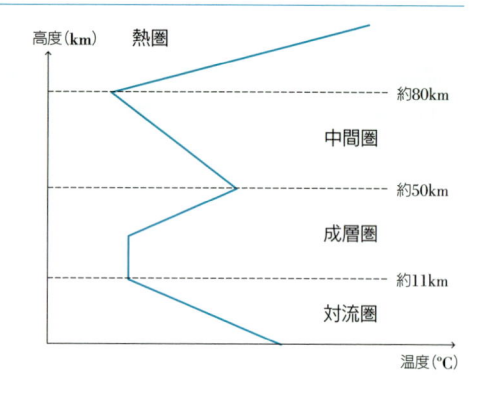

しかし場合によっては高度とともに気温が上昇することがあります。これを特に逆転層※と呼んでいます。

つまりこの逆転層は高度とともに気温が上昇するわけです。この逆転層が発生するためには、冷たい空気の上に相対的に暖かい空気がある必要があります。

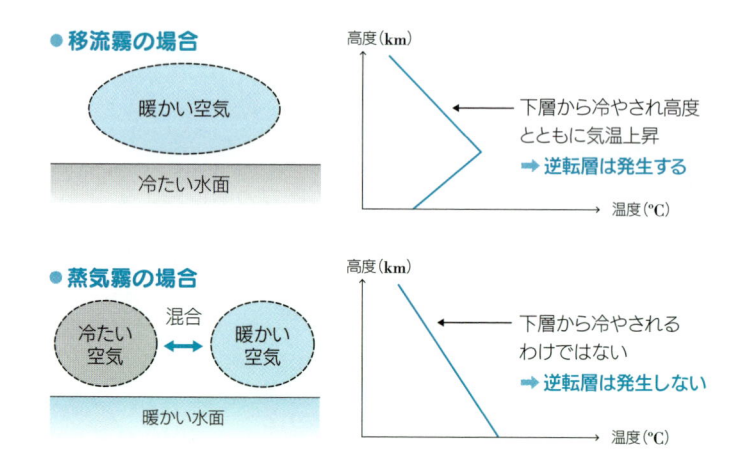

● **移流霧の場合**

暖かい空気 / 冷たい水面

下層から冷やされ高度とともに気温上昇
➡ 逆転層は発生する

● **蒸気霧の場合**

冷たい空気 ⇔ 暖かい空気（混合） / 暖かい水面

下層から冷やされるわけではない
➡ 逆転層は発生しない

移流霧（前ページ参照）のように冷たい水面上に相対的に暖かい空気が流入すれば、下層から冷やされることになるために気温は高度とともに上昇し、そ

※逆転層には、夜間の放射冷却が原因で発生する接地逆転層、高気圧などに伴う下降流による断熱昇温が原因で発生する沈降性逆転層、前線など冷たい空気の上を暖かい空気が滑昇することが原因で発生する移流性（前線性）逆転層の3種類があります。

の場所では逆転層が発生することになります。

　ただし、暖かい水面上にある暖かく湿った空気と相対的に冷たい空気が混合し発生する蒸気霧（P.63を参照）においては、特に下層から冷やされるわけではないので、必ずしも逆転層が発生するわけではありません。そのような理由から(c)の記述は誤りということになります。

☀ (d)の記述について

　霧ともやの話をする前に、まずは視程についてお話ししておかなければいけません。視程とは簡単にいうと大気中の

> 視程…大気中の透明度を距離で表したもの（大気中の見通し）

見通し（さえぎるものがなく遠くまで見えること）のことで、詳しくは大気中の透明度を距離で表したものです。

　例えば右図のように100m先までは見えるけど、それより先は何かしらの理由で見えなければこのときの視程は100mということになります。

　そしてこの問題で問われている霧ともやの違いは何かというと、その大気中の見通しを表した視程が1km未満であれば霧であり、1km以上であればもやと呼ばれることになります。

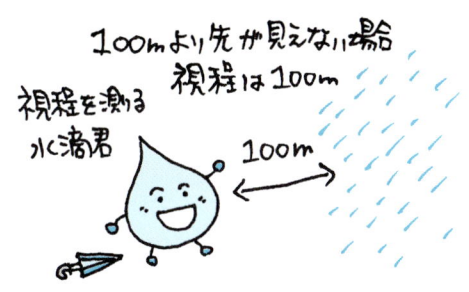

　(d)の記述にある霧ともやは、凝結（水蒸気から水への変化）によって生じたごく小さな水滴が大気中に浮遊する現象であること自体は、正しいです。

> ●霧ともやの違い
> 霧……視程が1km未満
> もや…視程が1km以上
> ※霧ともやの区別は相対湿度などではなく大気中の見通しを表した視程で区別していることに注意

　ただし相対湿度（空気中に含まれている水蒸気量を百分率：%で表したもの）が70%未満のときをもや、70%以上のときを霧というように区別をしているわけではなく、あくまでも視程が1km未満（霧）か1km以上（もや）かで区別しているので(d)の記述は誤りということになります。

　またこの霧というのは、簡単にいうと地上に接した雲のようなものですから、

十種雲形（P.49の図参照）では層雲という下層雲に分類されていることも知っておいてください。

　以上のことをまとめると、この問題の解答は(a)誤、(b)正、(c)誤、(d)誤の⑤の解答が正しいことになります。

ポイント 3

大気における放射

このポイント3では大気における放射について
お話しをしていきます。
放射とは物体が電磁波を放出することであり、
この世の中にある物体は絶対零度（－273℃に相当する）
でない限りは何かしらの電磁波を放出しています。
つまり放射をしているのです。

放射について

　放射とは物体が電磁波を放出することです。電磁波とは細かすぎて私たちの眼には見えませんが、波打っており、その波の山から山または谷から谷までの長さを波長といいます。簡単にいうと波長とは波と波の間隔のことです。

　ちなみに気象学で出てくる電磁波には3種類あり、紫外線（UV）と可視光線（VISまたはVS）と赤外線（IR）です。それではこの3種類は何が異なるかというと、波長（波と波の間隔）が異なります。この3つの中で最も波長が短いのが紫外線、逆に最も波長が長いのが赤外線です。そして紫外線と赤外線のちょうど間の波長にあたるのが可視光線ということになります。

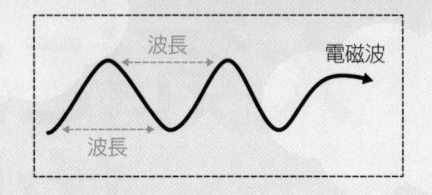

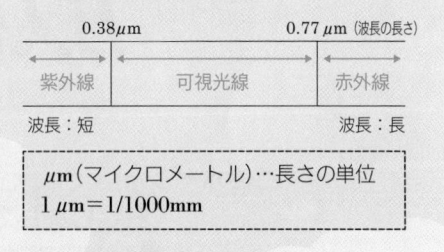

　具体的には可視光線の波長の範囲は0.38μm～0.77μmであり、紫外線はその可視光線の波長の範囲である0.38μmよりも短く、逆に赤外線は可視光線の波長の範囲の0.77μmよりも長い波長の電磁波です。

　ちなみにμm（マイクロメートル）とは長さの単位で、1μmは$\frac{1}{1000}$mmに相当（1μm＝$\frac{1}{1000}$mm）します。ここからもそのμmを単位としている紫外線・可視光線・赤外線はとても細かいものであることがわかります。

　ここでは放射（電磁波を放出すること）について、下記の節に分けて理解を深めていくことにします。

① 黒体に係わる法則

　黒体とは、入射してきた電磁波を100%（つまりすべて）吸収してしまう仮想的な物体のことで、太陽や地球はほぼ黒体とみなすことができます。

この黒体について成り立つ、とても大切な法則があり、その法則に係わる問題をここでは解いていきます。太陽や地球もほぼ黒体であり、黒体に成り立つ法則は太陽や地球に対しても成り立つと置き換えられることが大切です。

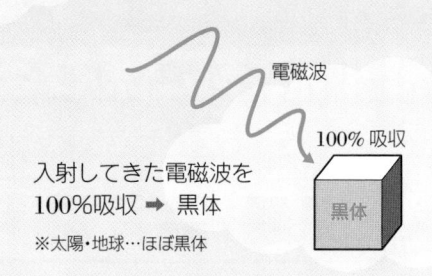

入射してきた電磁波を100%吸収 ➡ 黒体
※太陽・地球…ほぼ黒体

電磁波
100% 吸収
黒体

2 放射平衡

　放射平衡とはその名の通り放射が釣り合っている状態のことです。ここでは地球が受け取る太陽放射※と地球から放出される地球放射が釣り合っている状態のことを指します。太陽から受け取る電磁波と地球から放出される電磁波が釣り合っているからこそ、地球の平均気温は保たれているのであり、その状態を放射平衡といい、そのときの地球の温度を放射平衡温度といいます。

3 散乱

　空気中には窒素や酸素といった空気の粒やエーロゾルなどの微粒子が浮かんでおり、散乱とは太陽光線（電磁波）がそれらの微粒子にぶつかり、色々な方向に反射されることです。

　それでは大気における放射を各節に分けて、一緒に問題を解きながら理解を深めていくことにしましょう。

ポイント3　大気における放射

※太陽放射とは太陽が電磁波を放出することで、地球放射とは地球が電磁波を放出することです。

ポイント3 大気における放射

1 黒体に係わる法則

問題　平成13年度 第1回 通算第16回試験　一般知識 問7
難度：★★☆☆☆

短波放射（太陽放射）と長波放射（地球放射）について述べた次の文章の下線部(a)〜(c)の正誤の組み合わせについて、下記の①〜⑤の中から正しいものを一つ選べ。

太陽の光球の温度における黒体放射と地球の放射平衡温度における黒体放射とでは、波長分布が異なっており、前者は短波放射、後者は長波放射と呼ばれている。短波放射の放射量が最大となる波長は(a)紫外線域であるのに対し、長波放射のそれは(b)赤外線域である。地球のアルベドは(c)長波放射の放射量の短波放射の放射量に対する比である。

	(a)	(b)	(c)
①	誤	正	誤
②	正	誤	誤
③	正	正	誤
④	正	誤	正
⑤	誤	正	正

(a)(b)の下線部について

気象学で出題される主な電磁波は、紫外線と可視光線と赤外線（波長⇒紫外線＜可視光線＜赤外線）の3種類です。

●最も大きなエネルギーを持つ電磁波
太陽放射 ➡ 可視光線
地球放射 ➡ 赤外線

太陽にしても地球にしても電磁波を放射（それぞれ太陽放射と地球放射という）しているのですが、その中で最も大きなエネルギーを持っている電磁波の種類がそれぞれに異なることがポイントです。太陽と地球が放射している電磁波の中で最も大きなエネルギーを持つものは、太陽が可視光線であり、地球は赤外線です。

黒体に係わる法則 3-1

それを詳しく知るための法則がウィーンの変位則であり、この法則は物体が黒体である場合にのみ成り立ちます。

ウィーンの変位則は右図のように式で表すことができ、まずはその式の形とそれぞれの記号の意味を知ることが大切です。

この式でいったい何を求められるかというと、左辺にある λmax（λ または λm と表されることもある）、つまり物体が放射している電磁波の中で最大となる波長を求めることができます。

それを求めるためには物体の温度（詳しくは絶対温度）を右辺のTの部分に代入すればよいのです。

地球※というのはその表面温度が絶対温度で約300Kであり、太陽というのはその表面温度が絶対温度で約6000Kです。この2つの絶対温度をウィーンの変位則のTの部分に代入すると、最大となる波長は、地球（$\lambda max = \frac{2897}{300} ≒ 9.7$）が約9.7μmとなり、太陽（$\lambda max = \frac{2897}{6000} ≒ 0.5$）が約0.5μmになります。

ここから地球が放出している電磁波の中で最も大きなエネルギーを持っている波長は赤外線の領域にあたり、太陽が放出している電磁波の中で最も大きなエネルギーを持っている波長は可視光線の領域にあたることがわかります（※可視光線の波長の範囲は0.38μm～0.77μmであり、紫外線は0.38μmよりも短い波長で、赤外線は0.77μmよりも長い波長になります）。

● ウィーンの変位則

$$\lambda max = \frac{2897}{T}$$

（λmax：最大となる波長　T：絶対温度）

※ λmax は λ または λm と表現されることもある

$\lambda max = \frac{2897}{T}$

最大となる波長が求まる　←　物体の温度を代入

● 地球放射と太陽放射の最大となる波長

地球の表面温度は約300K

$$\lambda max = \frac{2897}{T} = \frac{2897}{300}$$
$$= 約9.7μm → 赤外線領域$$

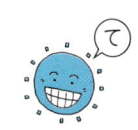

太陽の表面温度は約6000K

$$\lambda max = \frac{2897}{T} = \frac{2897}{6000}$$
$$= 約0.5μm → 可視光線領域$$

ポイント3　大気における放射

※地球と太陽は、ほぼ黒体とみなすことができるため、黒体のあらゆる法則が成り立ちます。

ここからわかることが、地球（表面温度：約300K⇒最大となる波長：約9.7μm）と太陽（表面温度：約6000K⇒最大となる波長：約0.5μm）の関係のように、物体の温度が高くなればなるほどその物体が放出している最大となる電磁波の波長は短くなるということです。

● **ウィーンの変位則からわかること**

地球：300K ➡ 最大となる波長：約**9.7μm**
太陽：6000K ➡ 最大となる波長：約**0.5μm**

温度が低いほど最大となる波長は長く、温度が高いほど最大となる波長は短い ➡ **反比例の関係**

逆に物体の温度が低くなればなるほど、その物体が放出している最大となる電磁波の波長は長くなることです。これを反比例の関係といい、実際の気象予報士試験でも一般知識のところでよく出題されています。

太陽放射 ⇒ 短波放射
地球放射 ⇒ 長波放射
　　　　 ⇒ 赤外放射

また太陽放射と地球放射の最大となる波長の長さを比べると、太陽放射のほうが短いので短波放射、逆に地球放射のほうが長いので長波放射といわれることがあります。

地球放射に関しては、その波長の長さから大部分が赤外線領域に当てはまるため、そのまま赤外放射と呼ばれることがあります。

このように短波放射（＝太陽放射）の放射量が最大となる波長は可視光線域であり、長波放射（＝地球放射）のそれは赤外線域であることから、この問題の(a)の下線部は誤り、(b)の下線部は正しいことになります。

☀ (c)の下線部について

アルベドとは反射率のことで、物体に入射してくる放射量に対して反射する放射量の比率（割合）を表しており右図の式で求めることができます。

地球の場合は入射してくる放射量を仮に100とすると、雲や地表面によって地球全体で反射される放射量は30とな

● **アルベド**
物体に入射してくる放射量と反射する放射量の比率

↓ アルベドを求める式

$$\frac{反射放射量}{入射放射量} \times 100 (\%)$$

り、アルベドは $\frac{30}{100} \times 100 = 30\%$（0.3と表現されることもある）になります。地球全体の反射率を表していることから、特にプラネタリーアルベドと呼ぶこともあります。

ただし、雲や地表面などを細かくみるとそのアルベド（反射率）は地球全体で見たアルベド（30%）とは異なり、その詳しい値は右図の通りです。

	アルベド(%)
厚い雲／薄い雲	70～80／25～50
裸地・草地・森林地	10～25
砂、砂漠	25～40
新雪／旧雪	79～95／25～75
海面（高度角25°以下）	10～70
海面（高度角25°以上）	10以下

すべての数値を細かく覚える必要はありませんが、同じ雲でも厚みを増せば増すほどアルベドは大きくなり、地表面においても草地や森林地に比べて砂漠や雪面のほうが大きくなります。

また同じ海面においても太陽高度が低く（太陽光線と海面との間になす角度のことを高度角というので「高度角が小さい」と表現することもある）なるほどアルベドが大きくなることがポイントです。

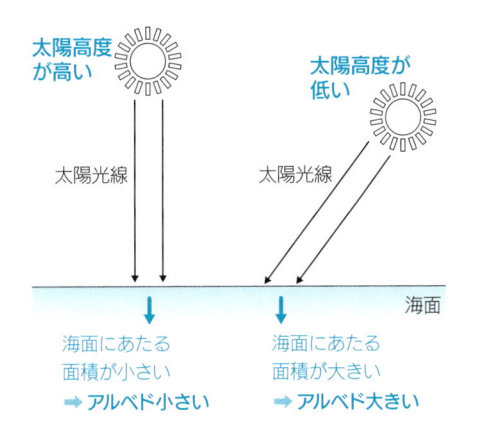

その理由は、太陽高度が低いほど太陽光線が海面にあたる面積が大きくなるので反射率が大きくなるからです。

アルベドとは物体に入射してくる放射量に対して反射する放射量の比率を表しています。したがって、地球のアルベドは長波放射の放射量の短波放射の放射量に対する比とした(c)の下線部は誤りです。

以上のことをまとめると、(a)誤、(b)正、(c)誤となり、ここから①の解答の正誤の組み合わせが正しいことがわかります。

アルベドは物体に入射してくる放射量に対して反射する放射量の比率のことだサン！

> ## 問題
> 平成16年度 第2回 通算第23回試験　一般知識 問2
> 難度：★★★☆☆
>
> 　地上における放射は、短波放射と長波放射に大別できる。短波放射、長波放射に関して述べた次の文(a)〜(c)の正誤について、下記の①〜⑤の中から正しいものを一つ選べ。
>
> (a) 短波放射の放射強度が最大となる波長帯は、可視域にある。
> (b) 下向き長波放射量は、夜間においては0になる。
> (c) 上向き長波放射量は、地表面絶対温度の4乗に比例する。
>
> ① (a)のみ正しい　　② (b)のみ正しい　　③ (c)のみ正しい
> ④ (a)と(c)が正しい　　⑤ (b)と(c)が正しい

(a)の記述について

　短波放射とは太陽放射のことです。70ページの問題(平成13年度第1回通算第16回試験　一般知識 問7)の(a)(b)の下線部について述べたように、太陽が放出している電磁波の中で最も大きなエネルギーを持っている波長は可視光線の領域です。具体的には約0.5μmの波長の電磁波を最も多く放出しています。

> 短波放射 ➡ 太陽放射(可視光線が最大)
> 長波放射 ➡ 地球放射(赤外線が最大)

　そのような理由から最大となる波長帯は可視域にあるとした(a)の記述は正しいということになります。ちなみに長波放射の最大となる波長帯は赤外線域にあたり(具体的には約9.7μmの波長)、つまり地球放射です。

(b)の記述について

　長波放射とは地球放射のことであり、地球が電磁波を放出することです。主に赤外線を地球は放出しています。

　上向き長波放射と下向き長波放射とは、長波放射の向きのことを表しています。上向き長波放射とは、この問題では地表面が対象となっていますので、地表面から上向きに放出される赤外線のことです。逆に下向き長波放射とは地表

面に向かい下向きに入射してくる赤外線のことです（右図参照）。

太陽放射を地球が受け取ることができるのはもちろん太陽が照っている昼間ですが、地球放射は昼夜関係なく放出をしています。

つまり地球の地表面からも昼夜関係なく上向きに赤外線を放出（上向き長波放射）しているのですが、それでは今回の問題の(b)の記述のように下向き長波放射量は夜間においては０（つまりまったくない状態）になるのでしょうか？先に結論をいうと０にはなりません。その理由は大気（詳しくは水蒸気や二酸化炭素などの温室効果気体）に覆われたこの地球には温室効果があるからです。

地表面から放出された赤外線を、地球の大気の中でも水蒸気や二酸化炭素※などの温室効果気体が吸収し、その吸収した赤外線を再び宇宙空間と地表面に向かい、上向きと下向きに再放射（それぞれ上向き長波放射と下向き長波放射）しています。

この大気から再放射された下向き長波放射は地表面（または地表面付近の大気）を再び加熱する効果があり、これを温室効果といいます。

つまり地表面から昼夜問わずに赤外線が放出される限り、大気からの下向き長波放射（温室効果）も０にはなりません。したがって、地表面における下向き長波放射量（地表面に向かい下向きに入射してくる赤外線）は夜間においても０にはなりません。そのような理由から(b)の記述は誤りになります。

※温室効果気体には水蒸気や二酸化炭素のほかにも、メタン、オゾン、フロンや一酸化二窒素があります。その絶対量から水蒸気や二酸化炭素が主に温室効果にかかわっていますが、同一分子数で比べた場合、メタンは二酸化炭素の25倍もの温室効果があります。

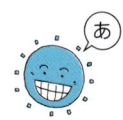

☀ (c)の記述について

黒体に対して成り立つ法則はウィーンの変位則の他にもあり、その中でとても大切なのがステファン・ボルツマンの法則です（右図参照）。

● ステファン・ボルツマンの法則

$$I = \sigma T^4$$

I：放射強度　T：絶対温度
σ：ステファン・ボルツマン定数($5.67\times10^{-8}W\cdot m^{-2}\cdot K^{-4}$)

↓ この式の意味は

放射強度(I)は黒体の絶対温度(T)の4乗に比例する

この式の中ではIは放射強度※、Tは絶対温度を表しています。

またσ（シグマ）とはステファン・ボルツマン定数です。その数値（$5.67\times10^{-8}W\cdot m^{-2}\cdot K^{-4}$）が変化しないことから、この式は、放射強度は絶対温度によりその大きさが変化することを意味しています。具体的には、放射強度は絶対温度の4乗に比例することをこの式は表しているのです。

つまりもし絶対温度が2倍になれば、放射強度はその絶対温度の2倍をさらに4乗した分（16倍）だけ大きくなります。もし絶対温度が4倍になれば、放射強度はその絶対温度の4倍をさらに4乗した分（256倍）だけ大きくなります。

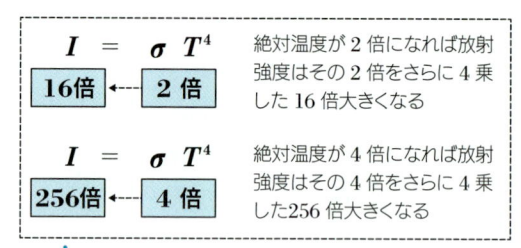

$$I = \sigma T^4$$
16倍　　2倍

絶対温度が2倍になれば放射強度はその2倍をさらに4乗した16倍大きくなる

$$I = \sigma T^4$$
256倍　　4倍

絶対温度が4倍になれば放射強度はその4倍をさらに4乗した256倍大きくなる

つまり → 絶対温度が高くなるほど放射強度も大きくなり
絶対温度が低くなるほど放射強度も小さくなる

ここから何がわかるかというと黒体である物体の絶対温度が高くなればなるほどその放射強度は大きくなり、逆に絶対温度が低くなればなるほどその放射強度が小さくなるということです。

この(c)の記述の中の地表面からの上向き長波放射というのは、

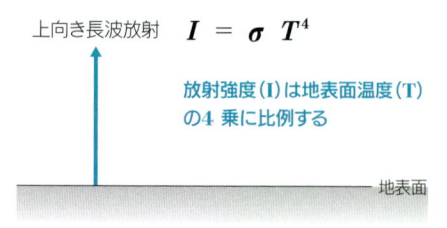

上向き長波放射　$I = \sigma T^4$

放射強度(I)は地表面温度(T)の4乗に比例する

地表面

※放射強度（記号：I）とは、1m²の面積に1秒間あたりに入射するエネルギー量を表し、簡単にいうとその漢字が表している通り、放射の強さを意味しています。

黒体に係わる法則　3-1

地表面から放出される赤外線のことを指しています。

　地表面から放出される赤外線の強さはステファン・ボルツマンの法則より、その赤外線が放出される地表面温度（詳しくは地表面の絶対温度）の4乗に比例します。したがって、(c)の記述は正しいことになります。

　以上のことをまとめると、(a)と(c)の記述が正しいので、ここからこの問題は④の解答が正しいことになります。

　ステファン・ボルツマンの法則を使った問題ではひっかけとして、放射強度は絶対温度の4乗に反比例（正しくは絶対温度の4乗に比例）するというように出題されることもあります。油断をせずに問題の細かなところまで読み進めていく必要があります。

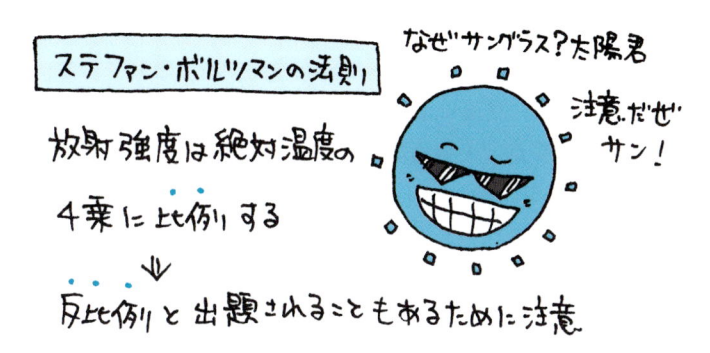

ポイント3 大気における放射

2 放射平衡

問題 平成23年度 第2回 通算第37回試験 一般知識 問6
難度：★★★★☆

　地球のエネルギー収支に関する次の文章の空欄(ア)～(ウ)に入る適切な数値の組み合わせを、下記の①～⑤の中から一つ選べ。

　図は地球(地球大気と地球表層)について年平均したエネルギー収支を表し、大気上端、大気内部、地表面の間でやりとりされる、短波放射・長波放射の強さ、乱流による顕熱や潜熱の輸送量が示されている。折れた矢印は地表面または大気内部における短波放射の反射の強さを表している。大気上端、大気内部、地表面のそれぞれにおいてエネルギー収支は釣り合っている。外向き短波放射の合計から、地表面で反射される短波放射Aは $30 Wm^{-2}$ である。また、入射短波放射の収支から、地表面で吸収される短波放射Bは(ア) Wm^{-2} となる。これらの値から地表面のアルベドは(イ)、地表面または大気内部におけるエネルギー収支から潜熱Cは(ウ) Wm^{-2} と見積もられる。

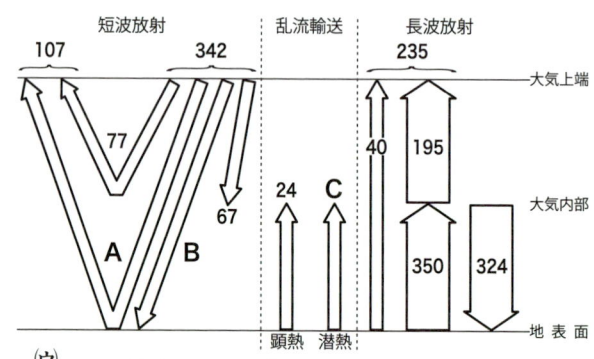

地球のエネルギー収支 (単位は Wm^{-2})

	(ア)	(イ)	(ウ)
①	168	0.15	78
②	168	0.18	128
③	198	0.15	28
④	198	0.18	78
⑤	198	0.18	128

放射平衡 3-2

　問題の図を見ると、太陽放射（短波放射）が地球に入射した段階で342Wm^{-2}のエネルギーであり、そのうち107Wm^{-2}は地表面や大気内部によって反射されています。342Wm^{-2}から107Wm^{-2}を引いた235Wm^{-2}を地球は吸収していることがわかります。

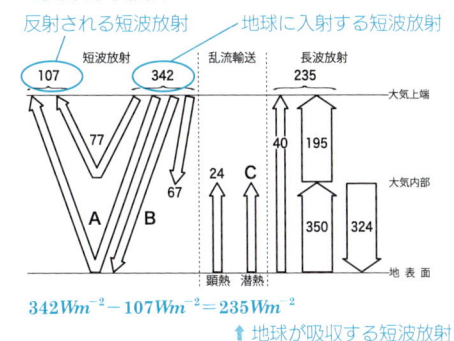

　それに対して地球から放出される地球放射（長波放射）は、地球が吸収した太陽放射と同じエネルギーである235Wm^{-2}だけ全体として大気上端から宇宙に向けて放出しています。地球が吸収した太陽放射と地球から放出される地球放射が釣り合っている（放射平衡な状態）ことがわかります。ただしこれは地球全体で考えた太陽放射と地球放射の釣り合いです。実は地表面や大気内部など、すべての場所でも同じように吸収するエネルギー量と放出するエネルギー量は釣り合いを保っていると考えることができます。

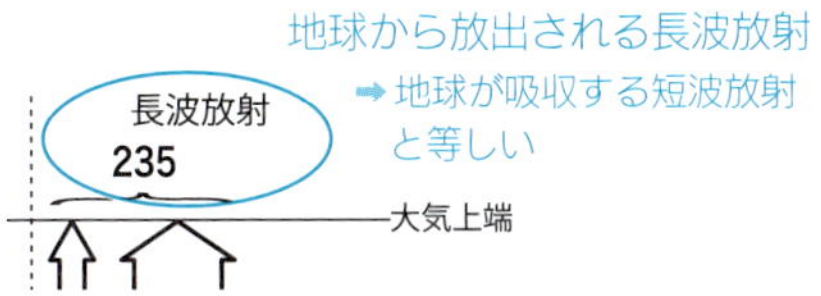

　この考え方を用いて問題を解いていくことが大きなポイントです。

$342Wm^{-2} - 107Wm^{-2} = 235Wm^{-2}$
↑ 地球が吸収する短波放射

地球から放出される長波放射
→ 地球が吸収する短波放射と等しい

ポイント3　大気における放射

☀ (ア)の空欄について

　ここでは地表面により吸収される短波放射Bの値について問われていますから、短波放射の収支からその値を求めていきます。

　短波放射の収支の内訳を見ていくと、まずその全体量は地球に差し込んだ時点での大きさ、つまり342Wm^{-2}です。このうち107Wm^{-2}は大気内部や地表面により反射されていることがわかります。

　詳しくはその107Wm^{-2}のうち77Wm^{-2}が大気内部により反射され、残りの30Wm^{-2}は地表面により反射（Aと表記された短波放射）されていることがわか

79

ります。

そして67Wm^{-2}は大気内部により吸収されています。短波放射全体量342 Wm^{-2}のうち、107Wm^{-2}は大気内部や地表面により反射され、67Wm^{-2}は大気内部により吸収されているのですから、残りの168Wm^{-2}が短波放射Bの値です。つまりこれが地表面により吸収されている短波放射の値であるとわかります。ここから(ア)の空欄には168という数値が当てはまります。

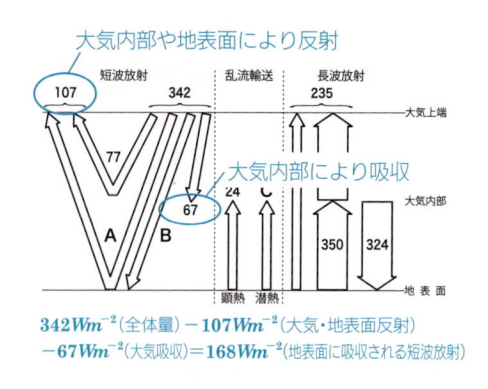

大気内部や地表面により反射
短波放射　乱流輸送　長波放射
107　342　　　　　235　大気上端
77
大気内部により吸収
24
67　　　　350　324　大気内部
A B
顕熱 潜熱　　　　　　　地表面

$342Wm^{-2}$（全体量）$-107Wm^{-2}$（大気・地表面反射）
$-67Wm^{-2}$（大気吸収）$=168Wm^{-2}$（地表面に吸収される短波放射）

☀ (イ)の空欄について

地表面のアルベドについて求めることになるのですが、アルベドとは反射率のことで、物体（ここでは地表面）に入射してくる放射量に対して反射する放射量の比率（割合）のことです。

● **アルベドを求める式**
$$\frac{反射放射量}{入射放射量} \times 100 (\%)$$

地表面に入射してくる短波放射量は、地表面により反射される短波放射Aの30Wm^{-2}と、先ほど求めた地表面により吸収される短波放射Bの168Wm^{-2}を足した198Wm^{-2}ということになります。

そして地表面により反射される短波放射Aは30であり、この両者（入射短波放射量：198Wm^{-2}と反射短波放射量：30Wm^{-2}）の値を用いるとアルベドを求めることができます。

つまり$\frac{30}{198} \times 100 \fallingdotseq 15\%$ですから、地表面のアルベドの値は15%となり、小数で表すと0.15です。ここから(イ)の空欄には0.15が当てはまります。

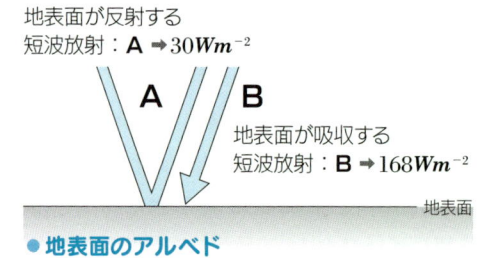

地表面が反射する
短波放射：A ➡ $30Wm^{-2}$

A　B

地表面が吸収する
短波放射：B ➡ $168Wm^{-2}$
地表面

● **地表面のアルベド**
$30Wm^{-2} / 198Wm^{-2} (30Wm^{-2} + 168Wm^{-2}) \times 100 = 15\%$

㋒の空欄について

この問題の解説の冒頭部分（2ページ前）でもお話をしたように、地表面や大気などすべての場所において、吸収するエネルギー量と放出するエネルギー量は釣り合いを保っています。ここでは特に地表面での釣り合いを利用して、Cの潜熱の大きさを求めていきます。

まず地表面が吸収しているエネルギー量は、地表面に向かい矢印が出ている短波放射Bの$168Wm^{-2}$と大気内部から再放射されている長波放射の$324Wm^{-2}$のエネルギー量の合計です。つまり$168Wm^{-2}+324Wm^{-2}=492Wm^{-2}$ということになります。

そして地表面から放出されているエネルギー量は、地表面から矢印が出ている$350Wm^{-2}$と$40Wm^{-2}$の長波放射と顕熱の$24Wm^{-2}$と潜熱のC Wm^{-2}のエネルギー量の合計になります。つまり$350Wm^{-2}+40Wm^{-2}+24Wm^{-2}+C\ Wm^{-2}=414Wm^{-2}+C\ Wm^{-2}$になります。

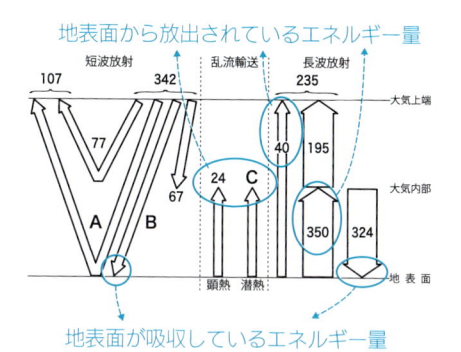

地表面が吸収しているエネルギー量（$492Wm^{-2}$）と放出するエネルギー量（$414Wm^{-2}+C\ Wm^{-2}$）が釣り合いを保っていることから、$492Wm^{-2}=414Wm^{-2}+C\ Wm^{-2}$という式が成り立ちます。C Wm^{-2}＝の式に直すとC $Wm^{-2}=492Wm^{-2}-414Wm^{-2}$となり、C $Wm^{-2}=78Wm^{-2}$になります。

これがCの潜熱の大きさであり、㋒の空欄には78という数値が当てはまります。

以上のことから、㋐は168、㋑は0.15、㋒は78が当てはまり、①の解答の組み合わせが正しいことになります。

● 地表面のエネルギー量の釣り合い

$$492Wm^{-2}=414Wm^{-2}+C\ Wm^{-2}$$

地表面が吸収している　　地表面が放出している
エネルギー量　　　　　　エネルギー量

↓ $C\ Wm^{-2}$ について求めると

$C\ Wm^{-2}=492Wm^{-2}-414Wm^{-2}=78Wm^{-2}$

地表面から放出される潜熱の大きさ↑

ポイント3 大気における放射

3 散乱

問題　平成24年度 第2回 通算第39回試験　一般知識 問5
難度：★★★☆☆

太陽放射に関する次の文(a)〜(d)の正誤の組み合わせとして正しいものを、下記の①〜⑤の中から一つ選べ。

(a) 夏至(6月)の1日間に大気上端の水平な単位面積に入射する太陽放射エネルギー量は、北極点の方が赤道上の地点よりも多い。
(b) 海表面における直達太陽放射の反射率は、太陽の高度角が大きいほど大きい。
(c) 冬至(12月)の1日間に地球全体で受ける太陽放射エネルギー量は、夏至の1日間よりも多い。
(d) 可視光線が大気の気体分子によって散乱を受けるとき、波長が$0.4\mu m$の紫色光の散乱係数(入射光に対する散乱光の割合)は、波長が$0.6\mu m$の橙色光の散乱係数の約5倍になる。

	(a)	(b)	(c)	(d)
①	正	正	誤	誤
②	正	誤	正	正
③	正	誤	正	誤
④	誤	正	誤	正
⑤	誤	誤	正	誤

☀ (a)の記述について

地球の大気上端で受け取る太陽放射エネルギー量は、緯度によって変化します。1年平均で考えた場合は、私たちのイメージする通り、赤道が最大のエネルギー量を受け取っています。

ただし、1日あたりで考えた場合は北半球では夏至(6月22日頃)の北極、南半球では冬至(12月22日頃)の南極にあたります。

地球の地軸（北極と南極を結ぶ軸）が傾いていることにより、1日中太陽が沈まない白夜（びゃくや・はくや）となるため、赤道よりも太陽の光が照らしている時間が長くなり、そのため夏至の北極と冬至の南極が1日あたりに大気上端で受け取る太陽放射エネルギー量が最大となります。

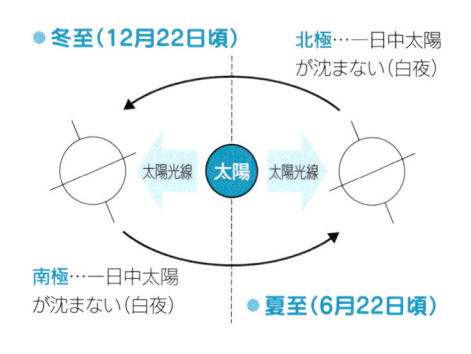

　したがって、夏至（6月）の1日間に大気上端の水平な単位面積（1m²のこと）に入射する太陽放射エネルギー量は、北極点（要は北極のこと）のほうが赤道上の地点よりも多いとした(a)の記述は正しいことになります。

(b)の記述について

　P.73のアルベド（簡単にいうと反射率のこと）のところでもお話ししたように、同じ海面においても太陽高度角（太陽光線と海面との間になす角度のこと）が小さく（つまり太陽高度が低く）なるほど、太陽光線が斜めに差し込むことになります。そのため太陽光線が海面にあたる面積が大きくなり、反射率も大きくなります。

　逆に太陽高度角が大きく（つまり太陽高度が高く）なるほど、太陽光線は真上から差し込むことになるので、太陽光線が海面にあたる面積が小さくなり、反射率も小さくなります。そのような理由から、海表面（海面のこと）における直達太陽放射の反射率は、太陽の高度角が大きいほど大きいとした(b)の記述は誤りになります。

☀ (c)の記述について

　先ほど夏至の北極と冬至の南極が1日あたりに大気上端で受け取る太陽放射エネルギー量が最大となるとお話ししましたが、その両者を比べた場合は冬至の南極のほうが大きくなります。その理由は近日点を通過するからです。

　北半球の上空から見た場合、地球は太陽の周りを反時計回りに1年をかけて回っています。そのときの地球と太陽の距離は、実はいつでも同じというわけではなくて季節により差があります。

　地球と太陽の距離が最も短くなるのが1月3日頃であり、それを近日点といいます。逆に最も長くなるのが7月3日頃であり、それを遠日点といいます。

　つまり夏至の北極と冬至の南極とでは、冬至のほうが地球と太陽の距離が短くなり、大気上端で1日あたりに受け取る太陽放射エネルギー量が大きくなるのは冬至の南極です。

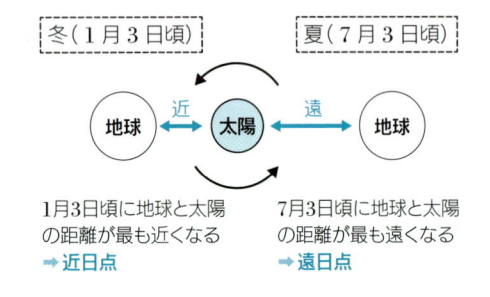

　地球全体で考えてみても、この近日点の影響により、夏至の頃よりも冬至の頃のほうが1日あたりに受け取る太陽放射エネルギー量は大きくなります。そのような理由から、冬至の1日間に地球全体で受ける太陽放射エネルギー量は、夏至の1日間よりも多くなるので、(c)の記述は正しいことになります。

☀ (d)の記述について

　この章の冒頭でもお話ししたように、空気中には窒素や酸素といった空気の粒やエーロゾルなどの微粒子が浮かんでいます。散乱とは太陽光線（電磁波）がそれらの微粒子にぶつかり、色々な方向に反射されることです。

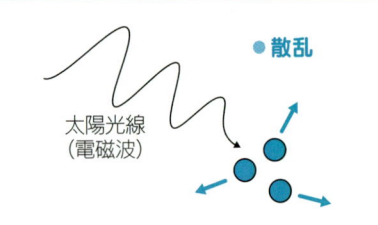

　太陽光線は大部分が可視光線（0.38～0.77μm）の領域にあたり、気象学

散乱 3-3

では可視光線とは太陽光線のことを指すと考えることができます。

可視光線は可視（肉眼で見えること）と名前がついている通り、波長によって色がついています（右図参照）。太陽光線は普段はこれらの色がすべて混ざっているために透明※で色がないように見えますが、この中のどれかの色の光が強く散乱されるとその色が目に入り、私たちはそれを色として識別しています。

そしてこの散乱には3種類あり、太陽光線の波長（電磁波の波と波の間隔）と、ぶつかる粒子の半径の大きさとの関係で分けることができます。

	0.38μm		0.77μm	
紫外線	可視光線			赤外線
	紫 青 緑 黄 橙 赤			

波長：短 ←――――――→ 波長：長

太陽光線の波長が、ぶつかる粒子の半径よりもずっと大きいときに生じる散乱をレイリー散乱といいます。ここで対象となる粒子は空気の粒です。

空気の粒は半径が小さく、それに比べて太陽光線の波長はずっと大きいので、空気の粒に太陽光線があたるとレイリー散乱が生じます。

レイリー散乱の大きな特徴は、散乱光の強度がその電磁波の波長の4乗に反比例するということです。

つまり波長がもし2倍になれば、散乱光の強度はその2倍をさらに4乗した分（$\frac{1}{16}$倍）だけ小さくなるのです。もし波長が3倍になれば、散乱光の強度はその3倍をさらに4乗した分（$\frac{1}{81}$倍）だけ小さくなります。4乗という細かな数値がつきますが、その関係は反比例です。したがって、その電磁波の波長が長くなればなるほど散乱光の強度はより小さ

● レイリー散乱

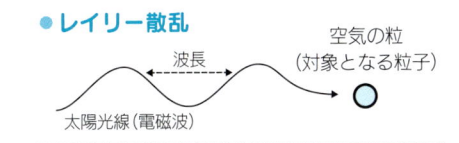

太陽光線の波長がぶつかる粒子の半径よりずっと大きい場合に生じる散乱 ➡ レイリー散乱

● レイリー散乱の特徴

散乱光の強度は電磁波の波長の4乗に反比例する

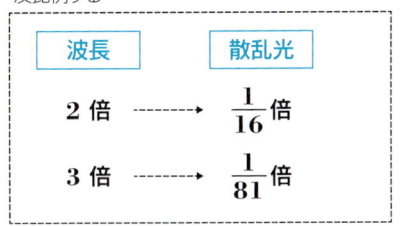

波長		散乱光
2 倍	┄┄→	$\frac{1}{16}$ 倍
3 倍	┄┄→	$\frac{1}{81}$ 倍

↓ 反比例の関係なので

波長が長くなるほど散乱光の強度は小さくなる
波長が短くなるほど散乱光の強度は大きくなる

ポイント 3　大気における放射

※光の色は色が混ざれば混ざるほど透明または白色になる性質があります。

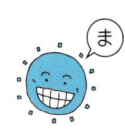

くなり、逆に電磁波の波長が短くなればなるほど散乱光の強度は大きくなるのです。

空が青く見えたり夕焼け空が橙色や赤色に見えたりするのは、太陽光線が空気の粒にあたりレイリー散乱を生じるためです。

この問題の(d)の記述には、可視光線が大気の気体分子によって散乱を受けるとき、とあります。これは太陽光線が空気の粒によってレイリー散乱されることを意味しています。そして、その特性として散乱光の強度はその電磁波の波長の4乗に反比例するという性質をここでは用います。

今回の問題では、波長が0.4μmの紫色光と0.6μmの橙色光の散乱強度※の大きさについて問われています。波長が0.4μmに対して0.6μmという波長は1.5倍の長さになります。

散乱光の強度は波長の4乗に反比例するのですから、0.4μmから0.6μmまで1.5倍波長が長くなれば、その散乱光の強度は1.5倍を4乗した約5倍小さくなることがわかります。

つまり0.4μmの紫色光に対して0.6μmの橙色光は約5倍小さく散乱されるということです。逆にいうと0.6μmの橙色光に対して0.4μmの紫色光は約5倍大きく散乱されることになります。

空が青い
夕焼けが赤い
↓
レイリー散乱

波長は、0.6μmは0.4μmに比べて1.5倍長い

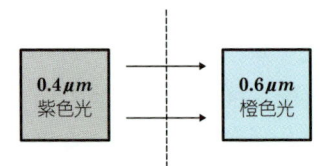

| 0.4μm 紫色光 | → | 0.6μm 橙色光 |

散乱光は、0.6μmは0.4μmに比べて1.5倍を4乗した約5倍小さい

散乱光は、0.6μmは0.4μmに比べて約5倍小さい

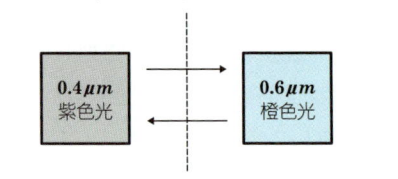

| 0.4μm 紫色光 | ← | 0.6μm 橙色光 |

散乱光は、0.4μmは0.6μmに比べて約5倍大きい

※問題の(d)の記述の中では、散乱係数(入射光に対する散乱光の割合)という言葉を用いていますが、散乱係数が大きいほど散乱光の割合が大きく、つまり散乱強度は大きくなるので、散乱係数=散乱強度としてここでは扱います。

このように、可視光線が大気の気体分子によって散乱を受けるとき、波長が0.4μmの紫色光の散乱係数（入射光に対する散乱光の割合）は、波長が0.6μmの橙色光の散乱係数の約5倍になるので、(d)の記述は正しいことになります。

以上のことをまとめると、(a)正、(b)誤、(c)正、(d)正となり、②の解答の組み合わせが正しいことになります。

この問題ではレイリー散乱についてのみ聞かれていますが、散乱にはその他にも、ミー散乱と幾何光学的散乱があります。これらの散乱も試験ではよく出題されるので、ここで確認しておきます。

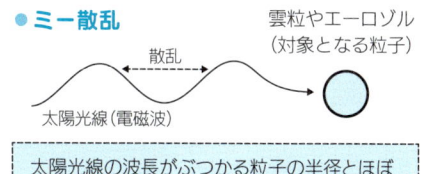

● ミー散乱

太陽光線の波長がぶつかる粒子の半径とほぼ同じ場合に生じる散乱 ➡ ミー散乱

太陽光線の波長が、衝突する粒子の半径とほぼ同じぐらいのときに生じる散乱のことをミー散乱といいます。ここで対象となる粒子は、雲粒やエーロゾル（空気中を浮遊する微粒子のことで、簡単にいうとちりやほこり）です。

ミー散乱では、散乱の強度は電磁波の波長に依存しない（制約されないということ）という特徴があります。雲が白く見えたり空気が汚れた日（つまり空気中にエーロゾルが多い状態）にはこのミー散乱がよく起こるため、空が白っぽく見えるのです。

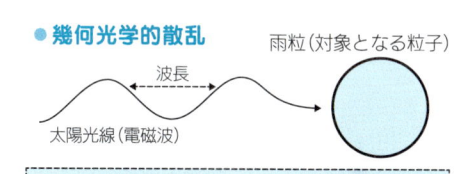

● 幾何光学的散乱

太陽光線の波長がぶつかる粒子の半径よりずっと小さい場合に生じる散乱 ➡ 幾何光学的散乱

太陽光線の波長が、衝突する粒子の半径よりずっと小さいときに生じる散乱を幾何光学的散乱といいます。ここで対象となる粒子は雨粒です。

幾何光学的散乱によって、空に虹が見えることになります。その仕組みを説明しましょう。太陽光線が雨粒の中に入り込むと、2回の屈折（光が折れ曲がること）と1回の反射をします（次ページの図参照）。可視光線はその波長によって色がいくつかに分かれていますが（P.85のいちばん上の図参照）、色によって屈折する角度が少しずつ異なります。波長の短い光ほど（つまり紫色に近づくほど）屈折する角度が大きくなります。

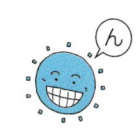

太陽光線は、雨粒に入る前は色々な光が混ざることで透明に見えています。しかし、雨粒の中に入ると光の種類によって異なる角度で屈折するので、再び太陽光線が出てくるときには、可視光線の中のそれぞれの光の色（紫、青、緑、黄、橙、赤）に分解されて見えるのです。これが虹の見える理由です。

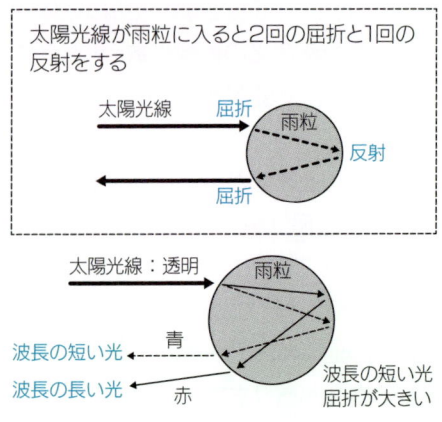

　ここでは6色に表現していますが、紫色と青色の間に藍色(あい)を含めると日本ではお馴染みの虹の7色になります。

太陽光線が雨粒に入ると2回の屈折と1回の反射をする

太陽光線　屈折　雨粒
反射
屈折

太陽光線：透明　雨粒
波長の短い光　青
波長の長い光　赤
波長の短い光 屈折が大きい

虹
虹に願いを…
ってそれは流れ星だサン
面白くないよ太陽君

ポイント 4
大気の運動

このポイント4では大気の運動、
簡単にいうと風についてお話しを進めていきます。
風とひと言でいっても、地衡風や傾度風など
いくつかの種類があります。
風の種類のほかにも、渦度など試験でよく出題される
内容についてここではお話ししていきます。

風について

　風というのは空気が移動することをいうのですが、空気が移動するためには何かしらの力が必要です。風に対して働く力や実際に気象学で出てくる風の種類などについて、下記の節に分けて、実際に問題を解きながらお話しをします。

① 風に働く力

　風が吹くということは空気が移動することで、私たちも何かものを動かすときに力を加えないといけないように空気を移動させる（つまり風を吹かせる）には何かしらの力が必要です。
風に対して働く力は色々ありますが、このポイント4では気圧傾度力、コリオリ力、遠心力、摩擦力という力が登場します。

② 地衡風

　地衡風とは風の名前で、定義は、気圧傾度力とコリオリ力が釣り合って吹く風のことです。ちなみに気圧傾度力とコリオリ力の2つの力が釣り合っている状態を地衡風平衡といいます。

③ 傾度風

　傾度風というのも地衡風と同じく風の名前で、その定義は、気圧傾度力とコリオリ力と遠心力が釣り合って吹く風のことです。また、気圧傾度力とコリオリ力と遠心力の3つの力が釣り合っている状態を傾度風平衡といいます。傾度風には高気圧性と低気圧性の2種類があります。

4 地上付近で吹く風

　気象学で地上付近というと、地上から高度約1km（気圧だと約900hPaに相当）のことを指し、その層を大気境界層ともいいます。

　地上付近での大きな特徴は風に対して摩擦力という力が働くことです。高度約1km以上では、大気境界層とは逆に摩擦力が働かないため、自由大気という名前で区別されています。

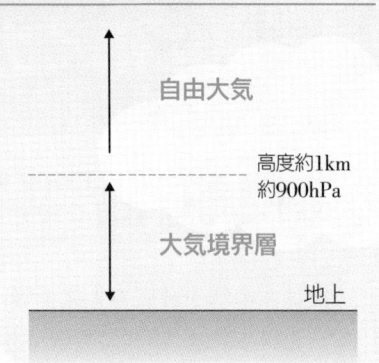

5 温度風

　温度風とは、地衡風や傾度風と違って、実際に吹いている風ではないことが大きなポイントです。風に対する法則のようなものです。詳しくは問題を解きながらお話しを進めていきますが、その定義は地衡風の鉛直シア※であることをここでは知っておいてください。

6 渦度

　渦度とは風の回転する割合のことで、正渦度と負渦度があります。

　正（＋）と負（－）とは、渦の回転する向きのことです。正渦度とは反時計回りの渦であり、負渦度とは時計回りの渦です。

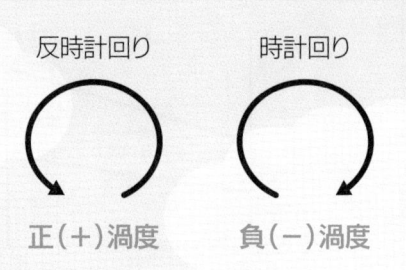

　それでは大気の運動を一緒に問題を解きながら理解を進めていきましょう。

※シアは2地点間の差という意味です。鉛直シアとは縦方向に見た風の風速や風向の違いのことです。水平シアとは横方向に見た風の風速や風向の違いのことです。

ポイント4 大気の運動

1 風に働く力

問題 平成23年度 第2回 通算第37回試験　一般知識 問8
難度：★★☆☆☆

　図は北半球中緯度の大気下層の南北鉛直断面を西側から見たものである。北側に寒気、南側に暖気がある場合について、二つの等圧面（800hPa、900hPa）の傾きと気圧傾度力の水平成分の向きの関係を正しく表したものを、下の図①〜⑤の中から一つ選べ。ただし、気温の分布は東西方向に一様とする。

① 寒気（北）／暖気（南）、800hPa・900hPa とも南側が高い、気圧傾度力：⊗（西から東へ向かう）

② 寒気（北）／暖気（南）、800hPa・900hPa とも南側が高い、気圧傾度力：→

③ 寒気（北）／暖気（南）、800hPa・900hPa とも南側が高い、気圧傾度力：←

④ 寒気（北）／暖気（南）、800hPa・900hPa とも北側が高い、気圧傾度力：⊙（東から西へ向かう）

⑤ 寒気（北）／暖気（南）、800hPa・900hPa とも北側が高い、気圧傾度力：→

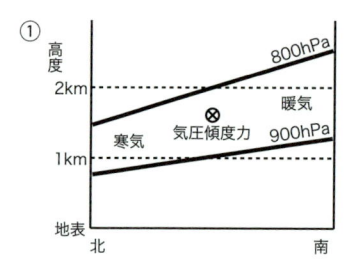

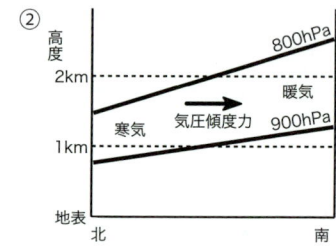

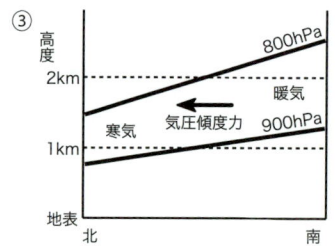

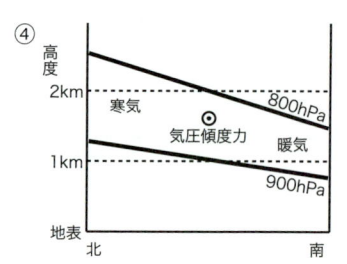

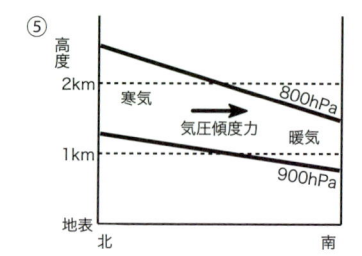

⊙ 東から西へ向かう
⊗ 西から東へ向かう

風に働く力 4-1

　この問題では気圧傾度力の向きについて聞かれています。気圧傾度力とは気圧に差がある場合に働く力で、風を吹かせる原動力になります。北半球でも南半球でも、気圧の高いところから気圧の低いところに向けて働くことが大きなポイントです。

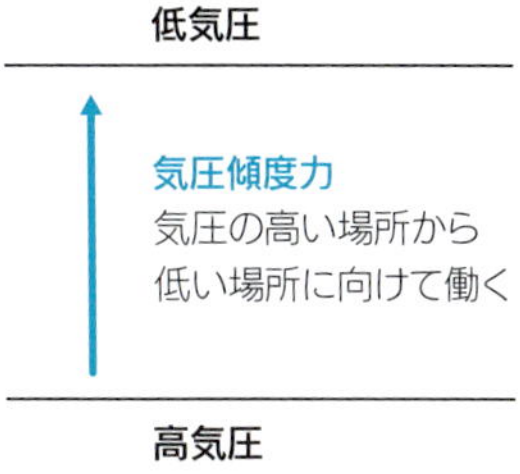

低気圧
↑ 気圧傾度力
気圧の高い場所から低い場所に向けて働く
高気圧

　例えば水は高度の高いところから低いところに向けて流れるように、空気も気圧の高いところから低いところに向けて、つまり気圧傾度力の働く向きと同じ方向に動きます。これが風の吹く原理です。そのような理由から、風は気圧の高いところ（高気圧）から低いところ（低気圧）に向けて吹くと考えることができます。

　この問題では、北半球中緯度での気圧傾度力の水平成分（つまり横方向）の向きを正しく表した図を選ぶことが求められています。問題文より、北側に寒気、南側に暖気がある場合、同じ900hPaと800hPaの等圧面であっても暖気側にあたる南側のほうがその高度は高くなります。その理由は、状態方程式と静力学平衡の関係より、気温の高い空気は密度が小さく層厚が大きくなるからです（※ポイント1の第1節「状態方程式と静力学平衡」の内容を復習してください）。

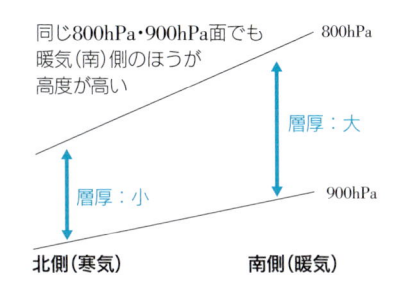

同じ800hPa・900hPa面でも暖気（南）側のほうが高度が高い
800hPa
層厚：大
900hPa
層厚：小
北側（寒気）　　南側（暖気）

　そして同じ高さで比べた場合、暖気側にあたる南側のほうが層厚が大きいために気圧が高く、逆に寒気側にあたる北側のほうが層厚が小さいために気圧が低くなります。したがって、気圧傾度力は水平方向で考えた場合、気圧の高い南側から気圧の低い北側へと働くことになります。

　そのような理由から、<u>すべての条件を満たした図は③</u>になり、この問題の解答になります。

同じ高さでは寒気側のほうが気圧が低く、暖気側は高い
③ 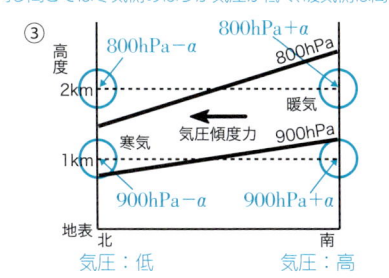
高度
2km　$800hPa-a$　　　　$800hPa+a$　800hPa
　　　　　　　←
　　寒気　気圧傾度力　暖気　900hPa
1km
地表　$900hPa-a$　　　$900hPa+a$
　北　　　　　　　　　南
気圧：低　　　　　　　気圧：高

問題　平成24年度 第1回 通算第38回試験　一般知識 問7
難度：★★★☆☆

　水平に移動する空気塊に働くコリオリ力の水平成分について述べた次の文(a)～(d)の正誤の組み合わせとして正しいものを、下記の①～⑤の中から一つ選べ。

(a) 空気塊に働くコリオリ力の大きさは、その空気塊の質量に比例する。
(b) 北緯30°で東に$20ms^{-1}$で移動する空気塊と、北極で南に$10ms^{-1}$で移動する同じ質量の空気塊に働くコリオリ力の大きさは等しい。
(c) 空気塊にコリオリ力が働くとその速度が変化し、これに伴って空気塊の運動エネルギーが増加する。
(d) 南半球において南向きに移動する空気塊に働くコリオリ力は、東向きである。

	(a)	(b)	(c)	(d)
①	正	正	誤	正
②	正	誤	正	誤
③	正	誤	誤	正
④	誤	正	正	正
⑤	誤	正	正	誤

☀(a)の記述について

　コリオリ力とは、地球が自転することで働く力のことです。前問で風は気圧傾度力（風の原動力）により気圧の高い側から低い側に向けて吹くとお話しをしましたが、実際は北半球ではこのコリオリ力により風は右に曲げられて、等圧線に平行にさらに気圧の低い側を左手に見て吹いています。逆に南半球では風は左に曲げられることにより、気圧の低い側を右手に見て吹いています。

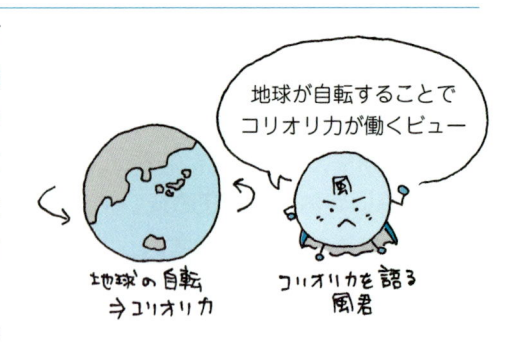

風に働く力 4-1

コリオリ力には色々な特徴がありますが、その中でも(a)の記述ではコリオリ力は空気塊の質量に比例して大きくなるかどうかを問われています。

コリオリ力は単位質量(一般的には1kg)あたりの空気塊に対して働くことを基準に考えられています。質量が大きくなればその空気塊に働くコリ

> ● **コリオリ力の特徴**
> 単位質量(一般的に1kg)あたりに働く力
> ※コリオリ力と質量は比例の関係

オリ力も必然的に大きくなり、つまり空気塊の質量とコリオリ力の大きさは比例の関係にあります。そのような理由から(a)の記述は正しいことになります。

☀ (b)の記述について

コリオリ力は記号で書くとfV(f：コリオリパラメータ V：風速)と表すことができます。つまりコリオリパラメータと風速をかけたものがコリオリ力の大きさと考えることができます。

> **コリオリ力 = fV**
> f：コリオリパラメータ(コリオリ因子) V：風速
> ※コリオリパラメータ(f)に風速(V)をかけたものがコリオリ力(fV)となる

↓ コリオリパラメータ(f)は詳しくは…

> $f = 2\Omega \sin\phi$
> Ω：地球自転角速度(7.3×10^{-5}/s)
> sin：三角関数　ϕ：緯度

コリオリパラメータとは別名をコリオリ因子ともいい、単純に記号で表すとfなのですが、$2\Omega\sin\phi$(Ω：地球の自転角速度　sin：三角関数 ϕ：緯度)と表すこともできます(コリオリ力はfとVをかけたものだから、$2\Omega\sin\phi V$と表すこともできる)。地球の自転角速度とは簡単にいうと地球が1秒間にどのくらい回転(自転)するかを表した数値で、それを計算すると7.3×10^{-5}/sになります。

問題では、北緯30°で東に$20ms^{-1}$で移動する空気塊と、北極で南に$10ms^{-1}$で移動(空気塊が移動する向きはコリオリ力の大きさに影響を与えることはないので、この後は無視して考えていく)する同じ質量※の空気塊に働

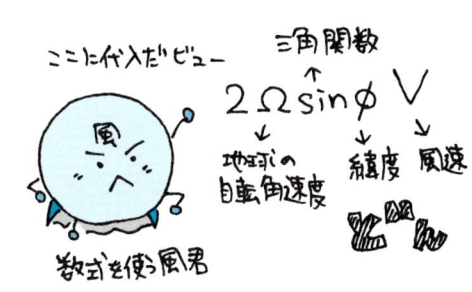

ポイント4 大気の運動

※(a)の記述よりコリオリ力は質量に比例するが、ここでは同じ質量であるために質量がコリオリ力の大きさに影響を与えることはないと考えることができます。

くコリオリ力の大きさを比べればよいわけです。先ほどのコリオリ力の記号に該当する数値を代入して、その大きさを比べていきます。

北緯30°で20ms^{-1}の空気塊に働くコリオリ力の大きさは、コリオリ力の記号（2Ωsinφ V）の中のφ（緯度）とV（風速）に30°と20ms^{-1}をそれぞれ当てはめると、2Ωsin30°×20ms^{-1}になります。

> ● 北緯30°で風速20ms^{-1}の空気塊に働くコリオリ力
> φ（緯度）とV（風速）に30°と20ms^{-1}を代入
> $2\Omega sin\phi V = 2\Omega sin30° \times 20ms^{-1}$（※$sin30° = \frac{1}{2}$）
> $= 2\Omega \times \frac{1}{2} \times 20 = 20\Omega$

ここでsin30°は三角関数の1つで、その数値は$\frac{1}{2}$になります。つまり2Ω×$\frac{1}{2}$×20となり、式を整理すると20Ωになります。この20Ωが北緯30°で20 ms^{-1}の空気塊に働くコリオリ力の大きさです。

次に北極で10ms^{-1}の空気塊に働くコリオ

> ● 北極（北緯90°）で風速10ms^{-1}の空気塊に働くコリオリ力
> φ（緯度）とV（風速）に90°と10ms^{-1}を代入
> $2\Omega sin\phi V = 2\Omega sin90° \times 10ms^{-1}$（※$sin90° = 1$）
> $= 2\Omega \times 1 \times 10 = 20\Omega$

リ力の大きさは、先ほどと同じようにコリオリ力の記号（2Ωsinφ V）の中のφ（緯度）とV（風速）に90°（北極は北緯90°）と10ms^{-1}を当てはめると、2Ωsin90°×10ms^{-1}になります。sin90°の数値は1と置き換えることができ、つまり2Ω×1×10 となり、その式を整理すると20Ωになります。この20Ωが北極で10 ms^{-1}の空気塊に働くコリオリ力の大きさです。

ここでΩは地球の自転角速度で、その数値は定数（7.3×10^{-5}/s）であるために無視することができます。ここから両地点のコリオリ力の大きさはどちらも20Ωであり、ともに同じ大きさであることがわかります。そのような理由から(b)の記述は正しいことになります。

☀ (c)の記述について

コリオリ力はその別名を転向力ともいわれており、物体（ここでは空気塊）の向きを変化（北半球では右に曲げ、南半球では左に曲げる）させる力がありま

> ● コリオリ力の特徴
> 物体の向きを変化させることはできるが、物体の速度を変化させる力はない
> ※コリオリ力の別名は転向力

す。しかし、物体の速度を変化させる力はなく、したがって運動エネルギー[※1]を増加させることもありません。そのような理由から(c)の記述は誤りということになります。平成22年度第2回通算35回試験 一般知識 問8の(c)の記述では、この部分を「空気塊の運動において、コリオリ力がする仕事は常に0である。」と出題されていて、この記述は正しい記述です。ここから空気塊の運動においてコリオリ力がする仕事は常に0（つまり物体の速度を変化させないこと）であることがわかります。

☀ (d)の記述について

この問題の冒頭でもお話しをしたように、コリオリ力により北半球では風は右に曲げられて気圧の低い側を左手に見て吹き、南半球では風は左に曲げられて気圧の低い側を右手に見て吹いています。

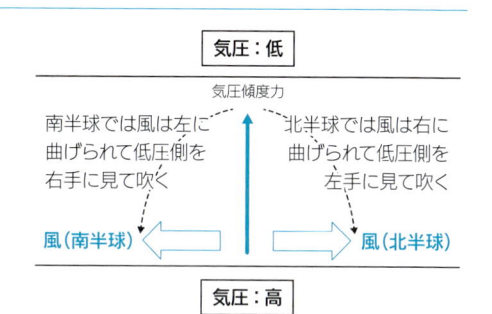

なぜそのように北半球では風が右に曲げられて吹き、南半球では風が左に曲げられて吹くかというと、北半球では風の進行方向に対してコリオリ力は直角右向きに働き、南半球では逆に風の進行方向に対してコリオリ力は直角左向きに働く[※2]からです。つまりコリオリ力が働く方向（北半球では右向き、南半球では左向き）にそれぞれ風が曲げられて吹くようになるのです。このようにコリオリ力が風に対してどのように働くかを考えれば、この(d)の記述の正誤を考えることができます。

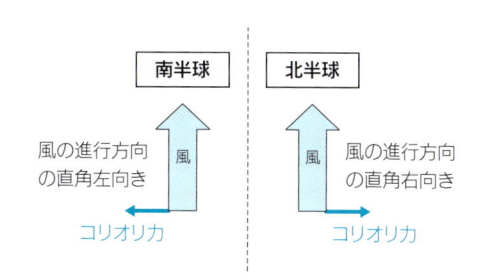

ここでは問題文にあるように南

※1 運動エネルギー（$\frac{1}{2}mv^2$　m：質量　v：速度）とは物体が運動するために必要なエネルギーであり、その他にもこの気象学でよく出題されるエネルギーに位置エネルギー（mgh　m：質量　g：重力加速度　h：高さ）があります。位置エネルギーとは高いところにある物体が持っているエネルギーのことです。
※2 コリオリ力が北半球と南半球で風に対して逆向きに働くのは自転をする方向が異なるからです。北極から見ると地球は反時計回りに回転しており、南極から見ると地球は時計回りに回転しています。

半球（日本が位置する北半球でないことに注意）での話であることから、風の進行方向に対してコリオリ力は直角左向きに働くことになります。

　ここでは空気塊が南向きに移動（つまり風）するとあることから、コリオリ力は風の進行方向（南向き）に対して直角左向きである東向きに働いていることがわかります（右図参照）。そのような理由から(d)の記述は正しいことになります。以上のことをまとめると、(a)正、(b)正、(c)誤、(d)正となり、ここから①の解答の組み合わせが正しいことになります。

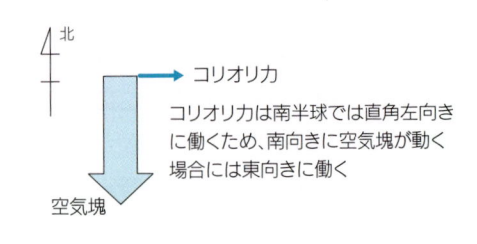

ポイント4 大気の運動

2 地衡風

問題　平成18年度 第2回 通算第27回試験　一般知識 問7
難度：★★★☆☆

下図のN_1〜N_3とS_1〜S_3は、それぞれ北半球と南半球における等圧面上の地衡風バランスを模式的に示したものである。力の釣り合いと地衡風の向きの組み合わせとして正しいものを、下記の①〜⑤の中から一つ選べ。

なお、図中でϕは等圧面上のジオポテンシャル高度であり、$\Delta\phi>0$とする。

北半球

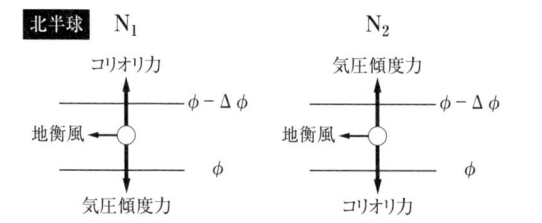

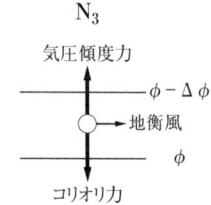

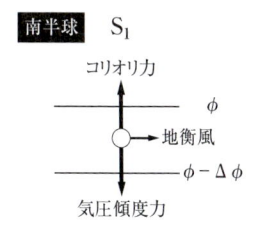

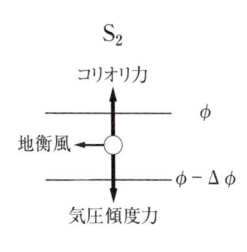

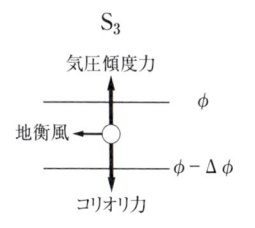

N_1：コリオリ力（上）、気圧傾度力（下）、地衡風（右向き）、$\phi-\Delta\phi$（上）、ϕ（下）

N_2：気圧傾度力（上）、コリオリ力（下）、地衡風（右向き）、$\phi-\Delta\phi$（上）、ϕ（下）

N_3：気圧傾度力（上）、コリオリ力（下）、地衡風（右向き）、$\phi-\Delta\phi$（上）、ϕ（下）

南半球

S_1：コリオリ力（上）、気圧傾度力（下）、地衡風（右向き）、ϕ（上）、$\phi-\Delta\phi$（下）

S_2：コリオリ力（上）、気圧傾度力（下）、地衡風（左向き）、ϕ（上）、$\phi-\Delta\phi$（下）

S_3：気圧傾度力（上）、コリオリ力（下）、地衡風（左向き）、ϕ（上）、$\phi-\Delta\phi$（下）

	北半球	南半球
①	N_1	S_1
②	N_1	S_3
③	N_2	S_2
④	N_3	S_1
⑤	N_3	S_3

北半球と南半球での地衡風の力のバランスなどについて正しく表した図を、両半球ともに選ぶ問題です。地衡風とは、気圧傾度力とコリオリ力が等しい状態で吹く風のことであり、その状態を地衡風平衡といいます。

　ここでまずは気圧傾度力とコリオリ力について復習をしておきましょう。気圧傾度力は気圧差がある場合に働く力で、風を吹かせる原動力となります。気圧の高い場所から低い場所に向けて働きます。

　コリオリ力は北半球では風を右に曲げる力で、風の進行方向に対して直角右向きに働きます。南半球では風を左に曲げる力で、風の進行方向に対して直角左向きに働きます。

　問題にはジオポテンシャル高度（ϕと表記）という言葉が出ていますが、これはある高度における位置エネルギーを重力加速度で割ったものという意味です。

> ジオポテンシャル高度
> ある高度における位置エネルギーを重力加速度で割ったもの
> ⇒ 実際の高度とほぼ同じ意味

　気象庁のホームページでは、観測した気圧、気温、湿度を用いて求めた高さのことで、対流圏や下部成層圏では実際に測った高度とほぼ同じと紹介されています。問題にあるジオポテンシャル高度についても、実際の高度とほぼ同じ意味で考えることができます。

　ϕで表されたジオポテンシャル高度と、$\phi-\Delta\phi$と表されたジオポテンシャル高度では、$\Delta\phi$（問題より$\Delta\phi>0$とあるので$\Delta\phi$は正の値である）を引かれた分だけ、

$\Delta\phi$（正の値）を引いた分だけ
ジオポテンシャル高度が低い ➡ 高度が低い ➡ 気圧が低い
―――――――――― $\phi-\Delta\phi$
―――――――――― ϕ

$\phi-\Delta\phi$と表されたジオポテンシャル高度のほうが低い値ということになります。それは実際の高度が低い場所と考えることができます。気象学では等圧面（同じ気圧面）※において高度の高い場所が高気圧で、高度の低い場所が低気圧です。問題の図のジオポテンシャル高度が高い場所（ϕ）は高度と気圧が高く、ジオポテンシャル高度が低い場所（$\phi-\Delta\phi$）は高度と気圧が低いと当てはめることができます。

※この問題の図はすべて等圧面上での話になります。

地衡風　4-2

　それでは北半球での正しい図をN_1からN_3の中から選んでいきます。気圧傾度力は気圧（高度）の高い側から気圧（高度）の低い側に向けて働きます。ですから、ジオポテンシャル高度の高い（ϕ）側から低い（$\phi-\Delta\phi$）側、つまり図の下から上に向けて働くことになります。

　実際の風は理論上は気圧傾度力と同じ方向（気圧の高い側から低い側）に吹くと考えられるのですが、コリオリ力により北半球では右に曲げられて図の左から右に向けて吹き、北半球ではコリオリ力は風の進行方向の直角右向きに働くため図の上から下に向けて働くことになります。その条件をすべて満たすのはN_3の図になります。

●北半球

気圧の高い側から気圧の低い側に向けて働く

N_3
気圧傾度力 ← $\phi-\Delta\phi$
○ → 地衡風
コリオリ力 ← ϕ

ジオポテンシャル高度：低
➡高度：低➡気圧：低

ジオポテンシャル高度：高
➡高度：高➡気圧：高

風の進行方向の直角右向きに働く

　次に南半球での正しい図をS_1からS_3の中から選んでいきます。気圧傾度力は北半球と同じく気圧（高度）の高い側から気圧（高度）の低い側に向けて働きます。ですから、ジオポテンシャル高度の高い（ϕ）側から低い（$\phi-\Delta\phi$）側、つまり図の上から下に向けて働くことになります。

　実際の風は理論上は気圧傾度力と同じ方向（気圧の高い側から低い側）に吹くと考えられるのですが、コリオリ力により南半球では左に曲げられて図の左から右に向けて吹き、南半球ではコリオリ力は風の進行方向の直角左向きに働くので、図の下から上に向けて働くことになります。その条件をすべて満たすのはS_1の図になります。

●南半球

風の進行方向の直角左向きに働く

S_1
コリオリ力 ← ϕ
○ → 地衡風
気圧傾度力 ← $\phi-\Delta\phi$

ジオポテンシャル高度：高
➡高度：高➡気圧：高

ジオポテンシャル高度：低
➡高度：低➡気圧：低

気圧の高い側から気圧の低い側に向けて働く

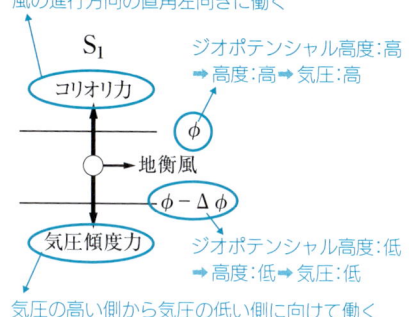

　以上のことをまとめると、北半球ではN_3の図、南半球ではS_1の図が正しい図になりますので、④の解答の組み合わせが正しいことになります。

ポイント4　大気の運動

ポイント4 大気の運動

3 傾度風

問題　平成17年度 第2回 通算第25回試験　一般知識 問7
難度：★★☆☆☆

　北半球における円形の等圧線を持つ低気圧の気塊に働く力について、自由大気中において水平気圧傾度力（P）コリオリの力（F）および遠心力（C）の三つの力が釣り合った傾度風（G）の関係を表す模式図として適切なものを下図の①～⑤の中から一つ選べ。

　ただし運動は定常とする。

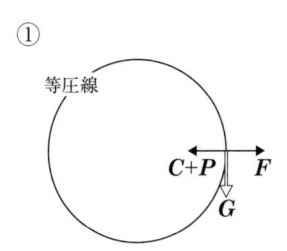

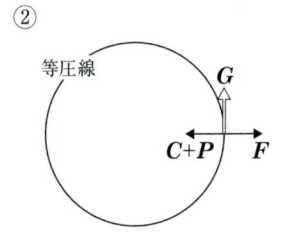

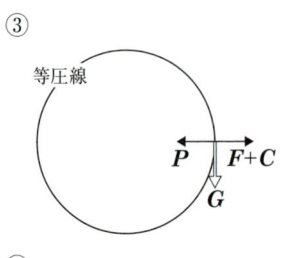

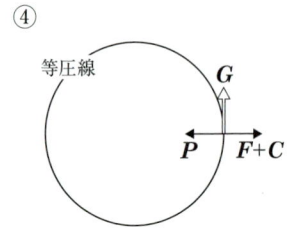

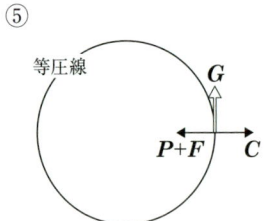

① 等圧線　$C+P \leftarrow \quad \rightarrow F$　$G \downarrow$

② 等圧線　$G \uparrow$　$C+P \leftarrow \quad \rightarrow F$

③ 等圧線　$P \leftarrow \quad \rightarrow F+C$　$G \downarrow$

④ 等圧線　$G \uparrow$　$P \leftarrow \quad \rightarrow F+C$

⑤ 等圧線　$G \uparrow$　$P+F \leftarrow \quad \rightarrow C$

102

傾度風 4-3

傾度風は気圧傾度力とコリオリ力と遠心力という3つの力が釣り合うことにより吹く風のことで、その状態を傾度風平衡といいます。ここで新しく出てくる力として遠心力があり、遠心力とは、物体が曲線上を運動（つまり曲がりながらの運動）するときに、曲がる方向とは逆の外向きに働く力のことです。

それではその遠心力も含めて傾度風とはどのような風であるかを詳しくお話ししていきます。

傾度風には高気圧性と低気圧性の2種類があります。

まず高気圧とはその中心が最も気圧の高い状態であり、それに比べて周囲は気圧が低く、気圧傾度力は気圧の高い中心から気圧の低い周囲に向けて働きます。実際の風は北半球ではコリオリ力により右に曲げられて、そのコリオリ力は風の進行方向に対して直角右向きに働きます。

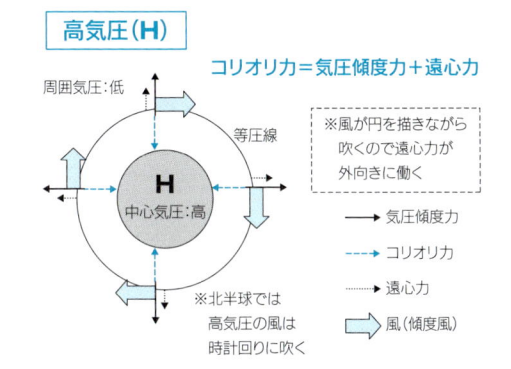

以上のことより、高気圧の風は気圧の低い側（ここでは高気圧の中心から見て周囲）を左手に見ながら等圧線に沿って時計回り※に吹くようになります。このように円（ここでは時計回り）を描きながら風が吹くときには、遠心力という力が新たに働きます。その遠心力は外側に向けて働きます。このとき高気圧の風は気圧傾度力とコリオリ力と遠心力の3つの力のうち、コリオリ力という1つの力（中心に向いている力）に対して、気圧傾度力と遠心力の2つを足した力（外側に向いている力）が等しい状態で吹いています（上図参照）。

次に低気圧とはその中心が最も気圧の低い状態であり、それに比べて周囲は気圧が高く、気圧傾度力は気圧の高い周囲から気圧の低い中心に向けて働きま

※南半球ではコリオリ力が風の進行方向に対して直角左向きに働くために風は左に曲がります。つまり南半球では高気圧の風は北半球とは逆の反時計回りに吹くことになるために注意が必要です。次のページで述べますが、低気圧の風も同じで、北半球とは逆の時計回りに南半球では吹いています。

す。実際の風は北半球ではコリオリ力により右に曲げられて、そのコリオリ力は風の進行方向に対して直角右向きに働きます。

以上のことより、低気圧の風は気圧の低い側（ここでは低気圧の中心側）を左手に見ながら等圧線に沿って反時計回りに吹くようになります。このように円（ここでは反時計回り）を描きながら風が吹くときには遠心力という力が新たに働き、その遠心力は外側に向けて働きます。このとき低気圧の風は気圧傾度力とコリオリ力と遠心力の3つの力のうち、コリオリ力と遠心力という2つを足した力（外側に向いている力）に対して、気圧傾度力という1つの力（中心に向いている力）が等しい状態で吹いています（右上図参照）。

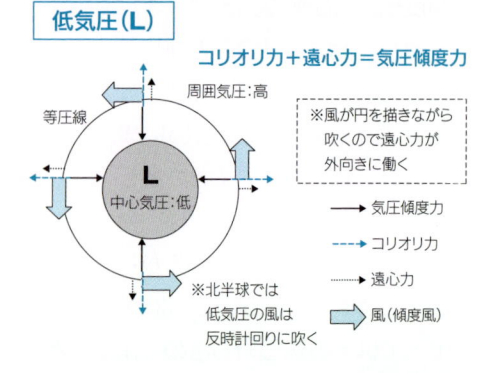

以上のことを踏まえると、今回の問題は北半球における低気圧の気塊に働く力について、自由大気中（高度約1km以上の高さで摩擦力※が働かないことが特徴）で水平気圧傾度力（P）、コリオリ力（F）および遠心力（C）の3つの力が釣り合った傾度風（G）の関係を表す模式図を選ぶことになります。

したがって、反時計回りに風（ここでは傾度風：G）が吹いて、外側に向いたコリオリ力（F）と遠心力（C）の2つの力と、中心に向いた1つの気圧傾度力（P）が等しい状態である、④の図が正しい図になります。

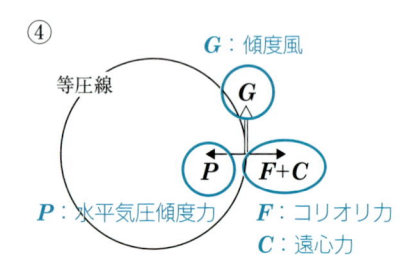

※摩擦力とは風速を弱めて、風の向きを低圧側に曲げるという特徴があります。詳しくはポイント4の第4節「地上付近で吹く風」をご参照ください。

傾度風 4-3

問題　平成23年度 第2回 通算第37回試験　一般知識 問9
難度：★★★★☆

中緯度の自由大気中において、等圧面の等高度線が低圧側に凸（高気圧性曲率）のときの傾度風の風速、および等高度線が高圧側に凸（低気圧性曲率）のときの傾度風の風速を、等高度線に曲がり（曲率）がないときの地衡風の風速と比較したときの大小関係について述べた次の文①～⑤の中から、正しいものを一つ選べ。

ただし、等高度線の間隔はいずれも同一であるとする。

それぞれの傾度風の風速は、地衡風の風速に比べて、

①等高度線が、高圧側に凸のときは大きく、低圧側に凸のときは小さい。
②等高度線が、高圧側に凸のときは小さく、低圧側に凸のときは大きい。
③等高度線が、高圧側に凸のとき、低圧側に凸のとき、ともに大きい。
④等高度線が、高圧側に凸のとき、低圧側に凸のとき、ともに小さい。
⑤等高度線が、高圧側に凸のとき、低圧側に凸のとき、ともに同じである。

この問題は傾度風と地衡風の風速の大きさを比べる問題です。傾度風や地衡風の風速を比べるとき、10m/sや20m/sのようにその風速の値が詳しく表されている場合はそれを比べればよいでしょう。しかし、今回の問題のようにその値が具体的に示されていない場合は、一般にコリオリ力の大きさを比べることでその風速の大きさを比べることができます。

P.95でもお話しをしたようにコリオリ力は記号で書くとfVと表すことができ、$f(=2\Omega\sin\phi)$はコリオリパラメータであり、Vは風速です。

つまりコリオリパラメータ※を一定とした場合、コリオリ力は風速に比例して大きくなります。

つまり風速が大きくなるほどコリオリ力も大きくなり、風速が小さくなるほどコリオリ力も小さくなります。また風速が0のときにはコリオリ力も0とな

※コリオリパラメータ（コリオリ因子）はfであり、詳しくは$2\Omega\sin\phi$と表すことができます。2とΩ（地球の自転角速度）はもともと一定であり、ϕ（緯度）が変わることでコリオリパラメータは変化することになるので、コリオリパラメータを一定にするとは緯度が一定であることを意味しています。

り、つまり空気が動いていないときにはコリオリ力もまったく働かないことがここからわかります。

つまり風速の大きさでコリオリ力の大きさがわかるのであれば、逆にコリオリ力の大きさで風速の大きさがわかるということです。

具体的には、コリオリ力が大きいときには風速も大きく、コリオリ力が小さいときには風速も小さいことになります。このようなコリオリ力の性質を利用することで、こうした問題は解くことができるのです。

※コリオリパラメータを一定とすると風速が大きくなるほどコリオリ力は大きくなる（風速に比例する）

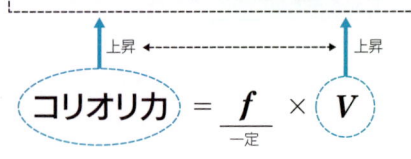

$$\text{コリオリ力} = \underset{一定}{f} \times V$$

上昇　　上昇

コリオリ力の大きさから風速がわかるビュー

コリオリ力を感じる風君

自転

まず問題の中で中緯度の自由大気とありますので、ここではほぼ同じ緯度（緯度がほぼ同じということはコリオリパラメータがほぼ一定）であり、摩擦力という力は働かないことになります。

右図のように等圧面で等高度線が低圧側に凸（とつ）とは、等高度線が高度の高い側（高圧側）から高度の低い側（低圧側）に向けて出っ張っている部分であり、そのような場所を気圧の尾根（リッジ）といいます。

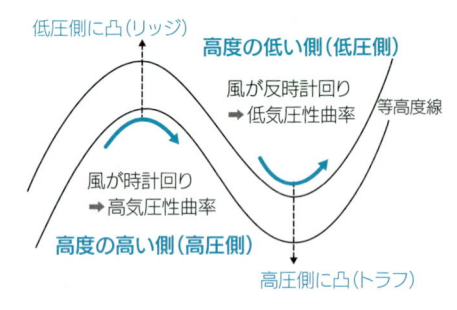

低圧側に凸（リッジ）

高度の低い側（低圧側）

風が反時計回り
→低気圧性曲率

等高度線

風が時計回り
→高気圧性曲率

高度の高い側（高圧側）

高圧側に凸（トラフ）

逆に等圧面で等高度線が高圧側に凸とは、等高度線が高度の低い側（低圧側）から高度の高い側（高圧側）に向けて出っ張っている部分であり、そのような場所を気圧の谷（トラフ）といいます。

例えばここを北半球と考えた場合、風は低圧側（等高度線で考えた場合は高度の低い側）を左手に見て吹くわけですから、等高度線が低圧側に凸になっている部分（リッジ）では風は時計回りに吹いていて高気圧性曲率を描くことになります。逆に等高度線が高圧側に凸になっている部分（トラフ）では、風は

反時計回りに吹いていて低気圧性曲率を描くことになります。

　この前の問題の解説でもお話ししたように、高気圧性曲率の風（簡単にいうと高気圧の風）はコリオリ力という1つの力（中心に向いている力）に対して、気圧傾度力と遠心力の2つを足した力（外側に向いている力）が等しい状態で吹いています。低気圧性曲率の風（簡単にいうと低気圧の風）はコリオリ力と遠心力という2つを足した力（外側に向いている力）に対して、気圧傾度力という1つの力（中心に向いている力）が等しい状態で吹いています。

　そして等高度線に曲がり（曲率）がないときの地衡風は曲率がないので遠心力が働かず、気圧傾度力とコリオリ力という2つの力が等しい状態で吹いていることになります。この3者の力のバランスからコリオリ力の大きさを求めて、そこから風速の大きさを比べていきます。

　この問題での最大のポイントは、問題文にある「等高度線の間隔はいずれも同一」という記述に気づけるかどうかです。

　気象学では等圧面において高度が低い部分を気圧の低い部分、高度が高い部分を気圧の高い部分と考えることができ、等高度線と等圧線は同じような感覚で扱えます。

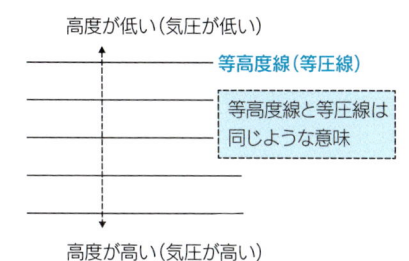

　つまり等高度線の間隔がいずれも同一であるということは、どの場所でも気圧傾度※が同じであり、気圧傾度が同じであるということは、そこから働く気圧傾度力もいずれの地点でも同一であることを意味しています。

　つまり風が高気圧性曲率で吹いている場所（リッジ）も、風が低気圧性曲率で吹いている場所（トラフ）も、そして曲率がなく地衡風が吹いている場所であっても、ここではどの場所でも風を吹かせる原動力である気圧傾度力が同じであることがわかります。

　この同じ気圧傾度力であることを利用して3者（高気圧性曲率・低気圧性曲率・地衡風）の風のコリオリ力の大きさを求めて、そこから風速の大きさを比

※気圧傾度とは簡単にいうと気圧差であり、詳しくは2地点間の気圧変化の割合のことです。記号では $\frac{\varDelta P}{\varDelta n}$（$\varDelta P$：気圧差　$\varDelta n$：距離）と表すことができます。ここから等高度線の間隔が同一であるということは、同じ距離を取った場合の気圧差が同じであり、気圧傾度が同一であることがわかります。

べていきます。なお、ここではわかりやすくするために、どこでも10という同じ気圧傾度力であることにします。

高気圧性曲率の風はその力のバランスがコリオリ力に対して気圧傾度力と遠心力を足した力が等しい（コリオリ力＝気圧傾度力＋遠心力）です。ここでは気圧傾度力はどこでも10であることから、コリオリ力は10＋遠心力になります。

高気圧性曲率
コリオリ力＝気圧傾度力＋遠心力
↓　　　　↓　　↓
コリオリ力　＝　10　＋　遠心力

低気圧性曲率
コリオリ力＝気圧傾度力－遠心力
↓　　　　↓　　↓
コリオリ力　＝　10　－　遠心力

地衡風
コリオリ力＝気圧傾度力
↓　　　　↓
コリオリ力　＝　10

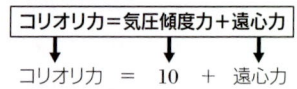

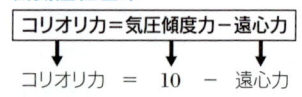

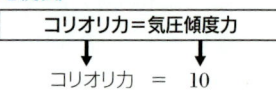

※気圧傾度力を同じ10とした場合

低気圧性曲率の風はその力のバランスがコリオリ力と遠心力を足した力に対して気圧傾度力が等しい（コリオリ力＋遠心力＝気圧傾度力です。コリオリ力＝の式に直すとコリオリ力＝気圧傾度力－遠心力）ですから、ここでは気圧傾度力はどこでも10であることから、コリオリ力は10－遠心力になります。

最後に地衡風はその力のバランスが気圧傾度力とコリオリ力が等しい（気圧傾度力＝コリオリ力）ですから、ここでは気圧傾度力がどこでも10であることから、コリオリ力は10になります。

高気圧性曲率
コリオリ力 ＝ 10 ＋ 遠心力　　風速：大

地衡風
コリオリ力 ＝ 10

低気圧性曲率
コリオリ力 ＝ 10 － 遠心力　　風速：小

コリオリ力が大きいほど風速が大きいといえるので、ここから高気圧性曲率の風（コリオリ力＝10＋遠心力）、地衡風（コリオリ力＝10）、低気圧性曲率の風（コリオリ力＝10－遠心力）の順番（高気圧性曲率＞地衡風＞低気圧性曲率）で風速が大きいことがわかります。

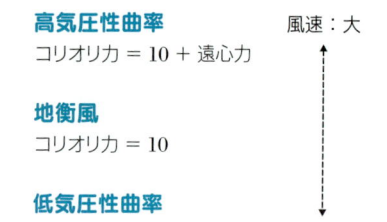

ここからこの問題の解答は「それぞれの傾度風の風速は、地衡風の風速に比べて、等高度線が、高圧側に凸（トラフ）のときは小さく、低圧側に凸（リッジ）のときは大きい。」とした②の解答が正しいことになります。

ここでは同じ気圧傾度力という条件をつけて風速の大きさを比べましたが、実際の風速は低気圧性のほうが大きくなる傾向にあります。

傾度風 4-3

　その理由は気圧傾度力そのものが大きいからです。あくまでも同じ気圧傾度力という条件をつけたときのみ、今回の問題のようなことがいえる点に注意が必要です。例えば台風も熱帯性の低気圧であり、実際に台風が来ると風は災害

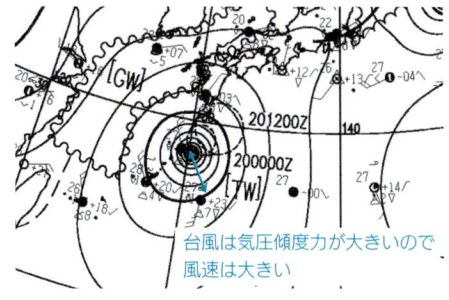

台風は気圧傾度力が大きいので風速は大きい

を引き起こすくらいに強くなります。逆に高気圧に広く覆われたときのほうが、実際に風は穏やか（気圧傾度力が小さい）になります。ここからも実際には低気圧性のほうが風が強いことがわかります。

　また今回の問題のようにコリオリカの大きさを比べることで風速の大きさを比べることができましたが、あくまでも風速の変化に比例してコリオリカの大きさも変化するものであり、コリオリカが風

風速が変化することでコリオリカも変化する

↕ 注意！

コリオリカが変化することで風速が変化するわけではない

速を変化させているわけではないことに注意が必要です。コリオリカは物体の進行方向を変化（北半球では右に曲げて南半球では左に曲げる）させるだけの力です。

　またこのコリオリカは風だけではなくこの地球上で運動するすべての物体に働いています※。しかし、私たちの日常生活で体験するような運動は規模（スケール）が小さいのでほとんど働かずに、大きな規模の運動（風でいえば天気図にのるような風）に対して働く性質があります。

日常ではコリオリカは働かないビュー

ボールを投げたけど思った以上に遅いよ風君

ポイント4 大気の運動

※風ではコリオリカの働かないものに竜巻があります。竜巻は旋衡風（せんこうふう）とも呼ばれ、気圧傾度力と遠心力が釣り合う（これを旋衡風平衡という）ことで吹いています。またほとんどコリオリカが働かないために風は時計回りにも反時計回りにも吹きます。

109

4 地上付近で吹く風

ポイント4 大気の運動

問題
平成22年度 第2回 通算第35回試験　一般知識 問6
難度：★★★☆☆

　地衡風平衡について述べた次の文章の空欄(a)～(c)に入る適切な語句の組み合わせを、下記の①～⑤の中から一つ選べ。

　中緯度の自由大気中と地上付近とでは、単位質量あたりの空気塊に同じ気圧傾度力が働くような気圧場であっても、摩擦の有無に伴って風向や風速に違いが生じる。

　南半球中緯度の自由大気中で南西風が吹いているとき、気圧傾度力は(a)に向いており、その逆方向に(b)が働いている。地上付近での風向は自由大気中でのそれに比べて(c)回りに回転した方向になり、風速は自由大気中での値に比べて小さい。

	(a)	(b)	(c)
①	南東	コリオリ力	時計
②	南東	コリオリ力	反時計
③	南東	遠心力	反時計
④	北西	コリオリ力	反時計
⑤	北西	遠心力	時計

　気象学で地上付近（大気境界層ともいう）とは高度約1km（900hPa）までのことで、それよりも上層を自由大気と呼んで区別をしています。地上付近と自由大気で最も大きな違いは、風に対して摩擦力が働くか働かないかです。

　地上付近では摩擦力という力が働き、その摩擦力には風速を弱める力とさらに風の向

きを低圧側に曲げる力があります。

　地上付近は自由大気に比べると山（地形）や都市部ではビルなどの建物もあるので、風速が弱まることはイメージしやすいでしょう。

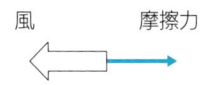

風の進行方向の逆方向に摩擦力は働くために風速は弱まる

　風の進行方向に対して、摩擦力は逆方向に働きます。摩擦力により風は逆方向に引っ張られるため、速度（風速）は弱まると考えることができます。

　次に風の向きが低圧側に曲がる理由として、摩擦力が働くことで風速が弱まり、風速とコリオリ力には比例の関係（簡単にいうと風速が大きくなればコリオリ力も大きくなり、風速が小さくなればコリオリ力も小さくなる関係）があるので、摩擦力により風速が弱められることでコリオリ力も弱まります。

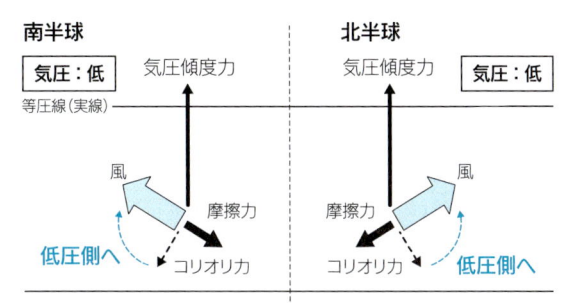

　つまりコリオリ力が弱まることで北半球では風を右に曲げる力が弱まり、南半球では風を左に曲げる力が弱まることになります。そのような理由から摩擦力が働くことで北半球・南半球ともに、その結果として風の向きが低圧側に曲がることになるのです（上図参照）。

⒜⒝の空欄について

　南半球※中緯度の自由大気中では摩擦力が働かないので、南西風（南西方向から風が吹いている状態）が吹いているときに南半球では気圧の低い側を右手に見て吹く特徴があります。

　つまり南東側に気圧の低い側があり、北西側に気圧の高い側があることにな

※このように風に関する問題では、日本が位置する北半球ばかりでなく、南半球を対象としていることがあるので、コリオリ力の働く向きが逆になる点などに注意が必要です。

ります（右図参照）。気圧傾度力は気圧の高い側から低い側に向けて働くので、ここから気圧傾度力はこの風に対して南東側に向けて働くので(a)の空欄には南東が当てはまります。

また風は理論的には気圧傾度力と同じ方向に吹くと考えられるのですが、実際には南半球では風は左に曲げられて、等圧線や等高度線に平行に吹いています。

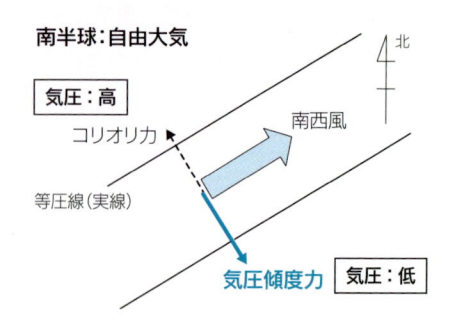

その原因となるのがコリオリ力であり、風の進行方向の直角左向きに働きます。ここでは風が南西風であるためにコリオリ力は風の進行方向の直角左向きに働くことになるので、北西方向に向けて働くことになり、先ほどの気圧傾度力（南東方向に向けて働いている状態）と逆方向に働いていることがわかります（右上図を参照）。ここから(b)の空欄にはコリオリ力が当てはまります。

☀ (c)の空欄について

ここでは自由大気中の風向（南西風）に比べて、地上付近では時計回りか反時計回りのどちらの方向に回転した方向に吹いているかを聞かれています。先ほどもお話しした通り、地上付近では摩擦力が働き、その摩擦力には風速を弱めて、風の向きを低圧側に曲げるという2つの力があります。

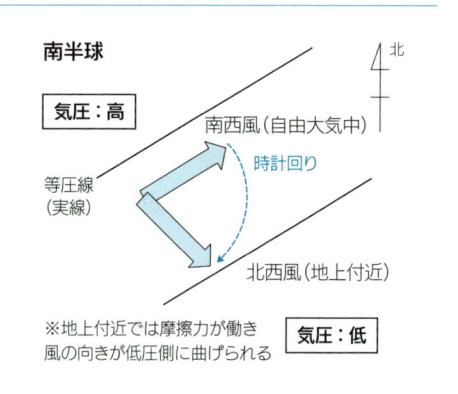

ここでは摩擦力により風の向きが低圧側に曲がることを利用します。

自由大気中では南西風（南西風の南西は風向で風の吹いてくる方向を表しており、風の向きは北東方向に向いている）が吹き、その風は気圧の低い側を右手に見て吹く特徴があります。

つまり南東側に気圧の低い側があり、北西側に気圧の高い側があるので、地上付近では風は気圧の低い側にその向きが変化することになるので、南東側に風の向きが変化※することになります。ただし風向は風の吹いてくる方向であり、ここでの風向は北西側に変化することになります。自由大気中では南西風（風の向きは北東）であり、地上付近ではそこから北西側（風の向きは南東側）に風向が変化するため、時計回りに変化することがわかります。ここから(c)の空欄には時計が当てはまります。

　以上のことをまとめると、(a)南東、(b)コリオリカ、(c)時計となり、ここから①の解答の組み合わせが正しいことになります。

※ここではその風の向きが南東側（風向は北西側）に変化することにしましたが、風が摩擦力により、低圧側にどこまで曲げられるかは、そのときの地表面の状態で変わります。一般に海上よりも陸上のほうが摩擦力が大きく働くため、より大きく低圧側に曲がります。

ポイント4 大気の運動

5 温度風

問題　平成24年度 第1回 通算第38回試験　一般知識 問6
難度：★★★★★

　北半球中緯度の自由大気中において、気圧P_1の等圧面が図の等高度線（実線）で表されるように分布し、気圧P_2（ただし$P_1 < P_2$）とP_1の間の気層の平均気温が図の等温線（破線）で表されるように分布している。自由大気中では地衡風が吹くとしたとき、気圧P_2の等圧面上の風向として最も適切なものを、下記の①～⑤の中から一つ選べ。

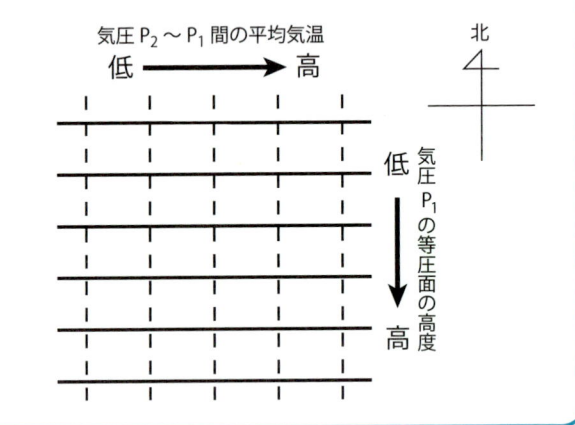

① 南西
② 北西
③ 南東
④ 北東
⑤ 南

　ここでは温度風の考え方を使うことで問題を解くことができます。
　まず温度風とは、この章の冒頭部分でもお話ししたように地衡風（気圧傾度力とコリオリ力が釣り合って吹く風）の鉛直シア（縦方向に見た風の風速や風向の違いのこと）であり、実際に吹いている

温度風は地衡風の鉛直シアで実際に吹いている風ではないビュー

温度風を語る風君

温度風 4-5

風ではありません。風に対する法則のようなものです。

温度風の定義は地衡風の鉛直シアなのですが、図でその温度風を書けるようにしておくことが大切です。

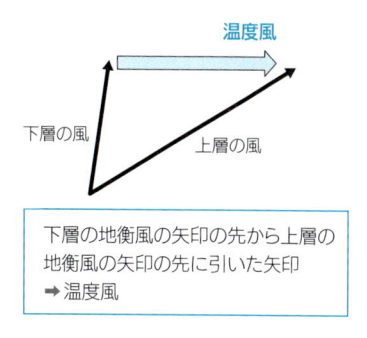

ある地点の下層と上層の地衡風が右図のように矢印（詳しくはこの矢印をベクトルという）で表されていて、その矢印の長さが風の強さ、矢印の向きが風の吹く向きを表しています。

下層の地衡風の矢印の先から上層の地衡風の矢印の先に引いた矢印
→ 温度風

このとき下層の地衡風を表す矢印の先端から上層の地衡風を表す矢印の先端に向けて、さらに新たな矢印を引きます。この矢印が温度風になります。

そしてこの温度風には特徴があります。この層間（層と層の間のことで、ここでは下層から上層までの気層のことを指す）の平均気温の等温線に平行に吹くという性質があり、北半球では暖気側を右手に見て吹く性質があります（※南半球では暖気側を左手に見て吹く性質があります）。

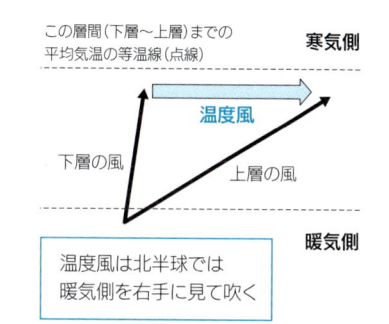

温度風は北半球では暖気側を右手に見て吹く

このような温度風の性質を使うことでこの問題は解くことができます。まずこの問題は北半球（北半球であることにも注意）中緯度の自由大気中（摩擦力が働かない）において、気圧P_1と気圧P_2の等圧面（$P_1 < P_2$である）があり、最終的にその気圧P_2の等圧面上の風向を求める問題です。

まず気圧P_1の等圧面上における風向を求めます。北半球では気圧の低い側を左手（詳しくは等圧線に平行）に見るように風は吹くので、ここでは気圧P_1の等高度線（実線）の分布より高度の低い側（等圧面上では高度の低い側が低圧側にあたる）、つまり図の北

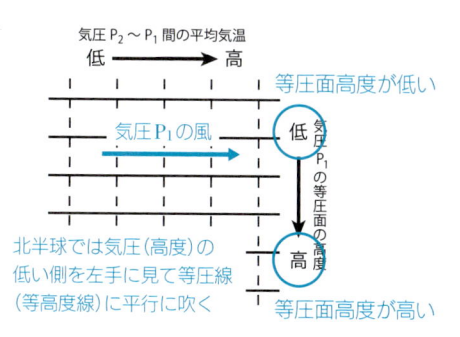

北半球では気圧（高度）の低い側を左手に見て等圧線（等高度線）に平行に吹く

ポイント 4　大気の運動

側（上側）を左手に見るように風は吹きます（前ページ下図参照）。

次に気圧P_2とP_1の間の気層の平均気温が図の等温線（破線）で表されるように分布しており、北半球では暖気側を右手に平均気温の等温線に平行になるように温度風は吹くので、ここでは図の東側（右側）を右手に見るように吹きます（右図参照）。

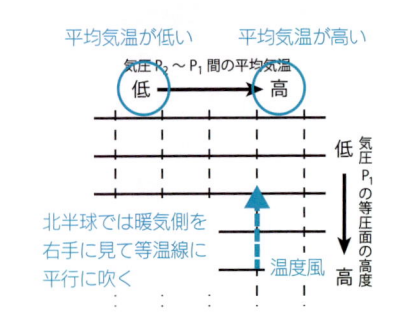

ここで大切なのは、気圧P_1と気圧P_2の等圧面の高さの違いです。問題文より$P_1<P_2$とあり、気圧P_1のほうがその気圧の値が低いことがわかります。

気圧は高度が高くなればなるほど低くなるので、気圧の低いP_1の等圧面のほうがその高度が高く上層であることがわかります。逆にいうと気圧の高いP_2の等圧面のほうがその高度が低く下層であることがわかります。

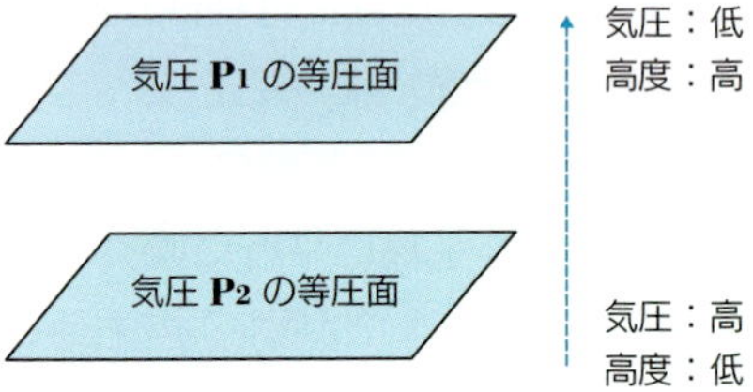

そして温度風というのは下層から上層にかけての地衡風を矢印で表したときに、その下層の地衡風の矢印の先端から上層の矢印の先端に向けて、その矢印を書くことで表すことができます。

問題文より自由大気中では地衡風が吹くとありますので、ここでは気圧P_1または気圧P_2の等圧面上における風は地衡風であると考えることができます。

つまり先ほど求めた気圧P_1の等圧面の風は地衡風であり気圧P_1の等圧面は上層にあたるために、温度風の吹き方（下層の地衡風の先端から上層の地衡風の先端に向けて矢印で表す）を考えると、気圧P_1の等圧面上での地衡風の先端に矢印の先端を合わせるように温度風は吹くと考えることができます（右図参照）。

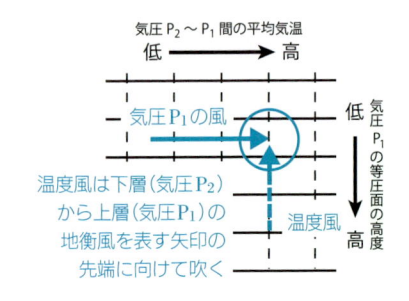

下層にあたる気圧P_2の等圧面の地

温度風 4-5

衡風は、気圧P_1の等圧面の地衡風の矢印の根元からその温度風の矢印の根元にその先端を合わせるように吹くと考えることができます。したがって、この図中では北西側（左上側）から南東側（右下側）に向けてその地衡風は吹くことになります（右図参照）。

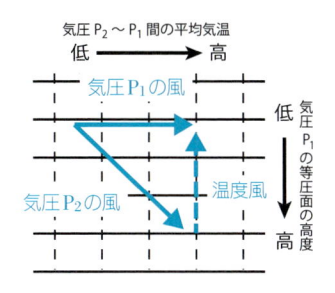

気圧P_2（下層）の風は上層（気圧P_1）の矢印の根元から温度風の矢印の根元に向けて吹く ➡ 北西風

今回は気圧P_2の等圧面上の風向を求める問題であり、その風向とは風の吹いてくる方向（風の吹く方向でないことに注意）であるため、気圧P_2の等圧面上の風向は北西になります。以上のことから、この問題は②の北西が正しいことになります。

またこの温度風と関連してよく出題されるのが、鉛直方向（縦方向）の風向の変化を見ることで、その地点で暖気移流か寒気移流のどちらが吹いているのかを問う問題です。

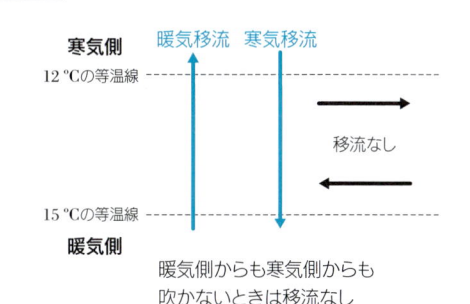

暖気移流とは暖かい側から冷たい側に向けて吹く風のことで、寒気移流とは冷たい側から暖かい側に向けて吹く風のことを指します。暖気移流と寒気移流を合わせて、温度移流ということもあります。

そして風が下層から上層に向けて時計回りに回転していることを風の順転といい、そのときに北半球では暖気移流があります。逆に風が下層から上層に向けて反時計回りに回転していることを風の逆転といい、そのときに北半球では寒気移流があります。この関係もよく試験で出題されますので覚えておきたいポイントです。

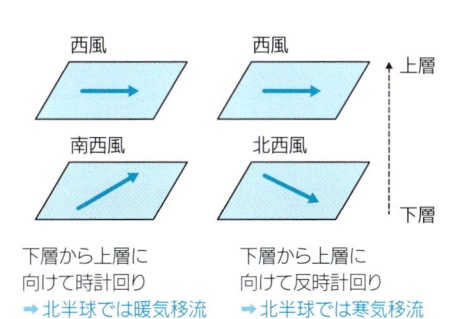

下層から上層に向けて時計回り
➡ 北半球では暖気移流

下層から上層に向けて反時計回り
➡ 北半球では寒気移流

ポイント4 大気の運動

ポイント4 大気の運動

6 渦度

問題　平成15年度 第2回 通算第21回試験　一般知識 問7
難度：★★★★☆

下図は、北半球中緯度帯におけるある等圧面上のジオポテンシャル等値線を模式的に表したものである（Φ_0、$\Delta\Phi$は一定の値、$\Delta\Phi>0$とする）。これらの等値線は互いに平行で、南北方向の水平距離の目盛りは等間隔とする。また、図の範囲内ではコリオリパラメータは一定で、地衡風が吹いているものとする。

図中のA～Cの地点の中で、相対渦度が正である地点はどれか、下記の①～⑤の中から最も適切なものを一つ選べ。

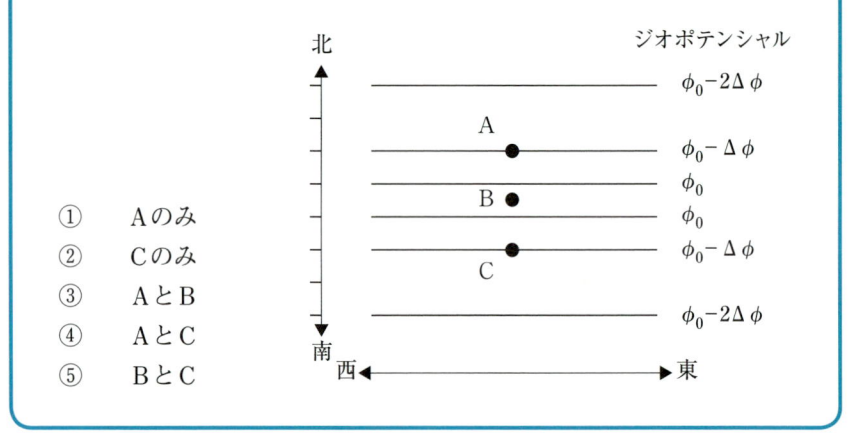

①　Aのみ
②　Cのみ
③　AとB
④　AとC
⑤　BとC

ジオポテンシャル等値線（北から南へ）:
- $\phi_0 - 2\Delta\phi$
- $\phi_0 - \Delta\phi$　（地点A）
- ϕ_0
- ϕ_0　（地点B）
- $\phi_0 - \Delta\phi$　（地点C）
- $\phi_0 - 2\Delta\phi$

この問題では渦度は渦度でも相対渦度が正である地点を選ぶ問題です。まず相対渦度とは風の曲率や風のシアから発生する渦のことで、簡単にいうと高気圧や低気圧の渦が相対渦度にあたります。単

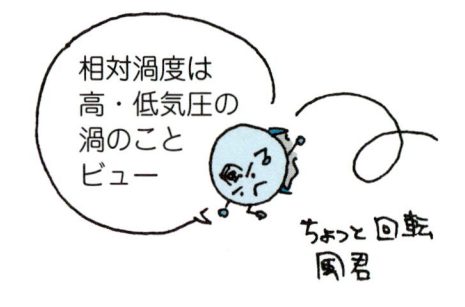

相対渦度は
高・低気圧の
渦のこと
ビュー

ちょっと回転
風君

渦度　4-6

に渦度というと、この相対渦度のことを指すことがほとんどです。

また渦度には正（＋）渦度と負（－）渦度があり、反時計回りの渦が正渦度、時計回りの渦が負渦度にあたります。この問題は相対渦度が正である地点を選ぶわけですから、簡単にいうと反時計回りの渦が発生している地点を選べばよいわけです。

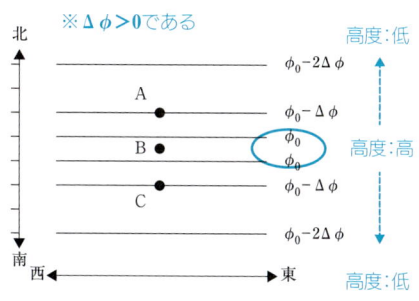

図よりジオポテンシャル高度（詳しくはある高度における位置エネルギーを重力加速度で割ったもの）とは実際の高度とほぼ同じと考えてもよいわけですから、図の中心付近にあたるϕ_0の地点が最も高度が高くなります。問題文より$\Delta\phi$は一定の値で0よりも大きい（$\Delta\phi>0$と表記）値というわけですから$\phi_0-\Delta\phi$、$\phi_0-2\Delta\phi$の順でその高度が低いことになります（上図参照）。

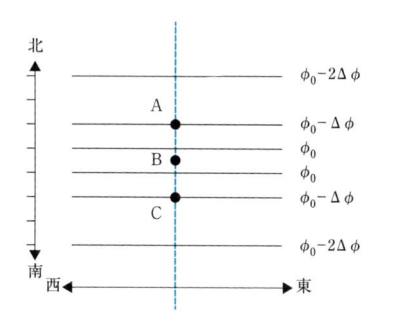

つまりこの図を、右図の北（図の上側）から南（図の下側）に地点A～Cを通るように破線を1本引き、その破線部分を断面図として横から見るとします。すると、右下図のように同じ等圧面でもϕ_0（地点B付近）から$\phi_0-\Delta\phi$（地点AとC）、$\phi_0-2\Delta\phi$に向けてその高度が低くなっていることがわかります。

このように上から見るとただの平面に見えても、断面図ではその高度が異なっていることをイメージして見ることがとても大切です。

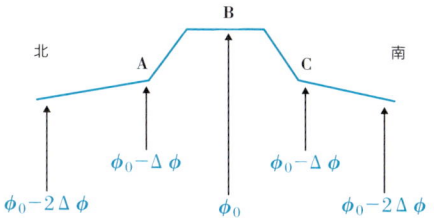

地点B付近では高度差がなく、等圧面上の高度差は気圧差と同じと考えることができます。したがって、地点B付近では気圧差がなく、気圧傾度力（気圧差がある

ことで働く力のことで風の原動力である）も働かないために風は吹かないと考えることができます。

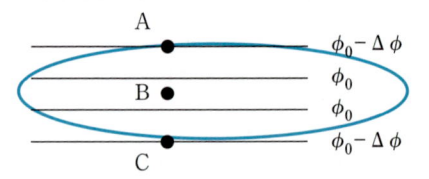

地点Aではその地点Aから地点B付近までの南側（図の下側）のほうが高度（気圧）が高く、地点Aよりも北側（図の上側）のほうが高度（気圧）が低くなっています。したがって、気圧傾度力は気圧の高い南側から気圧の低い北側に向けて働くことが考えられます（下図参照）。

地点B付近では同じϕ_0であるため高度差はなく気圧傾度力が働かないために風は吹かない

風は理論上、その気圧傾度力と同じ方向（気圧の高い側から低い側）に向けて吹くと考えることができますが、ここでは北半球での話なので、実際の風はコリオリ力により右に曲げられて西側（図の左側）から東側（図の右側）に向けて吹くことになります。つまり西風が吹いていることになります。

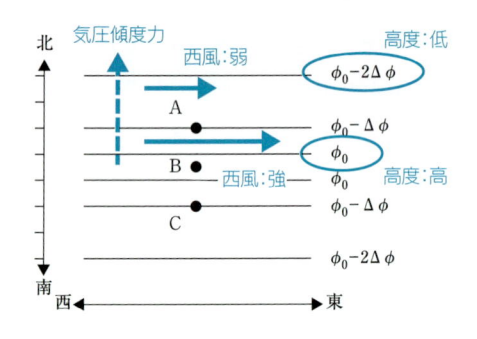

また地点Aから見て地点B付近までの南側のほうが等高度線の間隔が狭く※、気圧傾度力は大きいために、同じ西風でもその風速が大きくなります。逆に地点Aよりも北側では等高度線の間隔が広く、気圧傾度力は小さいために、同じ西風でもその風速が小さくなります。

そのように考えると地点Aではその南側のほうが西風が強く、その北側のほうが西風が弱いために、地点Aに仮に板を置いた場合、その板は下側（南側）ほど強く押されることになるので反時計回りに回転します。

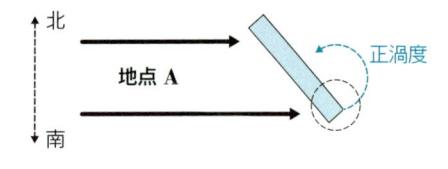

地点Aにある板は下側（南側）ほど強く押されるので反時計回りに回転する

※等高度線の間隔が狭いと気圧傾度が大きくなり、その気圧傾度が大きくなると気圧傾度力も大きくなります。

ここから地点Aでは反時計回りの渦である正渦度が発生していることになります。

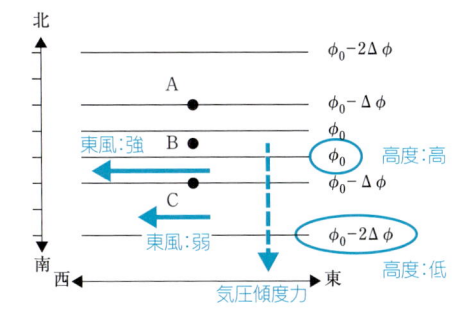

地点Cから地点B付近までの北側（図の上側）のほうが高度（気圧）が高く、地点Cよりも南側（図の下側）のほうが高度（気圧）が低くなっています。したがって、気圧傾度力は気圧の高い北側から気圧の低い南側に向けて働くことが考えられます。風は理論上、その気圧傾度力と同じ方向（気圧の高い側から低い側）に向けて吹くと考えることができますが、ここでは北半球での話なので、実際の風はコリオリ力により右に曲げられて東側（図の右側）から西側（図の左側）に向けて吹くことになります。つまり東風が吹いていることになります。

また地点Cから見て地点B付近までの北側のほうが等高度線の間隔が狭く、気圧傾度力は大きいために、同じ東風でもその風速が大きくなります。逆に地点Cよりも南側では等高度線の間隔が広く、気圧傾度力は小さいために、同じ東風でもその風速が小さくなります。

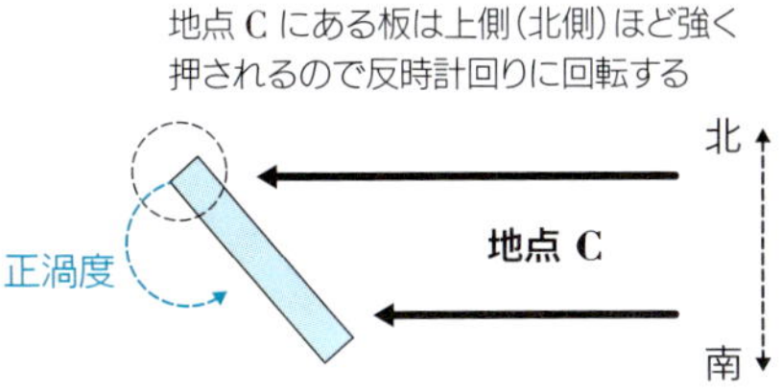

そのように考えると地点Cではその北側のほうが東風が強く、その南側のほうが東風が弱いために、地点Cに板を置いた場合にその板は上側（北側）ほど強く押されることになり、板は反時計回りに回転します。

ここから地点Cでは反時計回りの渦である正渦度が発生していることになります。

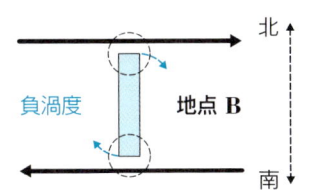

そして地点Bでは、その北側（図の上側）の西風とその南側（図の下側）の東風の境界にあたります。地点Bに板を置いた場合、その板の上側では西風が吹いているので

西側（図の左側）から東側（図の右側）に押されて、その板の下側では東風が吹いているので東側（図の右側）から西側（図の左側）に押されることになるので時計回りに回転します。

　ここから地点Bでは時計回りの渦である負渦度が発生していることになります。以上のことをまとめると、地点Aでは正渦度、地点Bでは負渦度、地点Cでは正渦度が発生していることになり、AとCとした④の解答の組み合わせが正しいことになります。

　このように、高気圧や低気圧のようにわかりやすい渦でなくても、風の水平シア（横方向に見たときの風の風速や風向の差）があれば渦度は発生することになります。

　ちなみにこのように発生した渦も風のシアにより発生することになるので、この問題の解説部分の冒頭でお話しした相対渦度に該当します。

ポイント 5

気象予報士試験における計算問題

このポイント5では気象予報士試験に出題される
計算問題について解説をしていきます。
受験生のみなさんの話を聞くと、
最も頭を悩ませているものの1つが
この計算問題です。

計算問題について

計算問題は、気象予報士試験では特に学科試験の一般知識の中で2～3題出題されることが多く、その難易度は様々ですが、限られた試験時間の中で解くことはそう容易ではありません。

ここではこれまでの一般知識の中で出題された計算問題の中から代表的なものを下記の節に分けて解説していきます。

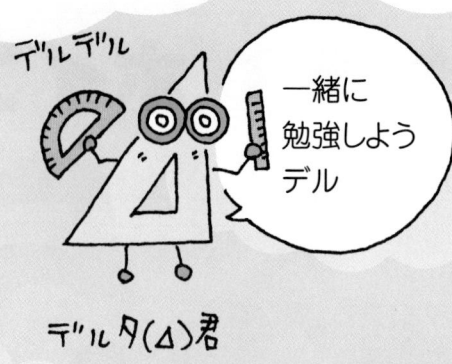

① 気圧と高度の関係

気圧とは単位面積（1m^2）あたりの空気の重さです。高度が高くなればその上にある空気の量は減るので気圧は減少し、その気圧と高度にはある一定の関係があります。目安として高度が約5km上昇するごとに気圧は半分※になっていきます。

② 凝結熱と気層の温度上昇

ある空間の中で発生した凝結熱（水蒸気が水滴に変わる際に放出される潜熱のこと）は、その空間内の気層（空気の層のこと）の温度を上昇させる効果があります。その温度上昇量を計算で求める問題です。

③ 気圧と気温と密度の関係について

この関係は気象学でも基本的な考え方であり、気体の状態方程式 $P = \rho RT$（P：気圧　ρ：密度　R：気体定数　T：絶対温度）で考えることができます。気圧を一定とした場合に、密度と絶対温度（単に温度）が反比例の関係にあることを示しています。つまり気圧を一定とした場合、空気の密度が大きくなる

※地上の気圧は1000hPaであり、高度約5kmで500hPa、高度約10kmで250hPaというように気圧と高度には一定の関係があります。つまり高度が高くなれば気圧は低くなるのですが、単純に反比例の関係（$y = \dfrac{a}{x}$ の x と y の関係を反比例という）ではないので注意が必要です。

と絶対温度が小さくなり、逆に空気の密度が小さくなると絶対温度が大きくなる関係にあります。

4 相対渦度

相対渦度とは渦度のことで、単に渦度というとこの相対渦度のことをいいます。主に低気圧や高気圧などに伴う渦のことで、正(＋)渦度とは反時計回りの渦で、負(－)渦度とは時計回りの渦のことを表しています。

5 絶対渦度保存則

絶対渦度とは上記の相対渦度と惑星渦度を足したものです。惑星渦度とは地球の自転のことで、別名をコリオリパラメータ(コリオリ因子ともいう)といいます。そして相対渦度と惑星渦度を足した絶対渦度は保存される法則[※]があり、これを絶対渦度保存則といいます。

●絶対渦度保存則
相対渦度＋惑星渦度＝絶対渦度
※絶対渦度は保存される

6 立方体に流出入する空気

立方体に流出入する空気については連続の式(質量保存の法則)を用いて計算します。

例えば右図のように地上に立方体の箱があり、この箱の左右の側面から10と10という値の空気が入ってくると、ここでは下面には行けないので上面から20の値の空気が出ていくことになります。入ってきた空気と出ていく空気の値が等しい、これが連続の式の考え方です。

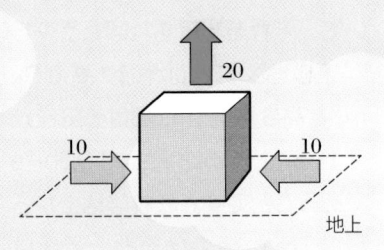

※詳しくは収束や発散がほとんどない非発散層(500hPa面)でこの法則は成り立ちます。収束があると渦度は増大し、発散があると渦度は減少するという特徴があります。

ポイント5 気象予報士試験における計算問題

1 気圧と高度の関係

問題　平成24年度 第1回 通算第38回試験　一般知識 問1
難度：★★★★☆

大気が静水圧平衡の状態にあり、温度が一様で地上（高度0km）と高度16kmにおける気圧がそれぞれ1000hPa、100hPaであるとする。このとき、高度48km面より下層にある大気の質量の、大気全体の質量に対する割合（百分率）として最も適切なものを、下記の①〜⑤の中から一つ選べ。

① 95.0%　② 96.7%　③ 99.0%　④ 99.9%　⑤ 99.95%

　空気の重さを表したものが気圧（単位：hPaまたはPa）※であり、その空気は上空に行くほど少なくなることから気圧は上空に行くほど低くなります。

　気圧にはある一定の割合で変化する特徴があり、目安として高度が約5km上昇するごとに半分になるので、地道に計算をしていけばその方法でもこの問題を解くことはできます。ただ実はこの問題の中には大きなヒントが隠されていて、それを利用すればもう少し簡単にこの問題は解くことができます。

　そのヒントとは地上（高度0km）と高度16kmにおける気圧がそれぞれ1000hPa、100hPaであることです。これは地上から高度16km高くなると、気圧は1000hPaから100hPaに $\frac{1}{10}$ 倍に減少することを表しています。つまりこの気圧は、高度が16km高くなるごとに $\frac{1}{10}$ 倍になるように一定の割合で減少していくということを意味しているのです。

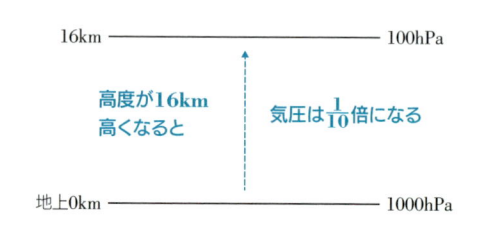

```
16km ───────────── 100hPa
         高度が16km    気圧は 1/10 倍になる
         高くなると
地上0km ───────────── 1000hPa
```

※気圧の単位にはhPaとPaの2種類があります。天気予報や天気図などではhPaが使用されていて、気象予報士試験の計算問題などではPaが使用されることが多いです。1hPa = 100Paであることを利用してhPaとPaは変換できるようになっておきましょう。

気圧と高度の関係　5-1

したがって、高度が16kmからさらに16km高くなった高度32kmでは、その気圧は100hPaから$\frac{1}{10}$倍になった10hPaに減少しており、さらに16km高くなった高度48kmでは10hPaから$\frac{1}{10}$倍になった1hPaに気圧は減少していることになります。

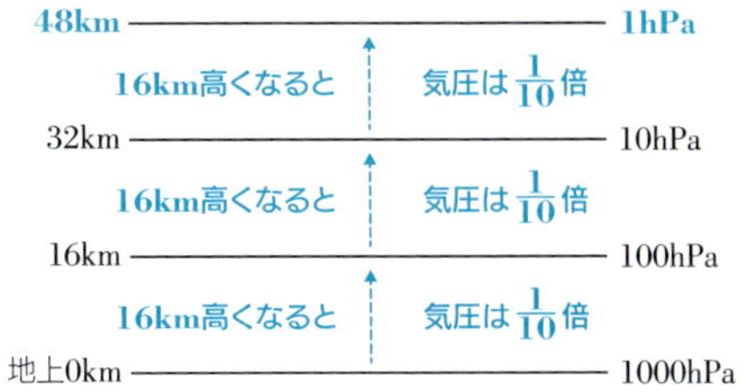

ここから高度48kmにおける気圧は1hPaということになり、問題ではこの高さよりも下層にある大気の質量を求めることになります。

気圧とはもう何度もお話ししていることですが、その高さよりも上にある空気の重さのことですから、地上の気圧が1000hPaということは地上よりも上にある空気の重さが1000hPaに相当するということです。高度48kmの気圧が1hPaということは、高度48kmよりも上にある空気の重さが1hPaに相当するということです。

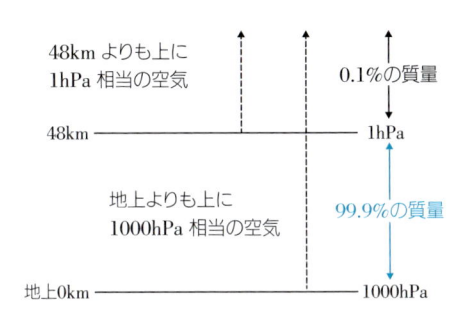

つまり地上の気圧が1000hPaであり、高度48kmの気圧が1hPaなわけですから、地上の気圧（1000hPa）を100％とした場合、高度48kmの気圧（1hPa）は地上の気圧に対して0.1％の割合であることがわかります。ここから高度48kmよりも上にある空気の量は0.1％ということになり、それよりも下にある空気の量は99.9％に相当することになります（上図参照）。

以上のことから、<u>高度48km面よりも下層にある大気の質量は大気全体の質量（100％）に対して99.9％</u>であり、<u>解答は④</u>になります。

正解は④デル

ポイント5 気象予報士試験における計算問題

2 凝結熱と気層の温度上昇

問題　平成24年度 第2回 通算第39回試験　一般知識 問2
難度：★★★★★

夜間に晴れると放射冷却によって放射霧が発生することがあり、この場合には、霧粒周辺の空気は水蒸気の凝結の潜熱によって温められている。地表から高度300mまでの層に一様な濃度の放射霧が発生し、この霧粒に含まれる水の量は、その全てが雨として降ったときの雨量に換算して0.03mmであるとする。また、この層内の空気の地表面$1m^2$あたりの質量を300kg、空気の定圧比熱を$1000 JK^{-1}kg^{-1}$、水蒸気の凝結の潜熱を$2.5 \times 10^6 Jkg^{-1}$、水の密度を$10^3 kgm^{-3}$としたとき、この霧の発生に伴う気温上昇量として最も適切なものを、下記の①～⑤の中から一つ選べ。

① 0.040℃　② 0.25℃　③ 0.40℃　④ 2.5℃　⑤ 4.0℃

この問題は放射霧が発生（水蒸気から水への変化：凝結）した場合に放出される潜熱（詳しくは凝結熱）がその周辺にある空気をどのくらい暖めるのか、その気温上昇量を求めるものです。それぞれの言葉の意味をよく理解して順序よく計算を積み上げていけば解くことができます。

大きな流れとしては次のようになります。

① 放射霧の霧粒に含まれる水の量がすべて雨として降ったときの質量を求める。
② ①で求めた質量からどのくらいの潜熱が発生するか、その全体量を求める。
③ 空気全体を1℃暖めるのにどのくらいの熱量が必要かを求める。
④ ②で求めた潜熱と③で求めた空気全体を1℃暖めるのに必要な熱量から気温上昇量を求める。

この①～④の流れをもとにここでは問題を解説していきます。

凝結熱と気層の温度上昇　5-2

①放射霧の霧粒に含まれる水の量が すべて雨として降ったときの質量を求める。

　質量はまずその物体の密度と体積をかければ求めることができます。つまり霧粒の密度とその霧粒がすべて雨として降ったときの体積がわかれば、その両者をかけて質量を求めることができます。

　問題文より水の密度は10^3kgm^{-3}とあり、もちろん霧粒とは水の粒ですから、この水の密度が霧粒の密度になります。体積はこちらも問題文より、霧粒に含まれる水の量はそのすべてが雨として降ったときの雨量に換算して0.03mmであるという部分から求めることができます。

　この雨量や降水量※で用いられる単位（mm）は雨や雪などの降水がどこにも流れ去らなかった場合に降り積もる量を高さで表しており、どこでもその高さになるような意味があります。

　ここでは問題文の中に空気の地表面1m^2あたりという記述がありますので、雨が降り積もる面積も同じく1m^2ということにします。

　つまり1m^2の面積の上に0.03mmに相当する高さの雨がここでは降り積もることになり、ここからその体積を求めることができます。

　まずは単位をmに合わせたいので0.03mmをmに直すと、0.00003mとなり、指数を使って表すと3×10^{-5}mということになります。あとは1m^2の面積（水平面の縦と横の長さがそれぞれ1m）に高さ3×10^{-5}mをかけると体積$3 \times 10^{-5} \text{m}^3$が求まります。そして霧粒の密度（$10^3 \text{kgm}^{-3}$）

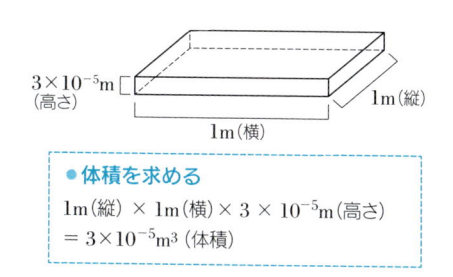

● 体積を求める
1m（縦）× 1m（横）× 3×10^{-5}m（高さ）
= $3 \times 10^{-5} \text{m}^3$（体積）

※降水量（単位：mm）は、雨や雪などの降水がどこにも流れ去らなかった場合に降り積もる量を、高さで表しています。雪などの固形物は溶かしてから降水量に換算しています。

にこの体積（$3 \times 10^{-5} \text{m}^3$）をかければ質量を求めることができます。

つまり$10^3 \text{kgm}^{-3} \times 3 \times 10^{-5} \text{m}^3$で質量は$3 \times 10^{-2} \text{kg}$になります。

> ● **質量を求める**
> 10^3kgm^{-3}（水の密度）$\times 3 \times 10^{-5} \text{m}^3$（体積）
> $= 3 \times 10^{-2} \text{kg}$（質量）

これが霧粒に含まれる水の量がすべて雨として降ったときの質量を表していることになります。

② ①で求めた質量からどのくらいの潜熱が発生するか、その全体量を求める。

①で求めた質量とは、霧粒に含まれる水の量がすべて雨として降ったときの質量（$3 \times 10^{-2} \text{kg}$）のことです。この質量から次にどのくらいの潜熱が発生するかの全体量を求めます。

問題文の中に水蒸気の凝結の潜熱を$2.5 \times 10^6 \text{Jkg}^{-1}$とするとあり、この数値をここでは用います。この$2.5 \times 10^6 \text{Jkg}^{-1}$は水蒸気の凝結量1kgあたりに$2.5 \times 10^6 \text{J}$

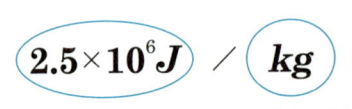

$2.5 \times 10^6 J$ / kg

$2.5 \times 10^6 J$の熱量が発生　　水蒸気の凝結量1kgあたり

という熱量（エネルギー量）が発生するという意味です。

今回は霧粒に含まれる水の量がすべて雨として降ったときの質量が$3 \times 10^{-2} \text{kg}$であることから、それに相当する潜熱量がここでは発生することになります。

> ● **全体の潜熱量を求める**
> $2.5 \times 10^6 \text{Jkg}^{-1}$（凝結量1kgあたりの潜熱）$\times 3 \times 10^{-2} \text{kg}$（霧粒の質量）$= 7.5 \times 10^4 \text{J}$（全体の潜熱量）

つまり水蒸気の凝結量1kgあたりの潜熱$2.5 \times 10^6 \text{Jkg}^{-1}$に、霧粒の質量$3 \times 10^{-2} \text{kg}$をかければ全体の潜熱量が求まることになります。$2.5 \times 10^6 \text{Jkg}^{-1} \times 3 \times 10^{-2} \text{kg} = 7.5 \times 10^4 \text{J}$ということです。この$7.5 \times 10^4 \text{J}$の熱量が、今回の霧粒が発生することにより生じた潜熱の全体量ということになり、ここでの空気を暖めるための熱量の源になるのです。

凝結熱と気層の温度上昇 5-2

③空気全体を1℃暖めるのにどのくらいの熱量が必要かを求める。

問題の中で空気の地表面1m²あたりの質量を300kgとありますので、この空気の質量300kgと空気の定圧比熱1000J K⁻¹kg⁻¹を用いて、空気全体を1℃暖めるのにどのくらいの熱量が必要かを求めていきます。

定圧比熱とは圧力を一定とした場合に空気1kgを1℃上昇させるのに必要な熱量のことを意味し、その値が1000J K⁻¹kg⁻¹※です。つまり空気1kgを1℃（K）温度上昇させるのに1000Jの熱量が必要ということになります。

$1000J$ ／ $(K \cdot kg)$
1000Jの熱量が発生　　空気1kgを1℃(K)温度上昇させるために

圧力一定と条件がつきますが、簡単にいうと空気1kgを1℃上昇させるのに1000Jの熱量が必要であることから、ここでの問題のように空気の全体量が300kgであれば、この定圧比熱（1000J K⁻¹kg⁻¹）に300kgをかければ空気300kgを1℃上昇させるのに必要な熱量が求まることになります。

つまり1000J K⁻¹kg⁻¹×300kg＝300000J K⁻¹になり、指数を使うと$3×10^5$ J K⁻¹になります。

● 必要な熱量を求める
1000J K⁻¹kg⁻¹（定圧比熱）×300kg（空気の質量）
＝300000J K⁻¹＝$3×10^5$ J K⁻¹（必要な熱量）

そのような理由から空気の質量が300kgであれば、その全体を1℃暖めるためには$3×10^5$ J K⁻¹という値に匹敵するだけの熱量が必要になることになります。

$3×10^5 J$ ／ K
$3×10^5$ Jの熱量が発生　　空気300kgを1℃(K)温度上昇させるために

④ ②で求めた潜熱と③で求めた空気全体を1℃暖めるのに必要な熱量から気温上昇量を求める。

②で求めた潜熱というのは、今回の霧粒が発生することにより生じた潜熱の全体量のことで、その値が$7.5×10^4$ Jです。そして③で求めた空気全体（ここでは300kg）を1℃上昇させるのに必要な熱量は$3×10^5$ J K⁻¹です。

※定圧比熱は具体的には1004JK⁻¹kg⁻¹と表されることが多いです。定圧比熱のほかに定積比熱があり、その意味は体積を一定とした場合に空気1kgを1℃上昇させるのに必要な熱量のことです。その値は717JK⁻¹kg⁻¹です。つまり体積を一定としたほうが空気は温度が上昇しやすいことを意味しています。

ポイント5　気象予報士試験における計算問題

つまり潜熱の全体量が7.5×10⁴Jで、空気全体を1℃上昇させるのに必要な熱量が3×10⁵J K⁻¹であることから前者(7.5×10⁴J：潜熱の全体量)から後者(3×10⁵J K⁻¹：1℃上昇させるのに必要な熱量)を割ることで、ここでの気温上昇量が求まることになります。それを計算すると(7.5×10⁴J)÷(3×10⁵J K⁻¹)＝0.25Kということになり、要は0.25℃気温が上昇することになります。

以上のことから、この問題の答えは②0.25℃になります。

- ●気温上昇量を求める
  (7.5×10⁴J(全体の潜熱))÷(3×10⁵J K⁻¹(1℃上昇させるのに必要な熱量))＝0.25K(気温上昇量)

0.25℃気温が上昇することになる

ポイント5 気象予報士試験における計算問題

3 気圧と気温と密度の関係

問題　平成18年度 第1回 通算第26回試験　一般知識 問3
難度：★★★☆☆

A〜Cの状態にある乾燥空気塊の密度の大小関係として正しいものを、下記の①〜⑤の中から一つ選べ。

A　気圧1000hPa、　気温　　27℃
B　気圧1000hPa、　気温　−23℃
C　気圧900hPa、　　気温　−23℃

① A＞B＞C　　② A＞C＞B　　③ B＞A＞C
④ B＞C＞A　　⑤ C＞A＞B

この問題は気体の状態方程式 $P = \rho RT$（P：気圧、ρ：密度、R：気体定数、T：絶対温度）を利用することで解くことができます。

つまりこの問題は乾燥空気塊の密度（ρ）について聞かれていますから、まずはこの気体の状態方程式を「P（気圧）＝」の形から「ρ（密度）＝」の形に直すことがポイントです。

直し方は左辺（P）と右辺（ρRT）をまずは入れ替えて、その入れ替えた式（ρRT＝P）の両辺をRTで割れば、$\rho = \dfrac{P}{RT}$ というようにρ＝の式になります。そしてあとはこのρ＝に直した式に問題文で与えられた数値を代入していくだけです。

気体の状態方程式

$$P = \rho R T$$

P：気圧　ρ：密度　R：気体定数　T：絶対温度

↓ 密度（ρ）＝に直す

$\rho RT = P$　　← 左辺と右辺を入れ替える

$\rho \dfrac{RT}{RT} = \dfrac{P}{RT}$　← 両辺をRTで割る

$\rho = \dfrac{P}{RT}$　　← ρ（密度）＝の式になる

☀ Aの状態にある乾燥空気塊について

　Aの空気は気圧が1000hPa、気温が27℃です。ここでの気体の状態方程式に限らず、気象学に出てくる数式に代入する温度は絶対温度であることが多く、℃（摂氏）からK（絶対温度）に直すためには℃に273（K＝℃＋273）を足します。つまりこのAの空気の気温27℃を絶対温度に直す必要があり、27℃＋273＝300Kとなります。

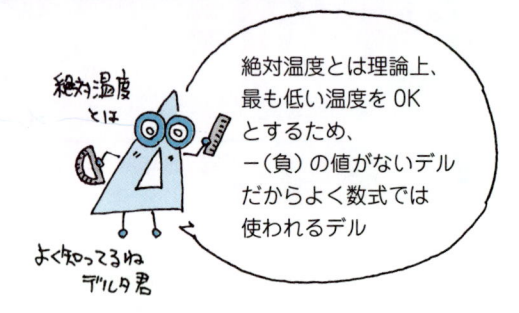

　この気圧1000hPa※と気温300Kを先ほどの密度＝に直した気体の状態方程式（$ρ＝\frac{P}{RT}$）に代入すると、$ρ＝\frac{1000}{300R}$となります。なお、Rの気体定数は定数で、空気A、B、Cともに一定（287m²・s⁻²・K⁻¹）であるために、この問題では考えなくてもいいので無視をしていきます。つまり空気Aの密度は3.3となります。

絶対温度とは理論上、最も低い温度を0Kとするため、－（負）の値がないデルだからよく数式では使われるデル

> **空気 A の密度**
>
> $ρ＝\dfrac{P}{RT}$ に
> 気圧(P)1000hPaと絶対温度(T)300Kを代入
> 　　　↓
> $ρ＝\dfrac{1000}{300R}$　　※Rは無視できる
> $ρ＝3.3$ となる

☀ Bの状態にある乾燥空気塊について

　Bの空気は気圧が1000hPa、気温が－23℃です。まずこのBの空気の気温－23℃を絶対温度に直すと－23℃＋273＝250Kとなります。

　この気圧1000hPaと気温250Kを、密度＝に直した気体の状態方程式に代入すると、$ρ＝\frac{1000}{250R}$となり、Rを無視すると4となります。

> **空気 B の密度**
>
> $ρ＝\dfrac{P}{RT}$ に
> 気圧(P)1000hPaと絶対温度(T)250Kを代入
> 　　　↓
> $ρ＝\dfrac{1000}{250R}$　　※Rは無視できる
> $ρ＝4$ となる

※ここでは具体的な密度の数値を求めるわけではなく、その密度の大小関係がわかればよいので、気圧はPaに直さずに空気A、B、CともにhPaのままで計算することができます。

Cの状態にある乾燥空気塊について

Cの空気は気圧が900hPa、気温が−23℃です。まずこのCの空気の気温−23℃を絶対温度に直すと−23℃+273=250Kとなります。

この気圧900hPaと気温250Kを、密度=に直した気体の状態方程式に代入すると、$\rho = \dfrac{900}{250R}$となり、Rを無視すると3.6となります。

以上のことをまとめると、Aの空気の密度は3.3、Bの空気の密度は4、Cの空気の密度は3.6です。ここでのRはすべて一定で無視できることから、密度の大きさは空気B＞空気C＞空気Aになります。

以上のことから、空気A、B、Cの密度の大小関係を正しく表している解答は④になります。

空気Cの密度

$\rho = \dfrac{P}{RT}$ に
気圧(P)900hPaと絶対温度(T)250Kを代入
↓
$\rho = \dfrac{900}{250R}$ ※Rは無視できる
$\rho = 3.6$ となる

4 相対渦度

ポイント5 気象予報士試験における計算問題

問題 平成21年度 第2回 通算第33回試験　一般知識 問9
難度：★★★★★

図のように、南北方向に伸びる東西幅100kmの帯状の領域の西側の境界線上では10m/sの西北西の風が吹き、東側の境界線上では10m/sの西南西の風が吹いている。領域内の風は南北方向に一様とするとき、この領域内の渦度の値として適切なものを、下記の①〜⑤の中から一つ選べ。ただし、領域内の渦度は一様とし、$\sin 22.5° = 0.38$、$\cos 22.5° = 0.92$とする。

① $7.6 \times 10^{-5} \text{s}^{-1}$
② $-7.6 \times 10^{-5} \text{s}^{-1}$
③ $3.8 \times 10^{-5} \text{s}^{-1}$
④ $-3.8 \times 10^{-5} \text{s}^{-1}$
⑤ 0s^{-1}

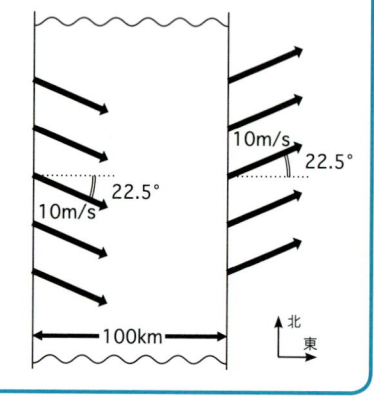

　このような相対渦度を求める問題は、まずその見た目から解答を絞ることが大切です。例えばこの問題の場合には風の流れ（10m/sと書かれた黒矢印で表現されている）を考えると、反時計回りに渦を巻いていることがわかりますから正（＋）渦度であることがわかります（次ページ上図参照）。

　つまり正渦度なわけですから、ここでの解答の符号は正（＋）であると考えることができます。

　そこから②（$-7.6 \times 10^{-5} \text{s}^{-1}$）と④（$-3.8 \times 10^{-5} \text{s}^{-1}$）はその符号が負（－）であることから、ここでの解答には該当しないことになります。また⑤（0s^{-1}）の解答も渦度の値が0、つまり渦がないことになり、ここでは反時計回りの渦（正渦度）がありますので該当しないことになります。したがって、残った

①($7.6×10^{-5}s^{-1}$)と③($3.8×10^{-5}s^{-1}$)の解答のどちらかが正解になります。

このように図が描かれているような計算問題は、その図の形などから解答をある程度絞ることもできます。ぜひ活用してください。

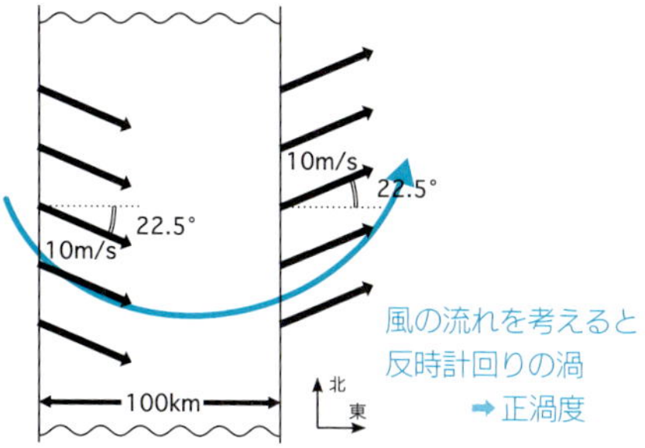

それでは相対渦度の値がどのくらいになるかを計算していきます。まず相対渦度は右図のような計算式で求めることができます。

この式の考え方としてまずは東西方向における南北風の変化量（Δv）を求めて、それを東西距離（ΔX）で割り（$\frac{\Delta v}{\Delta X}$）ます。この解答を①とします。

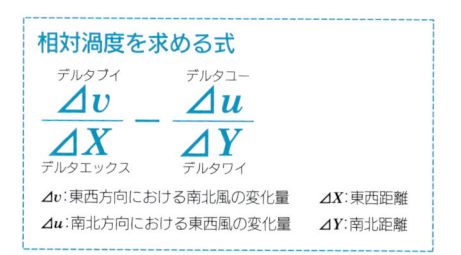

次に②南北方向における東西風の変化量（Δu）を求めてそれを南北距離（ΔY）で割り（$\frac{\Delta u}{\Delta Y}$）、この解答を②とします。そして①の解答から②の解答を引く（$\frac{\Delta v}{\Delta X} - \frac{\Delta u}{\Delta Y}$）ことで相対渦度の値は求めることができます（右図参照）。

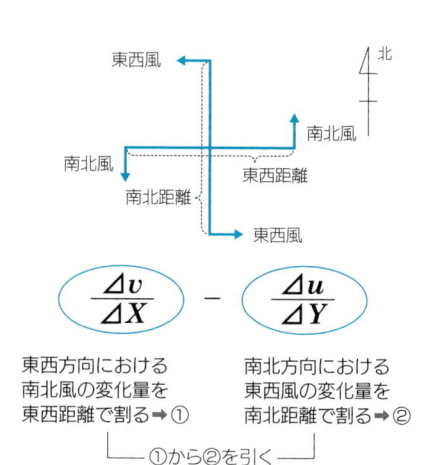

ただし、この式を使う際の注意点は東西方向における南北風の変化量は、必ず東側から西側の南北風の風速を引いて求めるということです。同じように南北方向における東西風の変化量は、必ず北側から南側の風速を引いてその変化量を求めることに注意が必要です（次ページ上図参照）。

また気象学では、風向によってその風速に＋（正）と－（負）の符号をつけることがあり、この相対渦度の式を用いる際にも必要です。結論としては、西風

と南風にはその風速に＋をつけ、逆に東風と北風にはその風速に－をつけます。

　その理由としては、西風（西から東に吹く風）と南風（南から北に向かう風）は、それぞれX軸（東西方向）とY軸（南北方向）で＋の方向に風が吹くことになるのでそれぞれ風速には＋の符号をつけます。

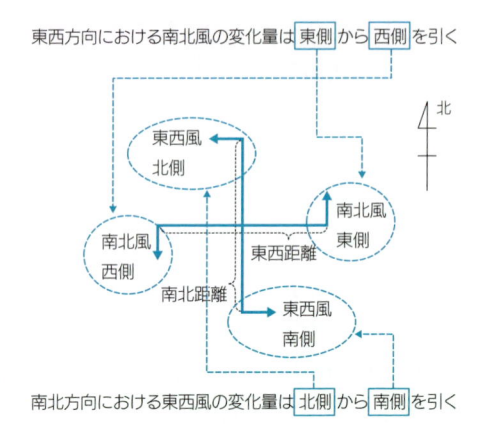

　逆に東風（東から西に吹く風）と北風（北から南に向かう風）は、それぞれX軸（東西方向）とY軸（南北方向）で－の方向に風が吹くことになるので、それぞれ風速には－の符号をつけます。この考え方は相対渦度の式だけではなく様々な場面で必要となりますので、きちんと覚えていてください。

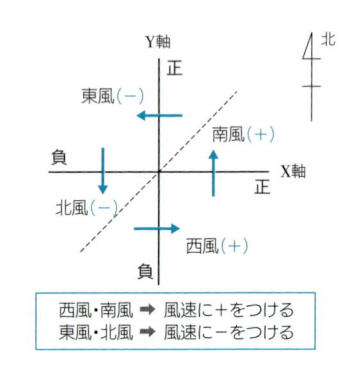

　それではこの問題の解説に戻ります。この問題の図を見ていただければわかるのですが、その南北方向の距離がなく、つまり南北方向における東西風の変化量は考える必要はありません。ここでは東西距離とその東西方向における南北風の変化量の部分だけを考えればよいことになります。

　相対渦度の式は、確かに東西方向における南北風の変化量（Δv）を東西距離（ΔX）で割ったもの（$\frac{\Delta v}{\Delta X}$）と、南北方向における東西風の変化量（$\Delta u$）を東西距離（$\Delta Y$）で割ったもの（$\frac{\Delta u}{\Delta Y}$）を引くこと（$\frac{\Delta v}{\Delta X} - \frac{\Delta u}{\Delta Y}$）で求まります。しかし、この問題のように場

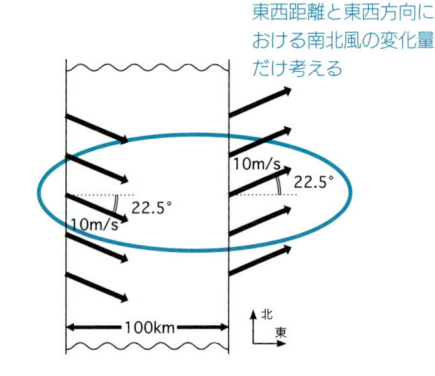

相対渦度 5-4

合によってはその式の一部分を考えなくてもよいことがあります。つまりここでは東西方向の距離とその東西方向における南北風の変化量の部分だけ（$\frac{\Delta v}{\Delta x}$）を考えればよいのです。

問題の図を見ると、東西方向の距離は100km、そして東西方向における南北風は図の東側では西南西、図の西側では西北西の風がそれぞれ10m/sで吹いています。このように南北風（つまり北風か南風）でない場合は、この西南西と西北西の風を分解して南北成分を求めて、南北風の変化量を求めなければなりません。このときに使う考え方が三角関数です。

三角関数とは直角三角形の3辺の比率を利用した計算のようなものです。右図のように∠Cが直角の直角三角形ABCがあり、∠Aによりこの三角形の3辺の比率が決まることがポイントです。

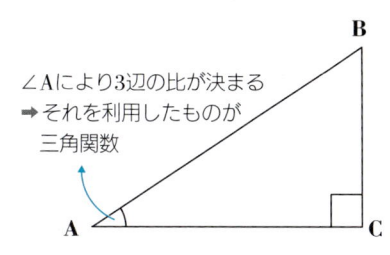

∠Aにより3辺の比が決まる
→ それを利用したものが三角関数

問題の図（右下図参照）の東側で吹いている西南西の風を対角線とした平行四辺形（ここでは長方形にあたる）を作り、この風の根元から出ている2辺の長さが、この西南西の風を南北成分と東西成分に分けた風です。このうちの南北成分を用いることになります。平行四辺形は向かい合う辺の長さが同じなので、右下図のように先ほど西南西の風を分解した南北成分と同じ大きさの辺を含み、右上図の∠Aにあたる部分の角度が22.5°の直角三角形が作れます。

この直角三角形から南北成分を求めるわけですが、この場合、もともと吹いていた10m/sの西南西の大きさ（つまり風速）と∠22.5°を用いて、南北成分の大きさを求めることになります（次ページ上図参照）。ここ

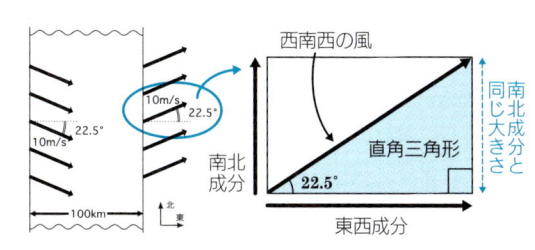

で必要な考え方が三角関数なのです。

　右下図のように∠Aがα（アルファ）で∠Cが直角である直角三角形において、$\sin\alpha = \frac{辺BC}{辺AB}$、$\cos\alpha = \frac{辺AC}{辺AB}$、$\tan\alpha = \frac{辺BC}{辺AC}$という関係※があります。

　これを三角関数といい、この考え方を用いて先ほどの南北成分に分けた風の大きさを求めます。

　右上図のように∠22.5°を含む直角三角形において、10m/sの西南西の風から南北成分を求める場合、三角関数よりその2辺（10m/sの西南西の風とその風から求まる南北成分のこと）を含む関係といえばsinです。したがって、$\sin\alpha = \frac{辺BC}{辺AB}$の関係（ここでは辺BCが南北成分、辺ABが10m/sの西南西の風、αが22.5°に該当）に当てはめれば求めることができます。ここでは南北成分を求めたいのでxと表します。

　つまり$\sin 22.5 = \frac{x}{10}$となり、これをxについて解くと、x＝sin22.5×10となります。またsin22.5°は問題文より0.38ですから、x＝0.38×10となり、x＝3.8と答えが求められます。ここでのxは南北成分の風速ですから、単位をつけると3.8m/sになります。

　問題の図の西側で吹いている西北西の風に対する南北成分を求める場合もこれまでと同様です。もともと吹いていた10m/sの西北西の大きさ（つまり風速）と1つの角が22.5°の直角三角形（次ページ上図参照）を用いて、三角関数（ここではsin）より南北

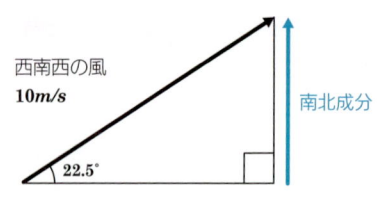

西南西の風10m/sと∠22.5を用いて南北成分を求める
➡三角関数が必要

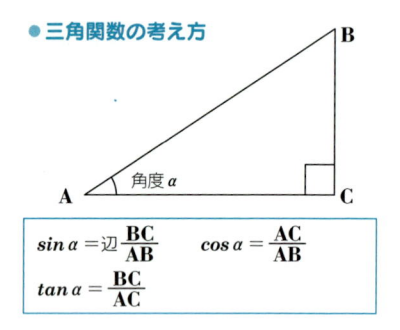

● **三角関数の考え方**

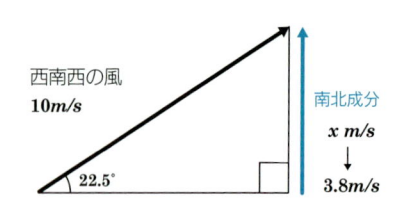

$\sin\alpha = 辺\frac{BC}{AB}$　　$\cos\alpha = \frac{AC}{AB}$

$\tan\alpha = \frac{BC}{AC}$

$\sin 22.5° = \frac{x}{10}$ を X について解くと
$x = \sin 22.5° \times 10$ となり、
$\sin 22.5$ は 0.38 であることから
$x = 0.38 \times 10 = 3.8 m/s$ となる

※三角関数の記号はそれぞれ sin：サイン、cos：コサイン、tan：タンジェントと呼びます。

相対渦度 5-4

成分の大きさを求めます。

右下図のようにその値は3.8m/sになります。ただし、ここで注意したいのは、この南北成分は北風（北から南に向かう風）なので、P.138でお話ししたようにその風速の値に－をつけなければなりません。つまり－3.8m/sになります。

これでようやく東西方向における南北成分の変化量を求めることができ、さらにその変化量を東西距離で割ればここでの相対渦度の値を求めることができます。それを式で表すと $\frac{\Delta v（東西方向における南北風の変化量）}{\Delta X（東西距離）}$ になるので、この式に当てはめて考えていきます。

まずP.137〜138でお話ししたように、東西方向における南北風の変化量は必ず東側から西側の南北風の風速を引く必要があります。Δv は3.8m/s －（－3.8m/s）で7.6m/sとなります。東西距離は100kmでkmはmに直す必要がありますから100km＝100,000mとなり、それを指数を使って表すと10^5mです。これをΔXに代入すると$\frac{7.6 m/s}{10^5 m}$となり、それを指数を使って表すと$7.6 \times 10^{-5} s^{-1}$となります。つまりこの問題の解答は①$7.6 \times 10^{-5} s^{-1}$となることがわかります（右図参照）。

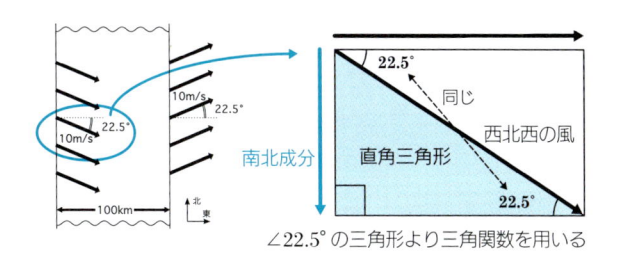

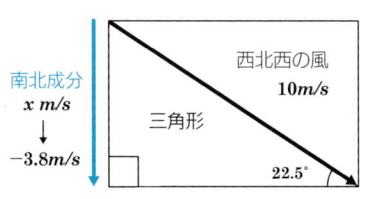

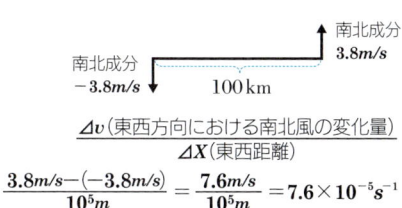

図中の式：

$\sin 22.5° = \frac{x}{10}$ を X について解くと
$x = \sin 22.5° \times 10$ となり、
$\sin 22.5$ は 0.38 であることから
$x = 0.38 \times 10 = 3.8 m/s$ となる

※北風なので$-3.8 m/s$

$$\frac{\Delta v（東西方向における南北風の変化量）}{\Delta X（東西距離）}$$

$$\frac{3.8 m/s - (-3.8 m/s)}{10^5 m} = \frac{7.6 m/s}{10^5 m} = 7.6 \times 10^{-5} s^{-1}$$

5 絶対渦度保存則

問題 平成23年度 第1回 通算第36回試験　一般知識 問6
難度：★★★☆☆

大気の大規模な運動について述べた次の文章の空欄(a)～(c)に入る適切な数式の組み合わせを、下記の①～⑤の中から一つ選べ。

北緯ϕのところにある空気塊が、水平面内で大規模な運動を行っているとき、地球の自転角速度の大きさをΩとすると、コリオリパラメーターfは(a)で与えられる。この空気塊の相対渦度の鉛直成分をζとすると、粘性と発散が無視できる大規模運動では近似的に次の式で表される絶対渦度保存則が成り立つ。

(b) = 一定

赤道上にあった空気塊が北緯30度まで移動したとすると、その空気塊が持つ相対渦度の鉛直成分の変化量は(c)となる。なお、$sin30° = \frac{1}{2}$、$cos30° = \frac{\sqrt{3}}{2}$である。

	(a)	(b)	(c)
①	$2\Omega\sin\phi$	$\zeta - f$	Ω
②	$2\Omega\sin\phi$	$\zeta + f$	$-\Omega$
③	$2\Omega\sin\phi$	$\zeta + f$	Ω
④	$2\Omega\cos\phi$	$\zeta - f$	$-(2-\sqrt{3})\Omega$
⑤	$2\Omega\cos\phi$	$\zeta + f$	$(2-\sqrt{3})\Omega$

絶対渦度保存則 5-5

(a)と(b)の空欄について

　絶対渦度とは、相対渦度※と惑星渦度（コリオリパラメータまたはコリオリ因子）を足したものです。この絶対渦度は保存されるという法則があり、これを絶対渦度保存則といいます。

　惑星渦度はコリオリパラメータですから、記号で表すとfで、さらに詳しく表すと$2\Omega \sin\phi$（Ω：地球自転角速度　$\sin$：三角関数　ϕ：緯度）となります。ここから (a)は$2\Omega \sin\phi$ となり、絶対渦度保存則とは相対渦度（ここではζ：ゼータまたはツェータ）と惑星渦度(f)を足した絶対渦度が保存されることですから、(b)には$\zeta + f$ が当てはまります。この時点で解答は②か③に絞れます。

(c)の空欄について

　赤道上にあった空気塊が北緯30度まで移動したとあり、赤道上での絶対渦度の値を求めて、それが北緯30度でも保存されることを利用し、北緯30度における相対渦度を求めます。

　まず赤道上での相対渦度（低気圧や高気圧の渦）の値が、ここではいくらかわからないので仮に0にします。赤道上では緯度が0度なわけですから、惑星渦度（コリオリパラメータ）は$2\Omega \sin\phi$の

●赤道上での絶対渦度

赤道（緯度 0°）の惑星渦度
$2\Omega \sin\phi = 2\Omega \times \sin 0° = 0$　　※$\sin 0° = 0$

絶対渦度	=	相対渦度(ζ)	+	惑星渦度(f)
0		0		0

中のϕに0度を代入すると$2\Omega \sin 0°$で、$\sin 0°$は0ですから$2\Omega \times 0 = 0$となります。赤道上では惑星渦度はないことになります。つまりここでは仮に当てはめた相対渦度0と惑星渦度0を足した0が、絶対渦度の値になります。

　この絶対渦度（0）が北緯30度の地点でも保存されることを利用して、相対渦度の変化量を求めます。つまり北緯30度においても相対渦度と惑星渦度を足した絶対渦度の値は変わらないので、この30度の地点でも絶対渦度の値は0です。ここが大切なポイントです。

　また惑星渦度は北緯30度なので、$2\Omega \sin\phi$の中のϕに30度を代入すると$2\Omega \sin 30°$となります。$\sin 30°$は$\frac{1}{2}$ですから$2\Omega \times \frac{1}{2} = \Omega$で北緯30度

※一般的に台風のように低気圧は鉛直（縦方向）に軸を持っていますから、相対渦度という低気圧や高気圧などに伴う渦度は何もことわりがなければ鉛直成分を表します。

の地点での惑星渦度はΩとなります。相対渦度と惑星渦度を足した絶対渦度はここでは0であり、惑星渦度はΩなわけですから、ここから相対渦度の値を求めると絶対渦度保存則より－Ωになります。つまり(c)には－Ωが当てはまります。

以上のことをまとめると(a) $2\Omega \sin\phi$、(b) $\zeta + f$、(c) $-\Omega$となり、ここから②の解答の組み合わせが正しいことになります。

● 北緯30°での絶対渦度

北緯30°の惑星渦度

$$2\Omega \sin\phi = 2\Omega \times \sin 30° = \Omega$$

※$\sin 30° = \frac{1}{2}$

絶対渦度	=	相対渦度(ζ)	+	惑星渦度(f)
0		$-\Omega$		Ω

絶対渦度は保存されるので0

惑星渦度がΩであるために相対渦度は$-\Omega$となる

ポイント5 気象予報士試験における計算問題

6 立方体に流出入する空気

問題 平成23年度 第1回 通算第36回試験 一般知識 問7
難度：★★★★☆

　図のような立方体の領域に流出入する空気について考える。立方体の各面に垂直な風の成分が図のとおりであり、立方体に含まれる空気の質量は変化しないとしたとき、上面に垂直な風の成分Aの値として最も適切なものを、下記の①〜⑤の中から一つ選べ。

　ただし、上面、側面、底面を出入りする空気の平均密度の比は4：5：6であるとする。

① $1\,\mathrm{ms^{-1}}$
② $2\,\mathrm{ms^{-1}}$
③ $3\,\mathrm{ms^{-1}}$
④ $4\,\mathrm{ms^{-1}}$
⑤ $5\,\mathrm{ms^{-1}}$

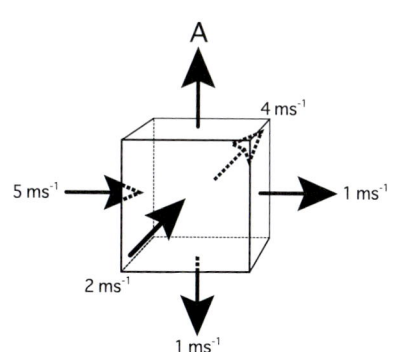

　ここでは連続の式（質量保存の法則）を用いて計算をしていきます。簡単にいうと入ってくる空気の量と出ていく空気の量が等しくなる法則で、それを式に表したものです。立方体の上面から垂直に出ていく風の成分Aの速度（風速）を求めるのですが、この立方体に入ってくる、または出ていく側面と底面からの空気の量を求めることで、上面Aの風速を求めることができます。

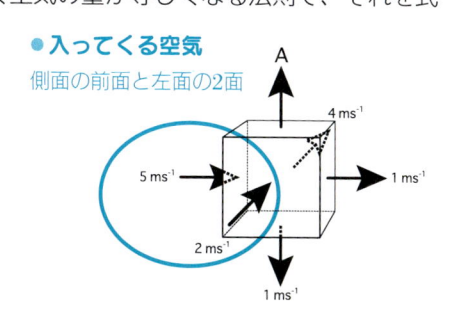

● 入ってくる空気
側面の前面と左面の2面

まずこの立方体に入ってくる空気は、ここでは側面の前面と左面の２面からであることが問題の図よりわかります。

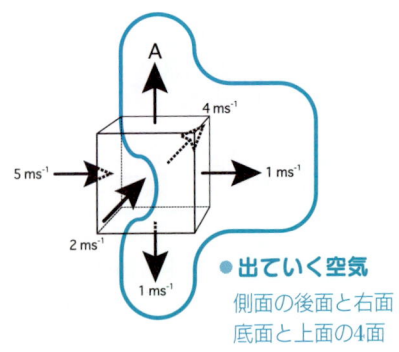

次にこの立方体から出ている空気はここでは側面の後面と右面、そして底面と上面の４面からであることが問題の図よりわかります。

では具体的にどのようにして入ってくる空気の量と出ていく空気の量を求めるかというと、それぞれの面（ここでは上面・底面・側面の４面）に入ってくる、または出ていく風速と表面積と密度をかける（風速×表面積×密度）ことで求められます。

● **出ていく空気**
側面の後面と右面
底面と上面の４面

この問題の図は立方体であり、どの面でも面積は同じなのでここでは省略して考えることができます。つまり実質はそれぞれの面に入ってくる、または出ていく風速と密度をかける（風速×密度）ことで求めることができます。面積が違う場合は考慮する必要がありますので注意をしてください。

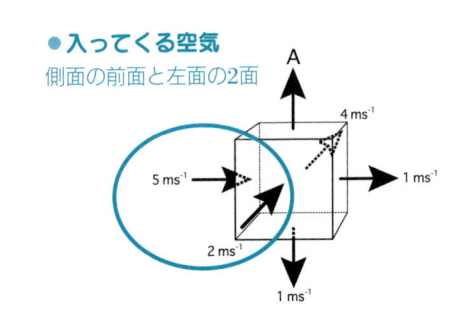

入ってくる空気は側面の前面と左面の２面です。前面の風速は$2ms^{-1}$、左面の風速は$5ms^{-1}$となり、密度は問題文より比率（上面：４、側面：５、底面：６）が書かれています。そのままこの比率をそれぞれの密度として考えればよいので側面の密度は$5kg/m^3$になります。つまり前面は2（風速）×5（密度）＝10、左面は5（風速）×5（密度）＝25となり、これらを足すと35です。これが

● **入ってくる空気**
側面の前面と左面の２面

● **入ってくる空気の量**
側面の前面：2（風速）× 5（密度）＝ 10
側面の左面：5（風速）× 5（密度）＝ 25　合計35

この立方体に入ってくる空気の量と考えることができます。

次に出ていく空気は側面の後面と右面、そして底面と上面の４面です。後面の風速は$4ms^{-1}$、右面は$1ms^{-1}$、底面は$1ms^{-1}$、そして上面はAms^{-1}です。

立方体に流出入する空気　5-6

　密度は問題文より比率（上面：4、側面：5、底面：6）であり、そのままこの比率をそれぞれの密度として考えます。上面の密度は4 kg/m³、側面の密度は5kg/m³、底面の密度は6 kg/m³になります。

　つまり側面の後面は4（風速）×5（密度）＝20、右面は1（風速）×5（密度）＝5となり、底面は1（風速）×6（密度）＝6、上面はA（風速）×4（密度）＝4Aとなり、これらを足すと31＋4Aです。これがこの立方体から出ていく空気の量と考えることができます。

　そして連続の式とは入ってくる空気の量と出ていく空気の量が等しくなる法則のことですから、入ってくる空気の量（35）と出ていく空気の量（31＋4A）が等しく（35＝31＋4A）なるはずです。

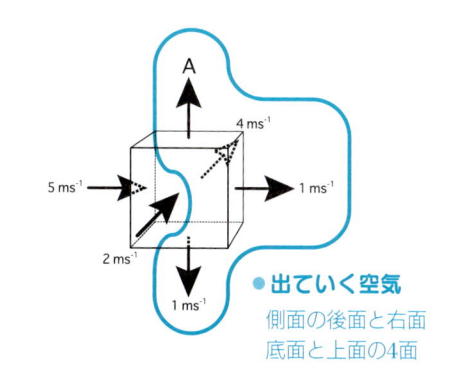

● 出ていく空気
側面の後面と右面
底面と上面の4面

● 出ていく空気の量
側面の後面：4（風速）×5（密度）＝ 20
側面の右面：1（風速）×5（密度）＝ 5
底面：1（風速）×6（密度）＝ 6
上面：A（風速）×4（密度）＝ 4A　　合計31＋4A

　ここからAについて解けば、上面からの風速を求めることができます。まず右辺の31を左辺に移項させると、符号が＋から－に変化するので35－31＝4Aとなり、それを解くと4＝4Aとなります。

　右辺の4を消去するために両辺を4で割ると、1＝Aとなり、上面からの風速Aは1ms⁻¹に該当することがわかります。このように立方体に流出入する空気については連続の式を用いて考えることができます。

35（入ってくる空気の量）＝31＋4A（出ていく空気の量）
　↓　右辺の31 を左辺に移項
35－31 ＝ 4A
　↓　それを解くと
4 ＝ 4A
　↓　両辺を4 で割ると
1 ＝ A　→　上面からの風速は1ms⁻¹に該当する

　以上のことから、この問題の解答は①の1ms⁻¹になります。

ポイント 6

気象衛星観測

このポイント6では気象衛星観測について
お話しをしていきます。
気象衛星から送られてくる画像には
可視、赤外、水蒸気画像などがあり、
これらの画像からその雲がどのような種類であるかを
見分けることが大切です。

気象衛星観測について

気象衛星画像は雲画像ともいわれ「ひまわり」という愛称で親しまれています。

天気予報などでも見かけることが多く、日本付近の雲の分布の様子がよくわかるので、ひと目で私たちの住んでいる地域で晴れているのか、雲が出ているのかを把握することができます。

1 静止気象衛星と極軌道衛星

静止気象衛星は、赤道上空約36000 kmの高さを地球の自転と同じ向きに同じ速度で回転しながら観測をしています。このため地球から見るとこの静止気象衛星は止まっているように見えることから「静止」という名前がついています。日本のひまわりはこの静止気象衛星にあたります。また極軌道衛星は北極と南極を通るように地球を南北に周回しながら観測しています。

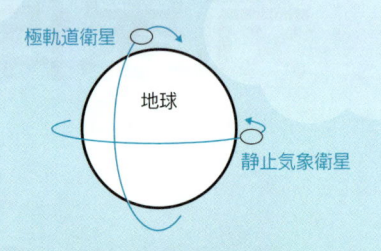

2 可視画像と赤外画像

気象衛星観測で観測される衛星画像にはいくつかの種類があるのですが、その中で最も基本となる画像が可視画像（VISまたはVS）と赤外画像（IR）です。

可視画像とは太陽光線の反射光を利用した画像のことです。厚い雲と薄い雲があった場合、厚い雲のほうが太陽光線をよく反射し、逆に薄い雲は太陽光線をそれほど反射しません。可視画像では太陽光線をよく反射するところを明るく写すので厚い雲ほど明るく、薄い雲ほど暗く写す特徴があります。

赤外画像とは雲などから放出される電磁波（赤外線）※を利用した画像のこと

※物体は絶対0度（0K＝－273℃）でない限りは何かしらの電磁波を放出しています。赤外画像では11μmを中心とした8〜12μmの、大気による吸収の少ない大気の窓領域の波長帯を用いています。

です。ステファン・ボルツマンの法則（$I=\sigma T^4$：右図参照）より、放射強度は絶対温度の4乗に比例するために温度が高いほど放射強度が強くなります。このため雲頂高度が高い雲ほどその放射をしている部分の雲の温度は低く放射強度も小さくなり、逆に雲頂高度の低い雲ほどその放射をしている部分の雲の温度は高く放射強度も大きくなります。赤外画像は放射強度の小さいところを明るく写すので雲頂高度の高い雲ほど明るく、雲頂高度の低い雲ほど暗く写す特徴があります。

● ステファン・ボルツマンの法則

$$I = \sigma T^4$$

I：放射強度　T：絶対温度
σ：ステファン・ボルツマン定数($5.67\times10^{-8}W\cdot m^{-2}\cdot K^{-4}$)

放射強度は絶対温度の4乗に比例する
→ 温度が高いほど放射が強い

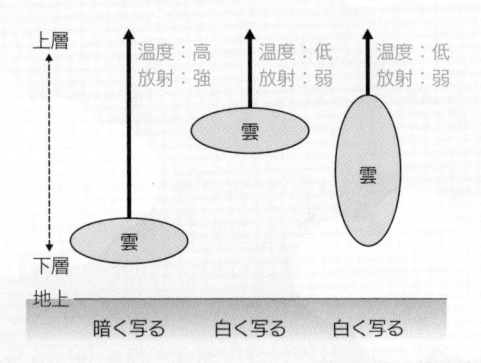

③ 水蒸気画像

水蒸気画像（WV）とは水蒸気吸収帯という水蒸気に吸収されやすい波長帯（6.2μm）を利用した画像のことです。

この水蒸気画像は対流圏（高度約11kmまで）中・上層が湿っているときほど明るく写す性質があります。

● 水蒸気画像（WV）

水蒸気に吸収されやすい水蒸気吸収帯（波長6.2μm）を利用した画像

→ 対流圏中・上層が湿っているときほど明るく写る

④ 雲パターン

雲パターンとは衛星画像で見られる特徴的な雲で、そのパターンにはいくつかの種類があります。特徴的な雲が見られるとその付近の大気の状態もわかることがあるので、気象予報士として知っておく必要があります。

ポイント6　気象衛星観測

1　静止気象衛星と極軌道衛星

問題　平成22年度 第1回 通算第34回試験　専門知識 問4
難度：★★★☆☆

静止気象衛星と極軌道衛星の違いについて述べた次の文章の下線部(a)～(d)の正誤の組み合わせとして正しいものを、下記の①～⑤の中から一つ選べ。

　現在の日本の静止気象衛星は赤道の上空約36000kmの静止軌道に位置し、通常は(a)30分毎に観測を行っている。一方、気象観測に利用する極軌道衛星は高度が400～1000kmの軌道をほぼ南北に周回しており、地球の自転に伴い1日で全球を観測する。このため、極軌道衛星は静止気象衛星よりも日本付近の観測頻度が(b)高い。極軌道衛星は静止気象衛星に比べて高度が低く、地表面や大気からの信号をより強く受信できることから、可視光線や赤外線以外に、マイクロ波の観測も可能である。マイクロ波は可視光線や赤外線と比較して波長が(c)長く、雲の透過性が(d)高いのが特徴で、海面付近の風向・風速の観測もできる。

	(a)	(b)	(c)	(d)
①	正	正	誤	正
②	正	誤	正	正
③	正	誤	誤	正
④	誤	正	誤	誤
⑤	誤	誤	正	正

(a)の下線部について

日本の静止気象衛星（通称：ひまわり）は赤道上空約36000kmを地球の自転と同じ向きに同じ速度（つまり静止軌道）で観測をしています。通常は30分間隔で観測

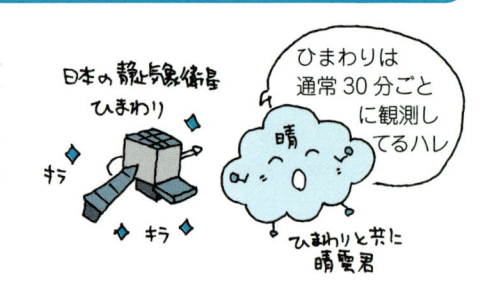

静止気象衛星と極軌道衛星　6-1

を行っている※ので、この(a)の下線部は正しいです。

☀ (b)の下線部について

　静止気象衛星は地球の自転と同じ向きに同じ速度で観測しているため、地球からは静止しているように見えます。そのような理由から同じ場所を常時、観測することが可能です。

極軌道衛星
地球
静止気象衛星

北極と南極を通り、南北に周回しながら観測
→同位置を常時観測不可能

地球の自転と同方向・同速度で観測
→同位置を常時観測可能

ポイント6　気象衛星観測

　一方の極軌道衛星は地球の自転とは関係なく、北極と南極を通り南北に周回するように観測しているため、同じ場所を常時観測することは不可能です。

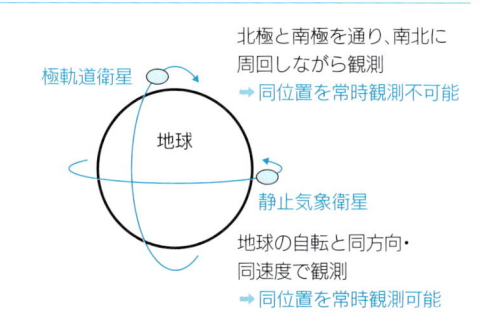

　そのような理由から観測頻度は静止気象衛星に比べると低い(つまり同じ場所を観測する回数が少ない)ことになります。以上のことから、この(b)の下線部は誤りになります。

　また静止気象衛星は赤道上空約36000kmの高度から観測しており、極軌道衛星は問題文にあるように400～1000kmの高度から観測しています。したがって画像の精度でいうと、低い位置を飛んでいる極軌道衛星のほうが高いことになります。

☀ (c)(d)の下線部について

　マイクロ波とは気象レーダー(気象レーダーは約5cmの波長)などで使われている波長帯のことで、可視光線や赤外線よりも波長は長いことになります(次ページ図参照)。

　レイリー散乱が成り立つ場合、散乱は波長の4乗に反比例するので波長が長くなるほど散乱は弱く(散乱されにくく)なり、雲の透過性は高くなります。つまり(c)、(d)の下線部は正しいことになり、以上のことから(a)正、(b)誤、(c)正、(d)正となり、②の解答の組み合わせが正しいことになります。

※静止気象衛星は2021年現在、ひまわり8号と9号の運用開始に伴い10分間隔で観測を行い、日本域と台風などの特定領域を2.5分の高頻度で観測できるようになりました。

● 電磁波の種類

名称			波長 （メートル）	特徴
ガンマ（γ）波			10^{-14}	放射線の一種。高エネルギーで物を透過する。
エックス（X）線			10^{-12} 1ピコm 10^{-10}	放射線の一種。宇宙からも降り注ぐが、波長が短いため、地表にはほとんど届かない。
光	紫外線		10^{-9} 1ナノm	波長が可視光線より短く、X線より長い。地表に到達し、皮膚や眼に害を与える。
	可視光線		10^{-7}	人の眼で見える波長をもつ。一般には「光」と呼ばれる。
	赤外線		10^{-6} 1マイクロm	波長が可視光線よりも長く、電波よりも短い。波長によって、近赤外線、中赤外線、遠赤外線に分けられる。
電波	サブミリ波		10^{-4}	光に近い性質をもつ。通信用には使われない。
	ミリ波	マイクロ波	10^{-3} 1ミリm	強い直進性をもち、大容量通信に適している。水分による影響を強く受ける。
	センチ波			強い直進性をもつが、ほとんど回り込まないため、到達範囲が限定される。
	極超短波		10^{-1} 1m	超短波に比べてさらに直進性が強い。多少の回り込みも行う。
	超短波		10^1	直進性があり、電離層で反射しにくい。山や建物の陰にもある程度、回り込む。
	短波		10^2	電離層に反射する。地表との反射を繰り返し、遠距離まで伝わる。
	中波		10^3 1キロm	昼間は地表波による安定した通信が可能。夜間は電離層による反射で遠距離まで伝わる。
	長波			地表波による安定した通信が可能。
	超長波		10^5	水中でも伝わる。
電磁界	超低周波		10^6	きわめて波長が長く、電磁波としての性質が現れにくい。電磁界と呼ばれる。

ポイント6 気象衛星観測

2 可視画像と赤外画像

問題　平成21年度 第2回 通算第33回試験　専門知識 問2
難度：★★☆☆☆

気象衛星画像について述べた次の文章の下線部(a)～(d)の正誤について、下記の①～⑤の中から正しいものを一つ選べ。

赤外画像は、地面・海面や雲の赤外放射の輝度温度※を画像化したもので、気象庁では輝度温度が高いほど黒く、低いほど白く表現している。対流圏では一般に高度とともに気温が下がるので、(a)白く表現される雲ほど雲頂高度が高い。ただし、薄い上層雲では(b)その下からの赤外放射を一部透過するため相対的に輝度温度が高くなり、雲頂高度が高くても灰色に近い色で表現される。

可視画像は、地面・海面や雲によって反射された太陽光の強さを画像化したもので、気象庁では反射光が弱いほど黒く、強いほど白く表現している。このため、(c)厚い雲ほど白く表現される。

赤外画像で白く表現されている雲のうち、積乱雲は、(d)可視画像でも白く表現されることや雲の表面に凹凸があることにより判別できる。

① (a)のみ誤り　　② (b)のみ誤り　　③ (c)のみ誤り
④ (d)のみ誤り　　⑤ すべて正しい

(a)の下線部について

対流圏では一般的に高度とともに気温は低くなるので、雲頂高度の高い雲ほど放射をしている雲の上部の温度は

● 赤外画像では…
雲頂高度が高い（輝度温度が低い）雲ほど白く写る特徴がある

※輝度温度とはステファン・ボルツマンの法則（$I = \sigma T^4$）により求めた温度です。輝度温度と温度は同じようなものなので、輝度温度の高低は一般的に用いている温度の高低と同じような感覚で捉えておけば問題はありません。

低く、放射も弱くなります。

　赤外画像では放射の弱い部分（雲頂高度が低い雲）ほど白く写されるので、(a)の下線部は正しいことになります。

☀ (b)の下線部について

　薄い上層雲は私たちの目で見ても上空が透けて見えることがあります。一般的に上層の雲は温度が低く放射も弱いため、赤外画像では白く写ります。

　しかし薄い上層雲である場合はそれよりも下層にある雲からの放射を観測してしまうことがあり、通常よりも暗め（灰色）に写ることがあります。

　下層にある雲は温度が高いため、そこから放射される赤外線も強くなります。薄い上層雲である場合、その下層にある雲からの強い赤外線のその一部が透過され、薄い上層雲から放射される弱い赤外線と同時に観測されてしまうことがあります。

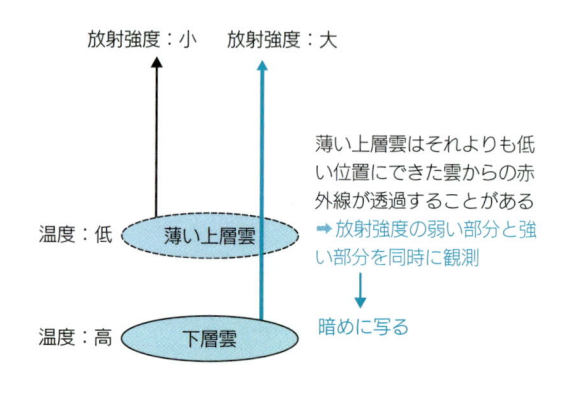

　赤外画像では温度（＝輝度温度）が低く放射の弱い部分ほど白く写りますので、このように弱い放射と強い放射が混ざっているような薄い上層雲の場合は、通常よりも暗めに写ることがあります。この(b)の下線部は正しいことになります。

☀ (c)の下線部について

　厚い雲ほど太陽光線を強く反射します。反射の強いところを可視画像では白

く写しますので、厚い雲ほど白く表現されるとした(c)の下線部は正しいことになります。

> ● 可視画像では…
> 厚い雲ほど白く写る特徴がある

　また薄い上層雲のように上空が透けて見える雲は太陽光線の反射が弱いので、可視画像では暗めに写ります。

☀ (d)の下線部について

　積乱雲は雲頂高度が高く（つまり放射をしている雲頂付近の温度が低く放射も弱い）厚みもあるため、赤外画像でも可視画像でも白く見えます。

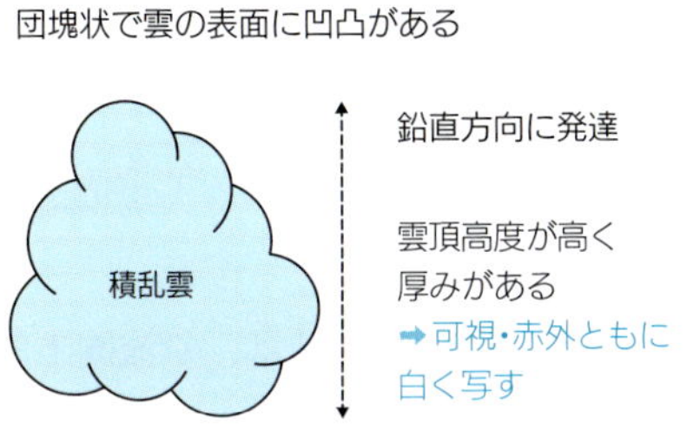

団塊状で雲の表面に凹凸がある

積乱雲

鉛直方向に発達

雲頂高度が高く厚みがある
➡可視・赤外ともに白く写す

　また積乱雲は対流雲という鉛直方向に発達する雲であり、その形状は団塊状（簡単にいうと雲のかたまり）であり、表面に凹凸が見られたりする特徴があります。

　一方、乱層雲などに代表される層状雲は水平方向に伸びる雲です。表面は一様であり滑らかであることが特徴です。

　また対流雲はその時間変化が大きく、層状雲はそれに比べると時間変化が小さいことも特徴として挙げることができます。

　夏に見られる積乱雲などは発生してから1時間程度で消滅することも多く、また霧などは十種雲形（詳しくはP.49を参照）で層雲にあたるのですが、その場からなかなか消えないことも多いですよね。ここからも雲の時間変化が大きいか小さいかをイメージすることができます。

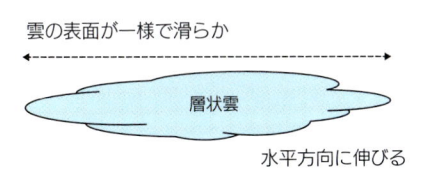

雲の表面が一様で滑らか

層状雲

水平方向に伸びる
時間変化が小さいことも特徴

　このようなことから(d)の下線部は正しいことになり、以上のことをまとめるとすべて正しいとした⑤が正しい解答になります。

ポイント6　気象衛星観測

3 水蒸気画像

問題
平成22年度 第2回 通算第35回試験　専門知識 問4
難度：★★★☆☆

　気象衛星ひまわりの水蒸気画像の特徴について述べた次の文(a)〜(d)の正誤の組み合わせとして正しいものを、下記の①〜⑤の中から一つ選べ。

(a) 水蒸気画像に見られる大規模な明域と暗域の境界を目安に、ジェット気流の位置を推定できる。

(b) 水蒸気画像の暗域は、対流圏上層に水蒸気が少ないときに、これより下の層に存在する暖かい水蒸気からの放射が対流圏上層の大気を透過して衛星で観測されたものである。

(c) 水蒸気画像は対流圏下層の水蒸気量の把握に適している。

(d) 水蒸気画像で観測している波長帯は、地面または海面から射出される放射を大気中の水蒸気が最も良く吸収する波長帯であることから、水蒸気の非常に多い領域では、衛星が観測する放射量がほとんど0となる。

	(a)	(b)	(c)	(d)
①	正	正	誤	誤
②	正	誤	誤	正
③	正	誤	誤	誤
④	誤	正	正	誤
⑤	誤	誤	正	正

(a)の記述について

　水蒸気画像で使われる言葉として、明域（めいいき）と暗域（あんいき）があります。対流圏中・上層で水蒸気が多ければ明るく写り、その部分を明域といいます。逆に水蒸気が少なければ暗めに写り、その部分を暗域といいます。

　明域と暗域によって、対流圏中・上層で水蒸気が多い（湿潤）か少ない（乾燥）かだけではなくて、大気の流れを把握することもできます。

　ジェット気流（偏西風の中でも特に強い風）に対して極側（北半球では北側）

に暗域、赤道側（北半球では南側）に明域が対応します。逆にいうとその暗域と明域の境目を見つけることでジェット気流の位置を把握することができます。

つまりジェット気流※の極側では対流圏中・上層が乾燥し、赤道側では対流圏中・上層が湿潤であることを表していることになります。ここから(a)の記述は正しいことになります。

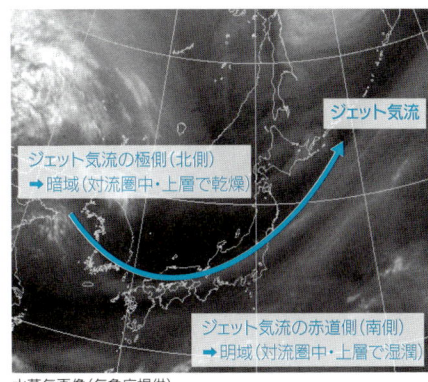

☀ (b)(c)の記述について

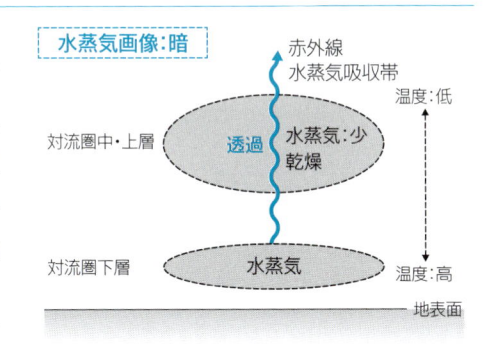

対流圏中・上層で水蒸気が少ない場合、それよりも下層に存在する水蒸気から放射される水蒸気吸収帯（波長6.2μmで水蒸気に吸収されやすい波長帯）という赤外線が対流圏中・上層の大気を透過し、それを衛星で観測しています。

対流圏下層の水蒸気から放射される赤外線は温度の高い場所からの放射であるために放射が強く、そのような場所を水蒸気画像では暗く写し、それを暗域といいます。

逆に対流圏中・上層で水蒸気が多い場合、対流圏下層から放射された水蒸気吸収帯という赤外線は水蒸気に吸収されやすいために、その対流圏中・上層の水蒸気に吸収されて衛星は観測することができません。

その場合、対流圏中・上層の水蒸気から放射される水蒸気吸収帯という赤外線を衛星は観測することになります。

※ジェット気流には亜熱帯ジェット気流（Js）と寒帯前線ジェット気流（Jp）の2種類があります。亜熱帯ジェット気流は赤道側で位置的・空間的に変動が小さく、寒帯前線ジェット気流は極側で位置的・空間的に変動が大きいことが特徴です。また赤道側にある亜熱帯ジェット気流のほうが高い位置にあります。

対流圏中・上層の温度は低くそこにある水蒸気からの放射も弱いことになります。そのような場所を水蒸気画像では明るく写し、それを明域といいます。 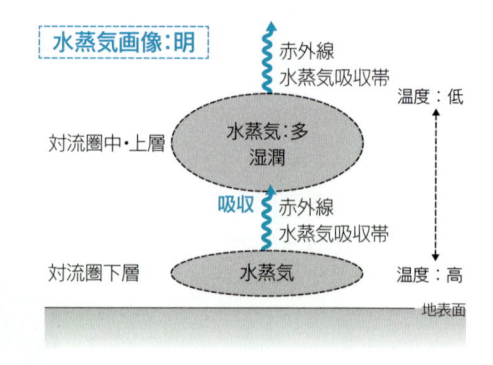
　このような理由から(b)の記述は広い意味で考える(問題文の対流圏上層を対流圏中・上層のどちらの層も含んだ意味として考える)と正しいことになるのです。しかし、詳しくは対流圏中・上層に水蒸気が少ないときが暗域の意味であり、対流圏上層に水蒸気が少ないときとしたこの記述は誤りと考えることもできます。そのような理由から(b)の記述は正誤のどちらでも正しいと解釈することができます。
　また水蒸気画像では対流圏中・上層での水蒸気量の多寡（たか）により、その画像の明るさの度合い（輝度（きど）※という）が決定するので、対流圏下層の水蒸気量の把握に適しているとした(c)の記述は誤りになります。

☀(d)の記述について

　水蒸気画像では水蒸気吸収帯という水蒸気に特によく吸収されやすい波長帯を用いています。そのため水蒸気が非常に多い領域では確かに水蒸気に吸収されてその放射量は弱くなりますが、衛星が観測する放射量がほとんど0になることはありません。したがって(d)の記述は誤りになります。 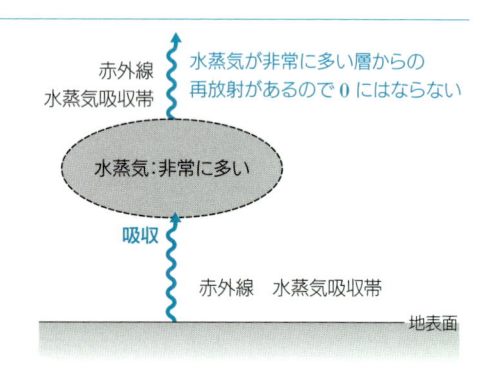
　以上のことから(a)正、(b)正または誤、(c)誤、(d)誤とした①または③の解答の組み合わせが正しいことになります。

※輝度とは画像の明るさを表す言葉で、輝度が高い（大きい）部分は明るく、輝度が低い（小さい）部分は暗い部分を指しています。輝度温度とは意味合いが異なりますので注意が必要です。輝度温度が低い部分は放射が弱く赤外画像は明るい、輝度温度が高い部分は放射が強く赤外画像は暗い場所になります。

ポイント6 気象衛星観測

4 雲パターン

問題 平成24年度 第1回 通算第38回再試験　専門知識 問4
難度：★★★☆☆

　下図は、沖縄の南海上でテーパリングクラウドが発生した日の15時（06UTC）の赤外画像と可視画像である。このテーパリングクラウドの特徴等について述べた次の文(a)～(d)の下線部の正誤の組み合わせとして正しいものを、下記の①～⑤の中から一つ選べ。

　なお、このとき、着目している雲域付近では、大気の下層から中層にかけては西南西から東北東に向かう湿潤な流れとなっていた。

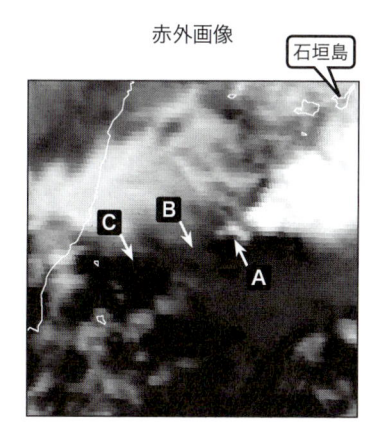

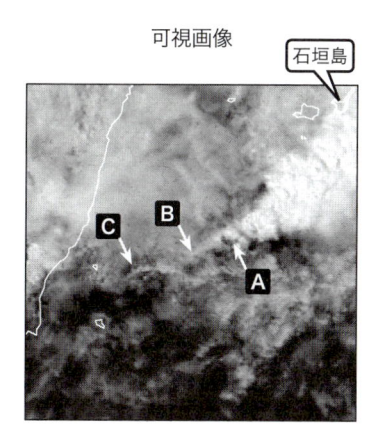

赤外画像　　　　　　　　　　　　可視画像

(a) 矢印Aの先端付近には積乱雲が存在し、この部分はしばしば豪雨や竜巻、突風など激しい現象が発生する場所である。
(b) 矢印Bの先端から矢印Cの先端にかけての雲域は上層雲と判断される。
(c) テーパリングクラウドが衛星画像上でにんじん状の形状を呈するのは、構成する個々の積乱雲が発達して雲域を広げながら風下側に移動するからである。
(d) テーパリングクラウドの先端部分において下層から中層にかけての風

上側に次々と新しい雲が発生・発達するため、しばしばテーパリングクラウドは停滞しているように見える。

	(a)	(b)	(c)	(d)
①	正	正	誤	正
②	正	誤	正	正
③	正	誤	誤	正
④	誤	正	正	誤
⑤	誤	誤	正	誤

☀ (a)の下線部について

　テーパリングクラウドとは主に発達した積乱雲で構成された雲のことで、風上側に向かってとがった三角形の形をしている雲のことをいいます。

　このテーパリングクラウドは積乱雲と、対流圏上層の風下側に流されて広がった、かなとこ雲※で構成されています。真上（衛星）から見ると「にんじん状」あるいは「毛筆状」とも表現されるように、風上側に向かってとがった三角形の形に雲域が見えることが大きな特徴です（上図参照）。そして風上側にとがっている部分は積乱雲の本体にあたりますので、特に短時間強雨や落雷、突風、降ひょうなどのシビアな（激しい）現象に注意が必要です。

●テーパリングクラウド
（上：衛星から見た図）
風下
風上
かなとこ雲
積乱雲本体

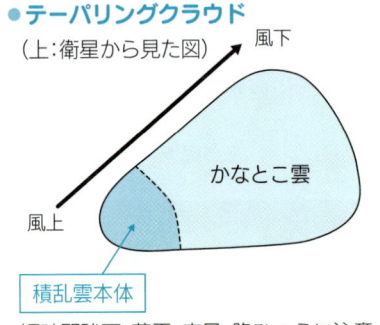

短時間強雨・落雷・突風・降ひょうに注意！

　このような理由から問題の図の矢印Aの先端付近は三角形の雲域が風上側にとがった部分にあたりますので、ここでは積乱雲が存在しており、しばしば豪雨や竜巻、突風などの激しい現象が発生する可能性があります。(a)の下線部は正しいことになります。

※かなとこ雲は十種雲形でいうと巻雲にあたるために、かなとこ巻雲ともいわれます。

雲パターン　6-4

☀ (b)の下線部について

　問題の図にある矢印Bの先端から矢印Cの先端にかけての雲域は、赤外画像ではほとんど写っていないことから雲頂高度が低く、可視画像では灰色〜明灰色に見えるのでやや厚みがある雲域と判断できます。また可視画像では雲域の表面に凹凸も見られることから積雲であると判断することができます。よって(b)の下線部は誤りになります。

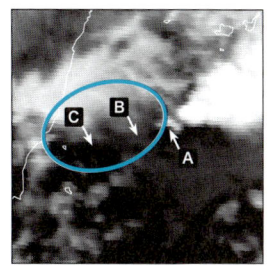

赤外画像では映っていない
➡ 雲頂高度が低い

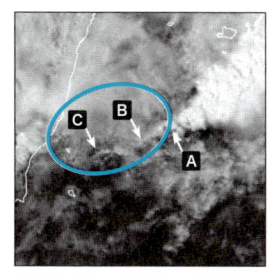

可視画像では灰色〜明灰色
➡ やや厚みのある雲

☀ (c)の下線部について

　このテーパリングクラウドを構成する積乱雲は対流圏中・上層の風に流されて風下側へ移動することもあり、その場にほぼ停滞しているように見えることもあります。
　場合によっては風上側に伸びる対流雲列上に発生することもあります。
　テーパリングクラウドがにんじん状の形状を呈しているのは、雲域を構成する個々の積乱雲が発達して雲域を広げながら風下側に移動するからです。したがって(c)の下線部は正しいことになります。

● テーパリングクラウドの移動のパターン

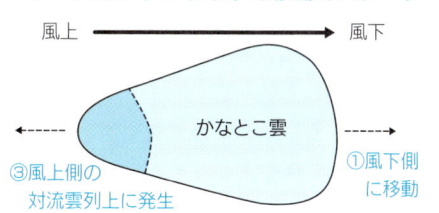

風上　　　　　　　　　　風下

かなとこ雲

③風上側の対流雲列上に発生

①風下側に移動

②ほぼ停滞

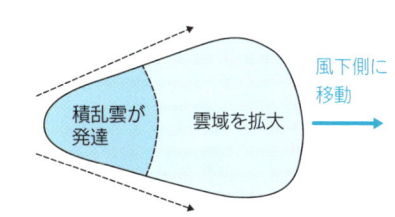

積乱雲が発達　　雲域を拡大

風下側に移動

雲域を広げながら風下側に移動

ポイント6　気象衛星観測

(d)の下線部について

　テーパリングクラウドが停滞しているように見える理由は、その先端部分において下層から中層にかけての風上側に次々と新しい雲が発生して発達していくために、雲域を構成する個々の積乱雲が発達して風下側に移動しても全体としては停滞しているように見えるからです。よって(d)の下線部は正しいことになります。

　一般的にテーパリングクラウドの継続時間は10時間未満といわれています。

　以上のことをまとめると(a)正、(b)誤、(c)正、(d)正となり、②の解答の組み合わせが正しいことになります。

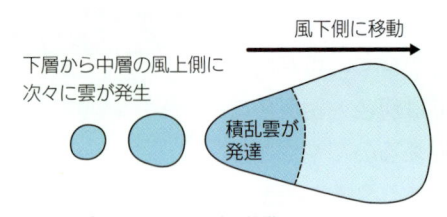

風下側に移動 →

下層から中層の風上側に
次々に雲が発生

積乱雲が発達

積乱雲が発達して風下側に移動しても
風上側で新しい雲が発生するために停滞して見える

雲パターン 6-4

問題　平成24年度 第1回 通算第38回試験　専門知識 問4
難度：★★★☆☆

　図(a)〜(d)は、温帯低気圧が発生してから消滅するまでのある期間に得られた12時間間隔の気象衛星赤外画像である。これらの画像を観測した順序として最も適切なものを、下記の①〜⑤の中から一つ選べ。
　なお、各衛星画像の表示範囲はじょう乱を対象として設定しており、その地理的位置は同一ではない。

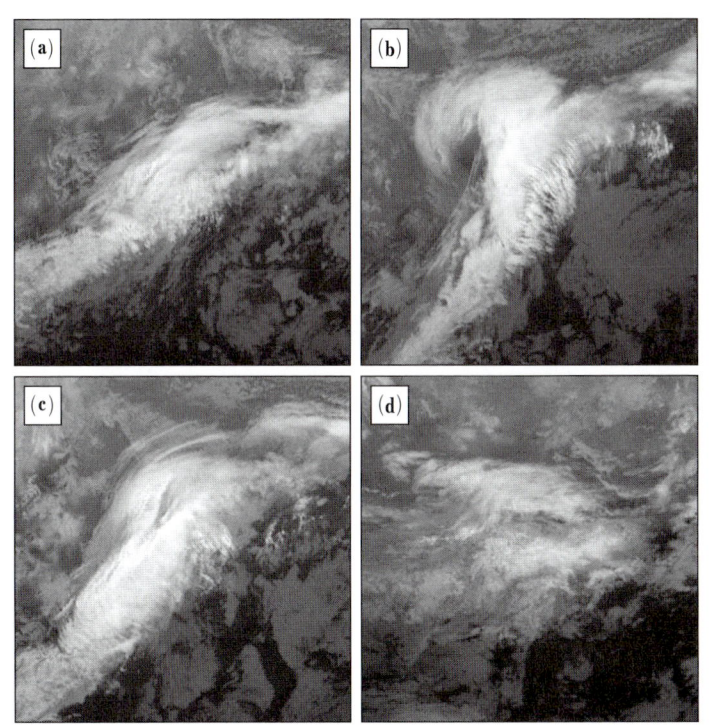

※各図の1辺の長さは2500〜3000kmで、方角は概ね北が上

① (a) ➡ (c) ➡ (b) ➡ (d)
② (a) ➡ (d) ➡ (c) ➡ (b)
③ (c) ➡ (b) ➡ (a) ➡ (d)
④ (d) ➡ (a) ➡ (c) ➡ (b)
⑤ (d) ➡ (c) ➡ (a) ➡ (b)

この問題は温帯低気圧の発達過程において表れる雲域の特徴を知っていれば解ける問題です。

温帯低気圧は主に4つの段階でその発達過程を説明でき、順に「発生期」「発達期」「最盛期（閉塞期）」「衰弱期」があります。

● **温帯低気圧のライフサイクル**

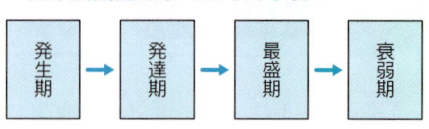

発生期 → 発達期 → 最盛期 → 衰弱期

発生期にはクラウドリーフ（木の葉状パターン）という木の葉のような形をした特徴的な雲域が見られます。発達期は、詳しくみると発達前期と発達後期で特徴的な雲域が変わります。発達前期は雲域が大きく北側（極側）へ膨らみ、その北縁が上空の風の流れ（強風軸）を考えると高気圧性曲率（北半球では時計回り）を増していることが大きな特徴です。この部分をバルジといいます。

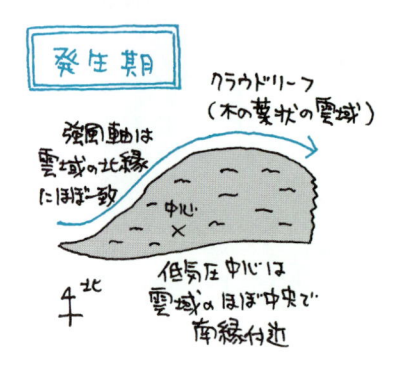

発達後期になるとバルジはさらに明瞭になり、雲域全体が南北方向に広がるようになってきます。そして上空の風の流れを考えると低気圧性循環（北半球では反時計回り）から高気圧性循環に変わる部分が出てきます。この部分をフックといいます。

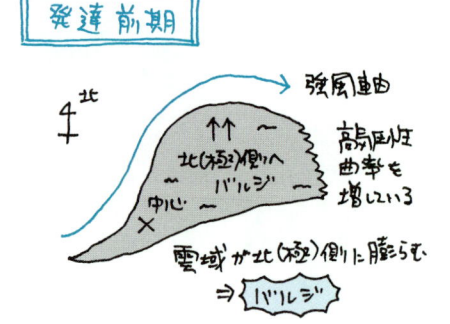

雲パターン　6-4

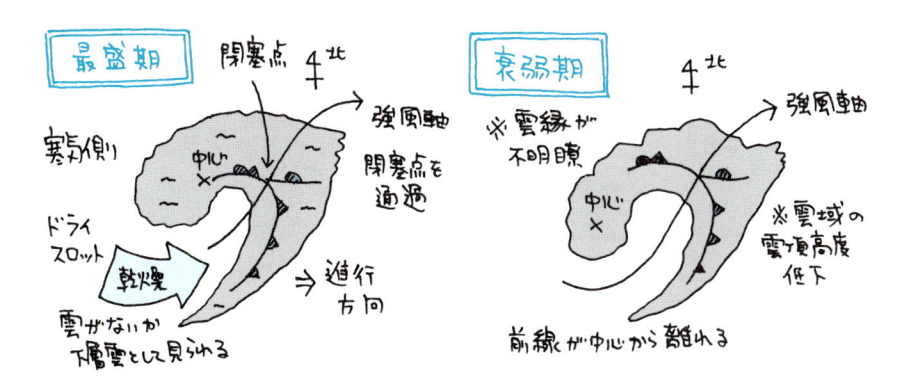

[図：最盛期と衰弱期の低気圧の雲パターン模式図。最盛期には「閉塞点」「強風軸」「寒気側」「ドライスロット」「乾燥」「雲がないか下層雲として見られる」「中心」「進行方向」「閉塞点を通過」などの書き込み。衰弱期には「雲縁が不明瞭」「中心」「強風軸」「雲域の雲頂高度低下」「前線が中心から離れる」などの書き込み。]

　最盛期※には低気圧の中心に向かって、寒冷で乾燥した空気が低気圧の進行方向後面から流れ込んでくるようになります。その部分はちょうど雲がないか下層雲として衛星からは見られ、この部分を特にドライスロットといいます。
　最後に衰弱期です。この時期には雲域全体の雲頂高度が低下し、雲域の縁も不明瞭になってくることが特徴です。

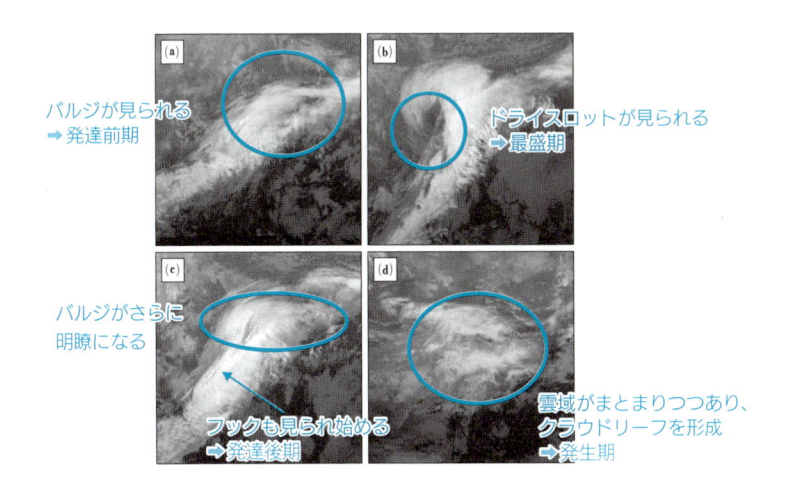

[衛星画像4枚 (a)(b)(c)(d)]

(a) バルジが見られる
　→発達前期

(b) ドライスロットが見られる
　→最盛期

(c) バルジがさらに明瞭になる
　フックも見られ始める
　→発達後期

(d) 雲域がまとまりつつあり、クラウドリーフを形成
　→発生期

　以上のことを踏まえて、温帯低気圧が発生してから消滅するまでの流れを衛星で観測した順に並べたものは、(d)→(a)→(c)→(b)の④の解答の組み合わせが正しいことになります（詳しくは上図を参照）。

※一般的に中心気圧を低下させている低気圧のことを発達中の低気圧といい、中心気圧が最も低下した状態のことを最盛期といいます。

ポイント6　気象衛星観測

ポイント 7

気象レーダー観測

このポイント7では気象レーダー観測について
お話しをしていきます。
気象レーダーは降水の強さや分布を
観測することができる測器です。
その他にも風を観測することのできる気象ドップラーレーダーや
ウィンドプロファイラについてもお話しします。

気象レーダー観測について

気象レーダーの画像はよくテレビの天気予報などにも使用されますので、ご存知の方も多いと思います。

気象レーダーについて、次の4つの節に分けて、それぞれに関係する問題を解きながら理解を進めていきたいと思います。

ポイント6の晴雲君とは双子の兄弟 性格は真逆だけど

ポイント7はよろしくポタ

ザー　雨雲君

① 気象レーダーの仕組み

気象レーダーはとても便利なもので、遠くの降水の強さや分布を把握することができます。

その仕組みは気象レーダーから電波を飛ばし、その電波が降水にあたり跳ね返ってきた強さから降水の強さを求め、その時間から降水域までの距離を求めて降水の分布を把握することができます。

ただし、気象レーダーによる観測は確かに実況ではありますが、あくまで降水から跳ね返ってきた電波によって求めた強さや分布の推定であることを常に意識しておかなくてはなりません。

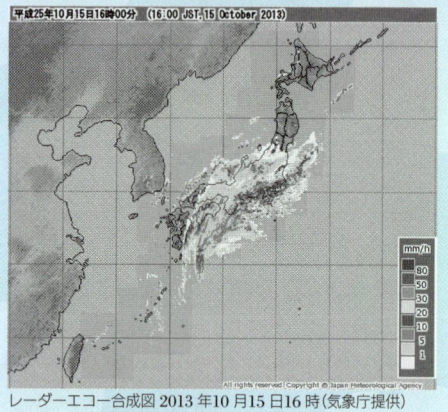

レーダーエコー合成図 2013年10月15日16時（気象庁提供）

② 気象レーダーの誤差

先ほどもお伝えしたように気象レーダーは推定であるため、様々な誤差が生じます。どのような誤差があるかについて気象予報士は知っておかなくてはならないので、試験でもよく出題されます。

③ 気象ドップラーレーダー

気象ドップラーレーダーとは通常の気象レーダーの機能（降水の強さや分布

を観測できる機能）に加え、さらに風（風向・風速）を観測できることが大きな特徴です。その仕組みはドップラー効果を用いており、ドップラー効果とは物体の速度に応じて周波数（1秒間あたりに電波：電磁波が波打つ回数）が変化して観測されることです。

　例えば右図のように降水粒子が気象ドップラーレーダーに接近している場合、気象ドップラーレーダーから電波を発射すると、この電波の周波数が高く（つまり電波の波打つ回数が多く）なって返ってきます。

　つまり気象ドップラーレーダーの電波の周波数が高くなって返ってくるということは、降水粒子が気象ドップラーレーダーの方向に接近していることを表しています。そして降水粒子が気象ドップラーレーダーの方向に接近しているということは、その場所で吹いている風も気象ドップラーレーダーの方向に向かって吹いており、降水粒子の移動速度と同じ速度で風も吹いていることがわかります。また降水粒子が気象ドップラーレーダーから離れていっている場合※は上記の逆になります。

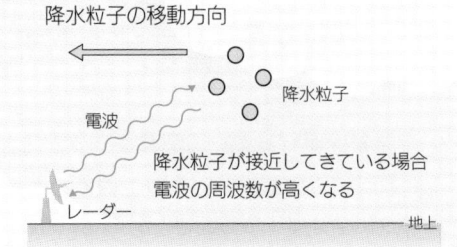

④ ウィンドプロファイラ

　ウィンドプロファイラは風を観測するレーダーです。地上から上空に向けて電波を発射し、気温差や湿度差（水蒸気量の差）などにより生じる反射率の乱れ（これを大気屈折率の乱れという）などを理由にはね返ってくる電波を受信することにより、上空の風を観測します。

※降水粒子が気象ドップラーレーダーから離れている場合、周波数は低く変化して降水粒子は気象ドップラーレーダーから離れていく方向に進むことになります。つまりその場所で吹いている風も、気象ドップラーレーダーから離れていく方向に降水粒子と同じ速度で吹いていることになります。

ポイント7 気象レーダー観測

1 気象レーダーの仕組み

問題
平成20年度 第2回 通算第31回試験　専門知識 問3
難度：★★★☆☆

　気象庁が行っている気象レーダーとドップラー気象レーダーによる観測に関する次の文(a)～(d)の下線部の正誤について、下記の①～⑤の中から正しいものを一つ選べ。

(a) 気象レーダーとドップラー気象レーダーのいずれも、水平に発射された電波はほぼ直進するが地表面が曲率をもっているため、<u>観測点からの距離が長くなるにつれて低い高度のエコーを観測できなくなる。</u>

(b) ドップラー気象レーダーは、降水粒子から散乱されて戻ってきた電波の周波数のずれを測ることにより降水粒子の移動を観測しており、<u>レーダービームの方向に対して垂直な成分の速度が得られている。</u>

(c) ドップラー気象レーダーは、<u>気象レーダーで観測できない小さな雲粒の動きを捉えてダウンバーストやウィンドシアを検出することができる。</u>

(d) 気象レーダーとドップラー気象レーダーのいずれも、<u>エコー強度を測定しZ-R関係と呼ばれる統計的に導かれた関係をもとに降水強度を推定している。</u>

① (a)と(b)が正しい　② (a)と(c)が正しい　③ (a)と(d)が正しい
④ (b)と(c)が正しい　⑤ (c)と(d)が正しい

☀ (a)の下線部について

　気象レーダーも気象ドップラーレーダーも電波（電磁波）を水平に発射し、大気中をほぼ直進して進むものです。

　ただし電波はどれだけ直進しても地球は球形（地表面が曲率を持っている状態）であるため、大気中を進む距離が長くなればなるほど地表面から離れた部分（高度の高い部分）を進むようになります（次ページ上図参照）。

そのため気象レーダーも気象ドップラーレーダーも、観測点からの距離が長くなればなるほど電波は高度の高い部分を進むことになり、低い高度のエコー（簡単にいうと降水域のこと）を観測することができなくなります。このことから(a)の下線部は正しいことになります。

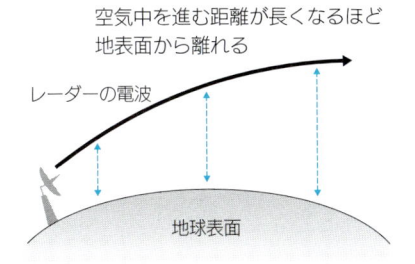

(b)の下線部について

気象ドップラーレーダーは降水粒子から散乱されて戻ってきた電波の周波数のずれ（周波数が高く変化→降水粒子はレーダーに近づく方向　周波数が低く変化→降水粒子はレーダーから離れる方向）を測ることで降水粒子の移動を観測し、そこから風のデータを得ています。

気象ドップラーレーダーは、動径速度※を観測していることが大きな特徴です。

動径速度とはレーダービームに水平な方向の速度成分のことです。下図のように降水粒子の実際の動きを表した矢印を、レーダービームに水平な方向と垂直な方向の2つに分けた速度成分のうち、レーダービームに水平な方向の速度成分を動径速度といいます。また、もう1つの速度成分を接線速度といいます。

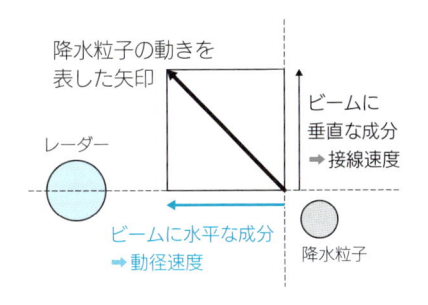

気象ドップラーレーダーが観測している速度は動径速度であり、レーダービームの方向に対して水平な成分の速度が得られるため、レーダービームの方向に対して垂直な成分（接線速度のこと）の速度が得られるとした(b)の下線部は誤りになります。

(c)の下線部について

気象レーダーも気象ドップラーレーダーも雲粒のような小さな水や氷の粒は観測することができません。観測できるのは、降水粒子のようにある程度の

※動径速度のことを気象ドップラーレーダーの方向に沿った成分と表記されることもあります。

大きさまで成長した水や氷の粒（要は雨や雪のこと）です。

このことから気象ドップラーレーダーは気象レーダーで観測できない小さな雲粒の動きを捉えることはできないので、(c)の下線部は誤りになります。

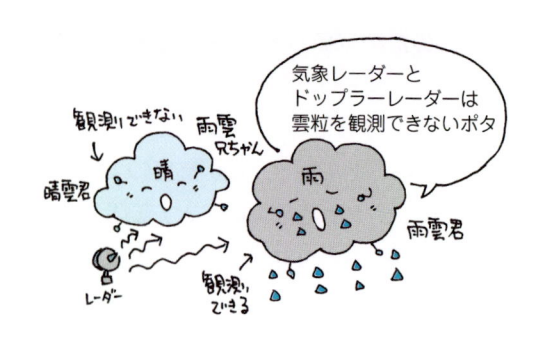

☀ (d)の下線部について

気象レーダーと気象ドップラーレーダー（通常の気象レーダーの機能も付加されている）※1 はどちらも降水強度や降水分布を観測することができます。

降水強度とはその字の通り降水の強さのことで、それを求めるには、まずは平均受信電力（$\overline{Pr}$）を求めます。

平均受信電力とは、レーダーから電波を発射して降水にあたりはね返ってきた電波の強さ（単にエコーともいう）のことです。

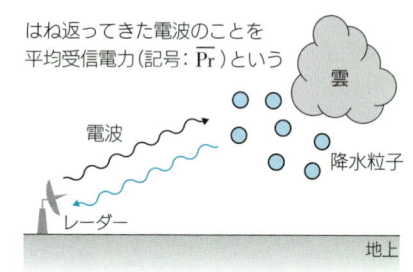

その平均受信電力から気象レーダー方程式を用いて、レーダー反射因子（ZまたはΣD^6）※2 を求めます。レーダー反射因子とはある一定の空間に含まれている降水粒子の合計のようなものです。

このレーダー反射因子からZ-R関係式という統計式を用いて降水強度（R）を求めていることから、(d)の下線部は正しい記述になります。

以上のことから、(a)正、(b)誤、(c)誤、(d)正となり、(a)と(d)が正しいとした③の解答が正しいことになります。

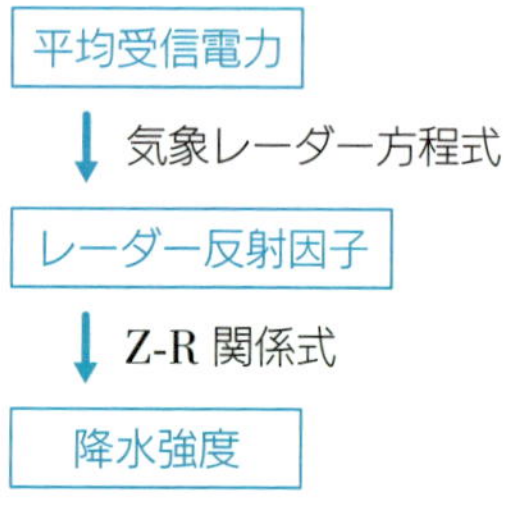

※1 2014年現在、気象庁が管理している20台のレーダーはすべて気象ドップラーレーダー化しています。
※2 レーダー反射因子とは、詳しくは単位体積中（$1m^3$中）に含まれている降水粒子の直径を6乗して合計したものです。

ポイント7 気象レーダー観測

2 気象レーダーの誤差

問題
平成22年度 第2回 通算第35回試験 専門知識 問3
難度：★★☆☆☆

　気象レーダーによる降水強度の観測において、観測誤差の発生原因となる事項について述べた次の文(a)〜(d)の正誤について、下記の①〜⑤の中から正しいものを一つ選べ。

(a) 山岳等による地形エコーは降水エコーとの性質の違いを利用して除去しているが、気象条件等によっては除去できないことがある。
(b) レーダーで降水エコーが観測されていても、降水粒子が蒸発して地上まで到達せず、直下の地上では降水が観測されないことがある。
(c) 風の強い日に、海上でやや強いエコーが観測されることがあるが、これは波浪によるエコーの可能性がある。
(d) 落下中の雪片が周囲の気温の上昇によって融解し始めると、融解前よりも電波の散乱が弱くなり、降水強度が弱く観測される。

① (a)のみ誤り　　② (b)のみ誤り　　③ (c)のみ誤り
④ (d)のみ誤り　　⑤ すべて正しい

(a)の記述について

　気象レーダーは遠くの降水域の強度や分布を観測できてとても便利なのですが、電波が山にあたればその影響を受けます。

　簡単にいうとレーダーから見て山の反対側の降水域は、その山に邪魔されて観測することができません。これは容易にイメージできるはずです。

　しかし気象レーダーから発射さ

山などの地形からも電波ははね返ってくる
→ 地形エコー（※除去は可能）

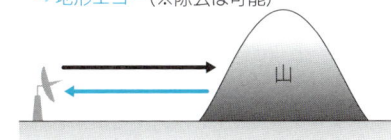

れた電波を山などが反射して、その反射された電波を気象レーダーがキャッチするとそれを降水域と判断して誤差となります。この誤差を地形エコーといいます。

　ただし山などは基本的には場所が変わりませんから、そこに山などがあると初めからわかっていればこの地形エコーは除去することができます。しかし、気象条件などによっては除去できないこともあり、(a)の記述は正しいことになります。

☀ (b)の記述について

　P.172〜173でもお話ししたように地球は球形ですから、気象レーダーのビームは距離とともに高度の高い部分を観測するようになります。

　高度の高い部分を観測するということは、地上付近を観測できないということです。そのため気象レーダービームが通過している高度の高い部分では降水が観測されていても、地上に落下する間にその降水が蒸発して地上では降水が観測されないこともあります。このことから(b)の記述は正しいことになります。

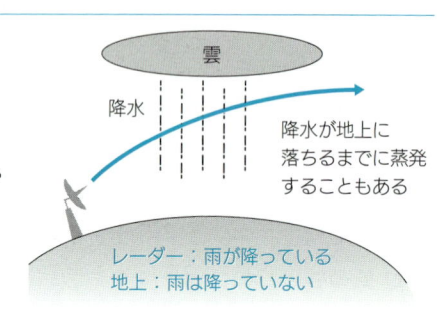

雲
降水
降水が地上に落ちるまでに蒸発することもある
レーダー：雨が降っている
地上：雨は降っていない

☀ (c)の記述について

　風が強く海が荒れているような場合は、その海面からしぶきが飛んでいる光景をよく見かけることがありますよね。

　しぶきが飛んでいる状況の中を気象レーダーの電波が通過すると、そのしぶきにより気象レーダーの電波が反射されて誤差につながることがあります。このような誤差を海面エコー（またはシークラッター）といいます。

　このことから「風の強い日に、海上でやや強いエコーが観測されることがあるが、これは波浪によるエコーの可能性がある」とする(c)の記述は正しいこと

波やしぶきからも電波ははね返される
➡ 海面エコーまたはシークラッター（※除去できない）
波のしぶき
波

になります。

なお海面エコーはいつどこで起きるかわからないため、気象レーダーでは除去することができません。

☀ (d)の記述について

日本の降水のほとんどは冷たい雨です。冷たい雨とは、上空では仮に雪（つまり気温は0℃以下）であっても、その雪が落下している最中に溶けて雨となり、地上に落下するような雨のことです。逆に上空から地上まで雨のままで落下し、一度も雪にならない雨のことを暖かい雨といいます。（※冷たい雨と暖かい雨についてはポイント2「降水過程」を復習しておいてください。）

このような冷たい雨の場合は途中で溶けて雨になる場所があり、単純に考えて気温が0℃になる高さで雪は溶けて雨に変化します。この高さのことを融雪層（または0℃層）と呼び、融雪層に気象レーダーの電波があたると、より強く反射されて、降水強度が強く観測されてしまうことがあります。このような誤差をブライトバンドといいます。またこのブライトバンドは対流性の降雨ではなく、層状性の降雨で起きる誤差であることも知っていてください。

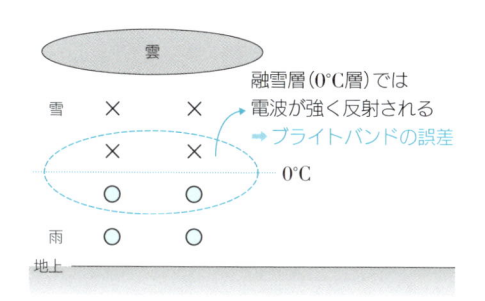

このことから落下中の雪片が周囲の気温の上昇によって融解し始めると、融解前よりも電波の散乱が弱くなり、降水強度が弱く観測されるとした、(d)の記述は誤りになります。

以上のことをまとめると(a)正、(b)正、(c)正、(d)誤となり、(d)のみ誤りとした④がこの問題の正しい解答になります。

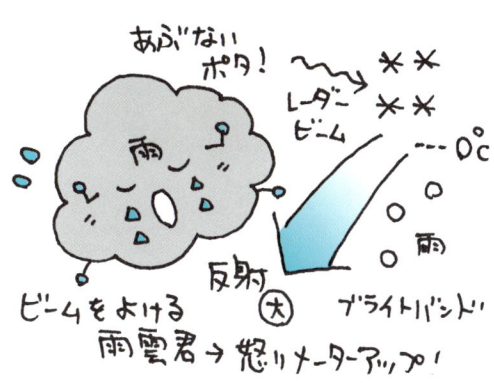

ポイント7 気象レーダー観測

3 気象ドップラーレーダー

問題　平成22年度 第1回 通算第34回試験　専門知識 問3
難度：★★★★☆

　図は気象庁の気象ドップラーレーダーで得られた風の動径方向の成分の画像である。これに関して述べた次の文(a)〜(c)の下線部の正誤の組み合わせとして正しいものを、下記の①〜⑤の中から一つ選べ。なお、円の半径は150kmであり、レーダーの電波は水平よりも1°上向きに発射されている。

(a) レーダーの北側に位置するアの領域では北よりの風が吹いている。
(b) アの領域よりもレーダーから遠いイの領域ではアの領域とはおよそ反対方向の風が吹いている。レーダーの北側で水平方向に一様な風が吹いていると仮定すれば、二つの領域を含むレーダーの北側には風の鉛直シアーがある。
(c) 狭い範囲で色が急激に変化しているウの領域では風向が大きく変化している。

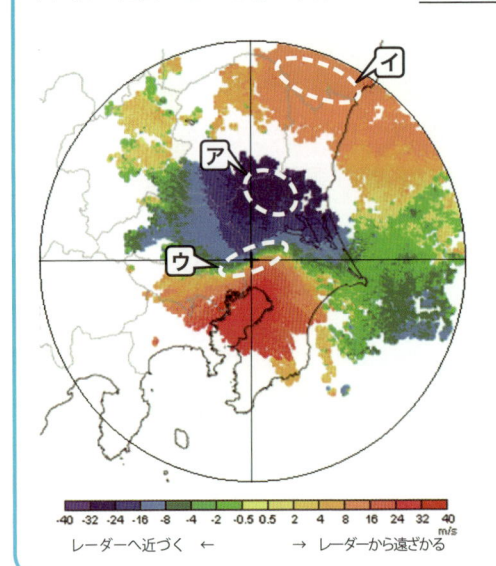

	(a)	(b)	(c)
①	正	正	誤
②	正	誤	正
③	正	誤	誤
④	誤	正	正
⑤	誤	正	誤

-40 -32 -24 -16 -8 -4 -2 -0.5 0.5 2 4 8 16 24 32 40 m/s
レーダーへ近づく ←　　→ レーダーから遠ざかる

気象ドップラーレーダー　7-3

ⓐの下線部について

まずこの図には、ドップラーレーダーで得られた風の動径速度が描かれています。凡例図（右図参照）より、寒色系の色はレーダーに近づく方向、暖色系の色はレーダーから遠ざかる方向に吹くことを意味しています（※このように風の動径速度の向きが色で表されることもありますが、符号で表されることもあり、正の値は遠ざかる方向、負の値は近づく方向に吹くことを表しています。また数値はその動径速度の強さを表しています）。

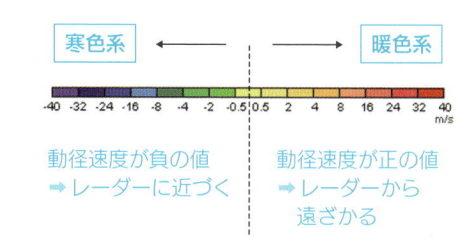

そのように考えると、アの領域では青色が卓越し、レーダー（この図では円の中心：縦と横の実線が交わる地点に位置している）の方向に近づくように風の動径速度が吹いていることになります。この図の上が北ですから、その北の方角からおおむね風が吹いていることになります。

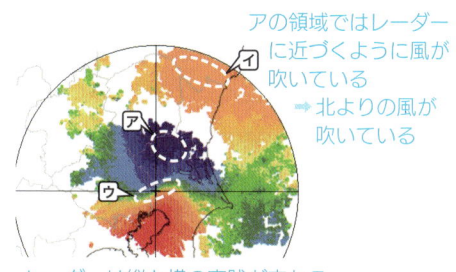

このことからレーダーの北側に位置するアの領域では北よりの風（北の方角からおおむね風が吹いていることを表している）が吹いていることになり、ⓐの下線部は正しいことになります。

ⓑの下線部について

イの領域ではオレンジの色が卓越しており、風の動径速度はレーダーの方向から離れるように吹いていることになり、南よりの風が吹いていることになります。

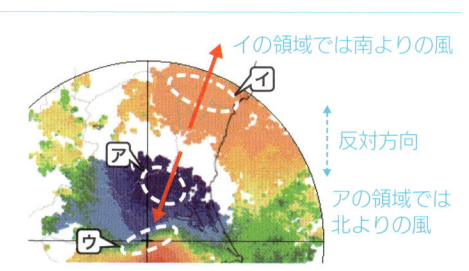

アの領域で上記の通り、北より

の風が吹いているのでアの領域（北よりの風）とイの領域（南よりの風）ではおよそ反対方向の風が吹いていることになります。

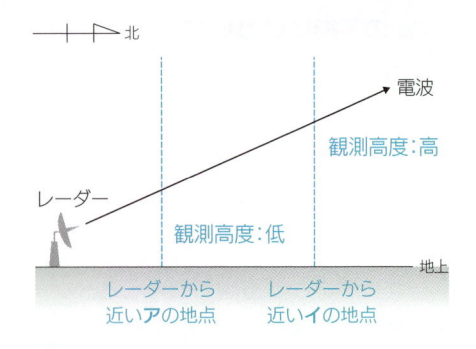

また問題文よりレーダーの電波は水平よりも1°上向きに発射されているということから、レーダーからの距離が長くなればなるほど高い地点をレーダーの電波が通ることになります。

そのように考えると、アの領域のほうがレーダーからの距離が近くて低い地点をレーダーの電波が通り、イの領域のほうがレーダーからの距離が遠くて高い地点をレーダーの電波は通ることになります（上図参照）。

つまりアの領域とイの領域は観測している高さが異なり、問題の図ではその高さまではわかりにくいですが、実際はアの領域のほうが低い地点を観測し、イの領域のほうが高い位置を観測していることになります。

アの領域では風の動径速度より北よりの風、イの領域では風の動径速度より南よりの風、レーダーの北側では低い地点では北よりの風、高い地点では南よりの風が吹いていることになります。したがって、風の鉛直シア（縦方向に見た風速や風向の違い）があることになります。つまり(b)の下線部は正しいことになります。

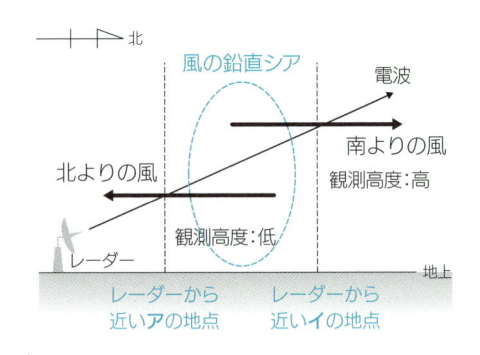

☀ (c)の下線部について

ウの領域では狭い範囲で風の動径速度を表す色が急激に変化していることから、一見すると風向が大きく変化しているように思います。しかし結論から先にいうと、これはレーダーを挟んで風向が変化していないのでこのようなことが起きます。

気象ドップラーレーダー　7-3

　ウの領域の真中（縦と横の実線が交わる地点）にはレーダーがあり、レーダーのすぐ北側では青色～緑色で、レーダーの方向に近づくように風の動径速度が吹いています。またすぐ南側ではオレンジ色が卓越していることから、レーダーから遠ざかるように風の動径速度が吹いていることがわかります。レーダーのすぐ北側で風が近づくように吹き、逆にレーダーのすぐ南側で風が遠ざかるように吹くということは、ウの領域では風は北よりから南よりの方角に吹いていることが把握でき、その風向は一定であることがわかります。

　ウの領域の真中にちょうどレーダーがあり、さらに風向が一定であればレーダーに近づく方向とレーダーから遠ざかる方向ができることになるためにこのようなことが起きます。

　風の動径速度を表す色が急激に変化するからといって、風向が大きく変化するわけではないので、レーダーの位置によく注意をしてこのような問題は取り組む必要があります。そのようなことから(c)の下線部は誤りになります。

　以上のことをまとめると(a)正、(b)正、(c)誤となり、①の解答が正しいことになります。

ポイント7　気象レーダー観測

ポイント7 気象レーダー観測

4 ウィンドプロファイラ

問題 平成22年度 第1回 通算第34回試験 専門知識 問2
難度：★★★★☆

　図は気象庁のウィンドプロファイラで観測されたある日の高層風時系列図である。この図に関する次の文(a)～(d)の下線部の正誤について、下記の①～⑤の中から正しいものを一つ選べ。

(a) 横軸は、左に向かって時刻が進むように設定している。このように表示することで、擾乱の構造が変化せずに西から東に進むときには、それを南側から見た断面図として把握することができる。

(b) 13時40分以降はそれまでと比べて観測高度の上限が低下し、概ね3.5km以上の高度では風が観測されなくなった。これは、この層の空気が乾燥し、大気の乱れによって散乱される電波が弱くなったためと判断できる。

(c) 高度3km以下の層では、7時20分から10時30分にかけて、最大で7～8m/sの下向きの鉛直速度が観測されている。この鉛直速度は、大気の鉛直速度ではなく降水粒子の落下速度に対応する。

(d) 高度3km以下の層では、初めは南西の風が吹いていたが、8時30分頃に地表付近に北よりの風が入り始め、9時30分頃にかけて次第にその層が厚くなった。観測地点付近を寒冷前線が通過するときには、このような変化がよく見られる。

① (a)のみ誤り
② (b)のみ誤り
③ (c)のみ誤り
④ (d)のみ誤り
⑤ すべて正しい

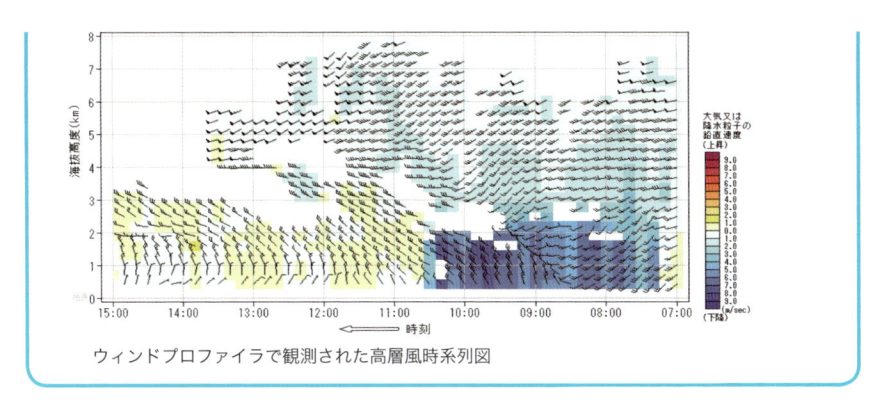

ウィンドプロファイラ　7-4

ウィンドプロファイラで観測された高層風時系列図

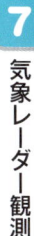

☀ (a)の下線部について

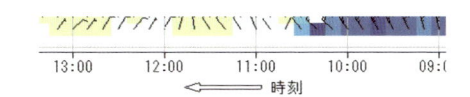

　私たちの感覚として時刻が左から右に向かって進むように設定されていることが多いですが、ウィンドプロファイラの図は一般的に右から左に向かって時刻が進むように設定されています※。

注意：ウィンドプロファイラの図は一般的に右から左に向かって時刻が進むように設定されている

①発達期の温帯低気圧

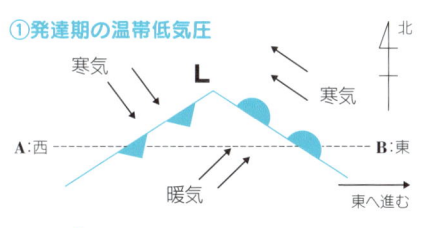

　これにはもちろん理由があり、先に結論をいうと擾乱の構造が変化せずに西から東に進むときには、それを南側から見た断面図として把握するようにするためです。

　例えば右図の①のように発達期の温帯低気圧（温暖前線と寒冷前線を伴っている）を上から見た図（天気図を見ているイメージ）があるとします。また基本的にこのような擾乱は偏西風の流れに乗り西から東の方角に進むものです。

　そして①の図のA～Bと示し

A～Bを横から見た図を書くと…

②発達期の温帯低気圧の断面図

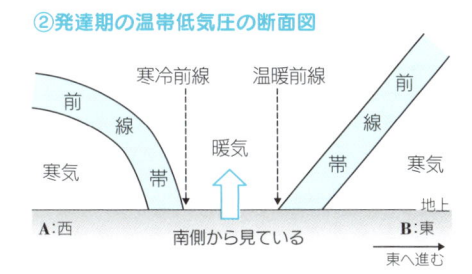

※気象庁のホームページに描かれているウィンドプロファイラの図のように、時刻の流れが左から右へ流れるように設定しているものはあります。

た破線の部分の断面図を描くと前ページの図の②のようになります。

　Aの方角が西でありBの方角が東であるため、この②の断面図は南側から北側に見た断面図であることがわかります。また擾乱は西から東の方向へ進むため、この温帯低気圧の断面図を描いた②の図に関しても西側に位置するAの方向から東側に位置するBの方向へ進むことになります。

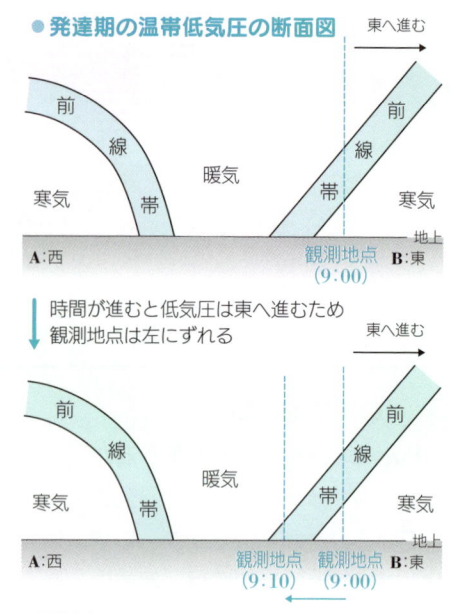

　つまり前ページの②の断面図において時刻が進むごとに温帯低気圧のような擾乱は西から東へ進むため、右図のように縦（鉛直）方向に気象要素を観測する場合、その観測地点は時間（例：9:00と9:10に観測）とともに右から左にずれていくはずです。

　そのような理由から構造が変化しない擾乱において、その断面図を南側から北側へ見た断面図としてウィンドプロファイラで把握できるように、時刻が右から左に向かって進むようにあえて設定されています。ここから(a)の下線部は正しいことになります。

☀ (b)の下線部について

　13時40分以降は観測高度の上限が低下し、おおむね3.5km以上の高度で風が観測されていないことがわかります。しかしこれは風が実際に吹いていないわけではありません。

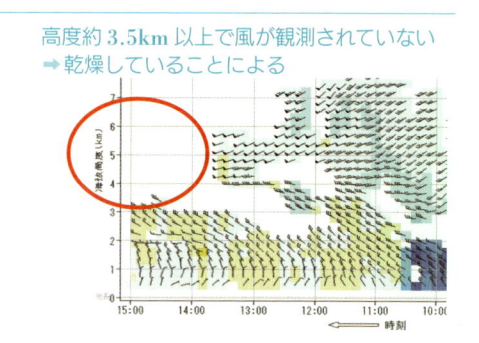

7-4 ウィンドプロファイラ

　ウィンドプロファイラは気温差や湿度差（水蒸気量の差）などにより生じる反射率の乱れ（大気屈折率の乱れ）などを理由にはね返ってくる電波を受信することにより上空の風を観測※しており、そのときの大気の状態などによって観測できる範囲は異なります。

　一般的に空気中に含まれる水蒸気量が多い（湿潤）ほど大気の乱れによる電波の散乱が大きく、約5kmの高さまで観測することができ、水蒸気が少ない場合（乾燥）は観測できる高度はそれよりも低くなります。

　また降水がある場合は降水粒子の動きから上空の風を観測することになります。これは降水粒子からの散乱のほうが大きいためであり、観測できる高度も高くなり、約5km以上の高さ（約7〜9kmまで）まで観測することができるようになります。

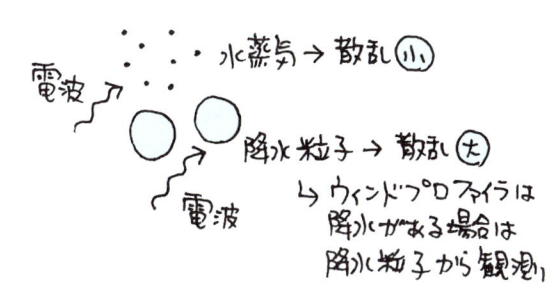

　このことから13時40分以降（前ページの下図参照）にそれまでと比べて観測高度の上限が低くなったということは、空気中の水蒸気量が減少し、つまり乾燥したからであり、大気の乱れにより散乱される電波が弱くなったためと判断できます。したがって(b)の下線部は正しいことになります。

(c)の下線部について

　前述の通り、ウィンドプロファイラは降水粒子があるとその動きから上空の風を観測しています。

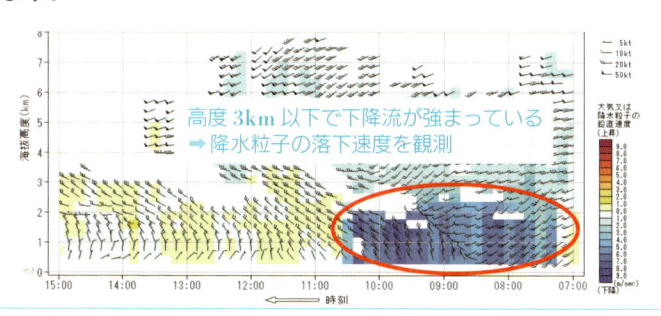

※ウィンドプロファイラはドップラー効果（物体の速度に応じて周波数が変化して観測されること）を利用しています。

詳しくいうと、上空の水平風と鉛直流を観測しています。降水粒子は風とほぼ同じ速度で水平方向に移動しますので、水平風については特に問題はないのですが、鉛直流に関しては降水粒子の落下速度を観測することになります。

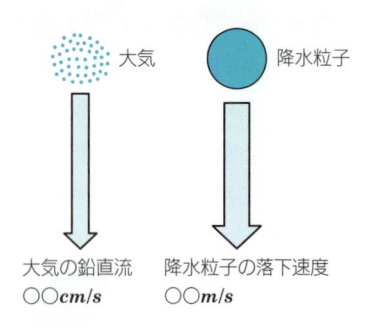

　実際の大気の鉛直流（ここでは下降流のことを指している）と降水粒子の落下速度は異なることに注意が必要であり、一般的に降水粒子の落下速度のほうが大きいと考えることができます。

　つまり問題図（前ページ下の図参照）で高度3km以下の層で7時20分から10時30分にかけて青色（図では下降流を表している）が卓越し、最大で7〜8m/sと落下速度が強まっているのは降水が理由であり、その降水粒子の落下速度とここでは判断することができます。このことから(c)の下線部は正しいことになります。

(d)の下線部について

　温帯低気圧に伴う寒冷前線が通過する場合、通過前は南西風であり、通過後は北よりの風に変化することが一般的です。

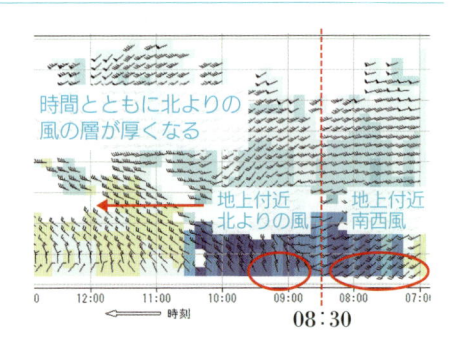

　問題図（右図参照）を見ると8時30分頃を境にしてその前の時刻は地表付近は南西風であり、その後の時刻は北よりの風と変化し、またその層が時間とともに次第に厚くなっていくことがわかります。これはこの観測地点を寒冷前線が通過したからと判断することができ、ここから(d)の下線部は正しいことになります。

　以上のことをまとめますと(a)正、(b)正、(c)正、(d)正となり、⑤のすべて正しいがこの問題の解答となります。

ポイント 8

数値予報と
ガイダンス

このポイント8では数値予報とガイダンスについて
お話しをしていきます。
数値予報というのはコンピュータによる天気予報のことで、
今の天気予報の根幹（大もと）といっても過言ではありません。

数値予報とガイダンスについて

　数値予報は「数値の予報」と漢字で書くように、その内容は、例えば気圧は1000hPa、気温は20℃など、すべて数値でその予報結果が表されます。数値を見ただけでは天気（晴れ・雨など）はわかりませんから、数値予報の結果から天気を予測する必要があります。その天気を予測する作業をガイダンス（天気の翻訳）といいます。

　数値予報とガイダンスについて次の5つの節に分けて、それぞれに関連する問題を解きながら理解を進めていきましょう。

① 数値予報モデルと静力学平衡・非静力学平衡

　数値予報モデルとはコンピューターのプログラムのことで、このプログラムを目的などに応じて変化させることで様々な天気予報を予測することができます。

　試験でよく出題される数値予報モデルには全球数値予報モデル（GSM）とメソ数値予報モデル（MSM）[1]があり、この2つのモデルは必須です。

　数値予報の中で静力学平衡（詳しくはポイント1を参照）と非静力学平衡について考えることはとても大切です。静力学平衡とは、上向きに働く鉛直方向（縦方向）の気圧傾度力[2]と下向きに働く重力が等しい状態にあり、空気は上にも下にも動かない状態のことで、空気の上下運動は無視できる

●静力学平衡とは

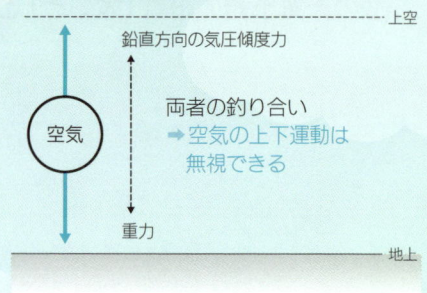

- 上空
- 鉛直方向の気圧傾度力
- 空気
- 両者の釣り合い
  → 空気の上下運動は無視できる
- 重力
- 地上

※1 全球数値予報モデルを全球モデル、メソ数値予報モデルをメソスケールモデルまたはメソモデルと呼ぶことがあります。

考え方のことです。逆に非静力学平衡とは無視できない考え方のことを指します。

② 客観解析

コンピューターは等間隔に並んだ格子点上の予測をすることができます。実際に観測された値をこの格子点上の値（GPV）に変換する作業のことを客観解析といいます。

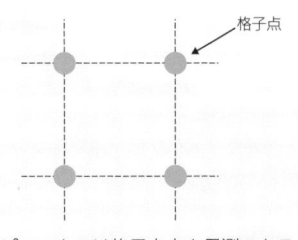

コンピューターは格子点上を予測できる

③ 数値予報プロダクト

数値予報のプロダクト（生産品）とは、数値予報により予測された上昇流や下降流（鉛直Ｐ速度）、降水量などの物理量、また数値予報により作成された天気図（応用プロダクトともいわれる）のことをいいます。

④ ガイダンスの種類

現在、気象庁が用いているガイダンスにはカルマンフィルター（KLM）とニューラルネットワーク（NRN）の2種類があります。どちらも統計的関係式を逐次変更させていくことができる学習機能が付加されていることが大きな特徴です。

⑤ 系統的誤差

系統的誤差（バイアス）とは数値予報のくせのようなもので、常に起きる誤差のことをいいます。主に数値予報の中で表現されている地形データの不十分さによって起きる誤差です。

※2 気圧傾度力とは気圧に差がある場合に働く力のことで、単に気圧傾度力という場合は水平方向（横方向）の気圧傾度力をいいます。また気圧傾度力は気圧の高いところから低いところに働きます。

1 数値予報モデルと静力学平衡・非静力学平衡

ポイント8 数値予報とガイダンス

問題 平成21年度 第1回 通算第32回試験 専門知識 問5
難度：★★★☆☆

　図は大気現象の時間スケール（寿命）と空間スケール（規模）および大気現象の予報に使われる気象庁の数値予報モデルとの関係をまとめたものである。この図に関して述べた次の文章の空欄(a)〜(d)に入る語句または数値の組み合わせとして正しいものを、下記の①〜⑤の中から一つ選べ。

　大気現象は、一般に空間スケールが大きいものほど時間スケールも長いという傾向を持っている。この関係からみると、(a)は同程度の空間スケールの現象の中では比較的寿命が長く、予報期間が長い全球数値予報モデルを用いて予報を行っている。集中豪雨は、対流雲で構成されている擾乱によって発生することが多く、大気の鉛直流の速度を直接予報する(b)方程式を用いたメソ数値予報モデルで予報を行っている。

　一方、(c)は、短時間の激しい雨をもたらす大気現象であるが、数値予報モデルが力学的なプロセスを通して予測できるのは、空間スケールが格子間隔の(d)倍以上の現象に限られるため、現在のメソ数値予報モデルの格子間隔では直接に予測することは困難である。

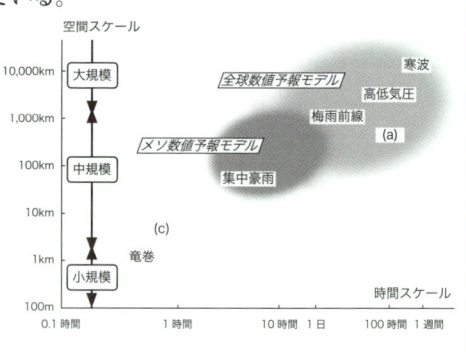

	(a)	(b)	(c)	(d)
①	台風	静力学	積乱雲の集合体	2〜4
②	台風	静力学	単一の積乱雲	5〜10
③	台風	非静力学	単一の積乱雲	5〜10
④	亜熱帯高気圧	静力学	積乱雲の集合体	2〜4
⑤	亜熱帯高気圧	非静力学	単一の積乱雲	2〜4

数値予報モデルと静力学平衡・非静力学平衡　8-1

◉ⓐの空欄について

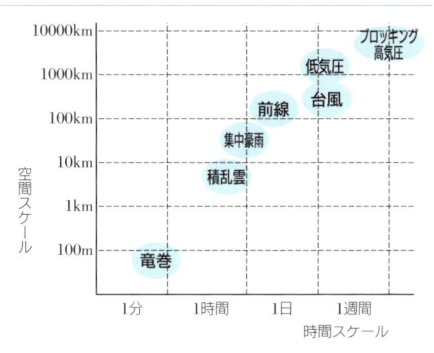

気象学では空間スケールと時間スケールという言葉をよく使います。

空間スケールとは大きさのことで主に水平スケール（横方向の大きさ）のことを指します。時間スケールとは寿命のことで、擾乱が発生してから消滅するまでの時間のことを指します。また空間スケールと時間スケールは比例の関係にあり、水平スケールが大きなものほど寿命も長いという性質があります。問題の図の空間スケール（縦軸）と時間スケール（横軸）を見ると、ⓐの空欄に当てはまる擾乱の水平スケールが1000kmであり、時間スケールは100時間程度であると読み取ることができます。ⓐの選択肢がここでは台風と亜熱帯高気圧であることから、メソαスケール（水平スケールが200〜2000km程度）※の台風がⓐの空欄に当てはまることになります。

亜熱帯高気圧とは太平洋高気圧のことで、その水平スケールは10000km以上で大規模スケールに分類されています。

◉ⓑⓓの空欄について

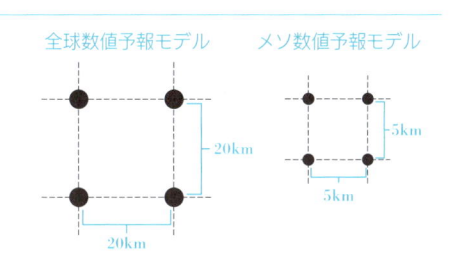

全球数値予報モデルとメソ数値予報モデルとは、数値予報のプログラムの種類のことで格子点間隔が異なります。

格子点とはコンピューターが予測をすることができる場所のことで、この格子点の間隔が狭いほど水平スケールの小さな擾乱でも予測をすることができます。全球数値予報モデルでは格子点間隔は20kmであり、メソ数値予報モデルでは5kmです。ここからメソ数値予報モデルのほうが細かな擾

※メソスケールには、メソα（アルファ）スケール（水平スケール200〜2000km）、メソβ（ベータ）スケール（水平スケール20〜200km）、メソγ（ガンマ）スケール（水平スケール2〜20km）の3つがあります。

ポイント8　数値予報とガイダンス

乱も予測できることがわかります。

　予測には、水平格子点間隔の5〜8倍（5〜10倍と表現されることもある）以上の水平スケールが必要です。

　つまり全球数値予報モデルは水平格子点間隔（20km）の5倍の100km以上の水平スケール、メソ数値予報モデルでは水平格子点間隔（5km）の5倍の25km以上の水平スケールが必要になります。ここからもメソ数値予報モデルが比較的小さな現象の予測に適していることがわかります。以上のことから(d)の空欄には5〜10が当てはまることになります。

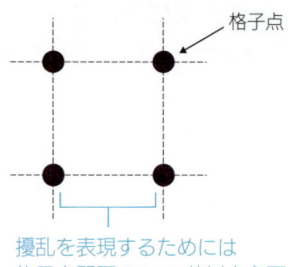

擾乱を表現するためには
格子点間隔の5〜8倍以上必要

　この数値予報モデルで用いる予測式には6つの形（下図参照）があり、それをプリミティブ方程式（基本方程式）といいます。その式の中で鉛直方向の運動方程式という鉛直速度を計算する式があります。

● **プリミティブ方程式**

①水平方向の運動方程式

$$\frac{\partial u}{\partial t} = \underbrace{-u\frac{\partial u}{\partial x} - v\frac{\partial u}{\partial y} - w\frac{\partial u}{\partial z}}_{②} \underbrace{+2\Omega \sin\phi v}_{③} \underbrace{-\frac{1}{\rho}\cdot\frac{\partial p}{\partial x}}_{④} \underbrace{+Fx}_{⑤}$$

$$\frac{\partial v}{\partial t} = \underbrace{-u\frac{\partial v}{\partial x} - v\frac{\partial v}{\partial y} - w\frac{\partial v}{\partial z}}_{②} \underbrace{+2\Omega \sin\phi u}_{③} \underbrace{-\frac{1}{\rho}\cdot\frac{\partial p}{\partial y}}_{④} \underbrace{+Fy}_{⑤}$$

①：格子点の水平風（u：東西風 v：南北風）の時間変化
②：移流効果
③：コリオリ力
④：気圧傾度力（水平方向）
⑤：摩擦力

②鉛直方向の運動方程式（静力学平衡・静水圧平衡）

$$\underbrace{g}_{①} = \underbrace{-\frac{1}{\rho}\cdot\frac{\partial p}{\partial z}}_{②}$$

①：重力
②：気圧傾度力（鉛直方向）

③連続の式（質量保存の法則）

$$\frac{\partial \rho}{\partial t} = \underbrace{-u\frac{\partial \rho}{\partial x} - v\frac{\partial \rho}{\partial y} - w\frac{\partial \rho}{\partial z}}_{②} \underbrace{-\rho\left(\frac{\partial u}{\partial x} + \frac{\partial v}{\partial y} + \frac{\partial w}{\partial z}\right)}_{③}$$

①：格子点の密度（ρ）の時間変化
②：移流効果
③：収束・発散による密度の変化

④熱力学方程式（熱エネルギー保存の法則）

$$\frac{\partial \theta}{\partial t} = \underbrace{-u\frac{\partial \theta}{\partial x} - v\frac{\partial \theta}{\partial y} - w\frac{\partial \theta}{\partial z}}_{②} \underbrace{+H}_{③}$$

①：格子点の温位（θ）の時間変化
②：移流効果
③：非断熱効果による温位の変化

⑤水蒸気の輸送方程式（水蒸気保存の式）

$$\frac{\partial q}{\partial t} = \underbrace{-u\frac{\partial q}{\partial x} - v\frac{\partial q}{\partial y} - w\frac{\partial q}{\partial z}}_{②} \underbrace{+M}_{③}$$

①：格子点の比湿（q）の時間変化
②：移流効果
③：非断熱効果に伴う加湿

⑥**気体の状態方程式（ボイル・シャルルの法則）**
$$P = \rho RT$$

　鉛直方向の運動方程式に全球数値予報モデルでは静力学平衡の式を用いています。

数値予報モデルと静力学平衡・非静力学平衡　8-1

静力学平衡とはこの章の冒頭部分でもお話しした通り、鉛直方向上向きに働く気圧傾度力（気圧の高い地上から低い上空に向けて働く）と下向きに働く重力が等しい状態で、空気の上下運動は無視することができます。つまり鉛直方向に静力学平衡の式を用いた全球数値予報モデルでは、鉛直方向の運動方程式といいながらも、この式自体で鉛直流は計算していないことになります。

● 静力学平衡の式

両者の釣り合い
⇒ 空気の上下運動は無視できる

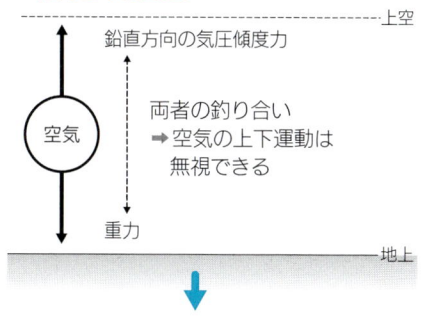

全球モデル…鉛直方向の運動方程式に使用
➡ この式で鉛直流を計算していない

そこで全球数値予報モデルではプリミティブ方程式の中の連続の式を用いて鉛直流を計算しています（右下図参照）。

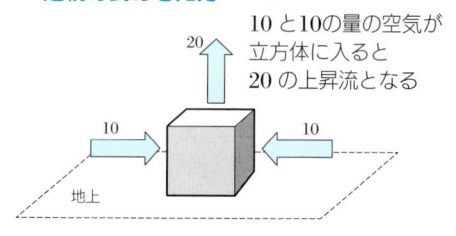

なぜそのようなことができるかというと、全球数値予報モデルは前ページでもお話しした通りに水平スケールが100km以上の擾乱でないと予測が困難であり、温帯低気圧といった水平スケールが数千km以上の総観規模※擾乱の予測に適しています。そのように水平スケールが大きな擾乱は鉛直流の速度は実に数cm/s程度と弱く、ほぼ無視できるのです。そのような理由から鉛直方向の運動方程式に静力学平衡の式を用いることで空気の上下運動を無視できる状態を作り、そこから連続の式で鉛直速度を計算しています。

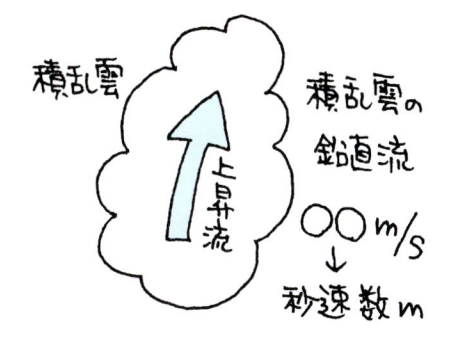

● 連続の式の考え方

10と10の量の空気が立方体に入ると20の上昇流となる

一方、メソ数値予報モデルは水平スケールが25km以上と比較的小さ

※総観規模とは水平スケールの大きさを表す言葉で大規模スケール（水平スケールが2000km以上）に属します。この大規模スケールには惑星規模（水平スケールが数千km～数万km）と総観規模（水平スケールが2000～5000km）があります。

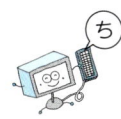

ポイント8　数値予報とガイダンス

な水平スケールの現象の予測に適しており、そのような小さな擾乱（積乱雲など）は鉛直流の速度が数m/sであることも多く、空気の上下運動を無視することができません。

そこでメソ数値予報モデルは鉛直方向の運動方程式に静力学平衡の式を用いずに、一般形の鉛直方向の運動方程式を用いています。この一般形の鉛直方向の運動方程式を用いて、直接、鉛直速度を計算することができることがメソ数値予報モデルの大きな特徴です。この式は静力学平衡ではないことから、非静力学平衡や問題文のように非静力学方程式ともいい、ここから(b)の空欄には非静力学が当てはまることになります。

●一般形の鉛直方向の運動方程式

$$\frac{\partial w}{\partial t} = -\frac{1}{\rho}\frac{\partial p}{\partial z} - g + F$$

- 格子点の鉛直速度の時間変化
- 気圧傾度力（鉛直方向）
- 重力
- 摩擦力などの力

☀ (c)の空欄について

問題の図（右図参照）を見ると、(c)は水平スケールが1〜10km程度で、時間スケールが1時間程度であることがわかります。

簡単にいうとその大きさが1〜10kmであり、その寿命が1時間程度ということです。

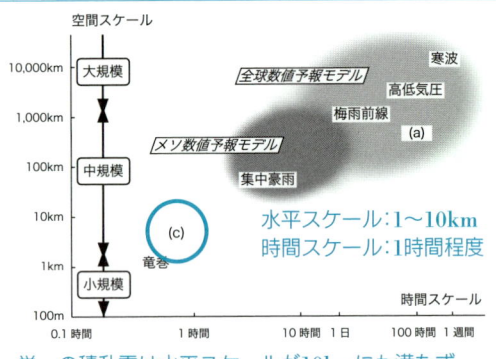

単一の積乱雲は水平スケールが10kmにも満たず1時間程度の寿命 ➡ (c)に当てはまる

問題文の選択肢を見ると単一の積乱雲と積乱雲の集合体のどちらかであり、ここから(d)の空欄には単一の積乱雲が当てはまることがわかります。夏場の夕立などのように単一の積乱雲（気団性雷雨ともいう）はその水平スケールが10kmにも満たず、急に強い雨が降り始めても1時間くらいで止むことが多いですよね。ここからもその寿命は1時間程度であることがわかります。

以上のことをまとめると(a)台風、(b)非静力学、(c)単一の積乱雲、(d)5〜10が各空欄に入り、ここから解答は③になります。

ポイント8 数値予報とガイダンス

2 客観解析

問題　平成24年度 第1回 通算第38回再試験　専門知識 問6
難度：★★☆☆☆

気象庁の全球数値予報モデルの客観解析に関する次の文(a)～(d)の正誤について、下記の①～⑤の中から正しいものを一つ選べ。

(a) 解析値を作るための第一推定値には、解析対象時刻の6時間前を初期時刻とした数値予報の予報結果を用いる。
(b) 観測値を第一推定値と比較した結果が予め定めた範囲から外れる場合、その観測値は使用しない。
(c) モデルの格子点と位置が一致した観測点がある場合、その観測値をそのままその格子点における解析値としている。
(d) 客観解析の結果は数値予報の初期値として使われるとともに、実況監視にも用いられる。

① (a)のみ誤り　　② (b)のみ誤り　　③ (c)のみ誤り
④ (d)のみ誤り　　⑤ すべて正しい

(a)(b)の記述について

客観解析とは、コンピューターの中にシミュレーションされた格子点という場所の値（GPV）を決定する作業のことです。コンピューターはどの場所でも自由に予測を行うことができるわけではなく、格子点上の気象要素の値を予測することができます（格子点については右図参照）。

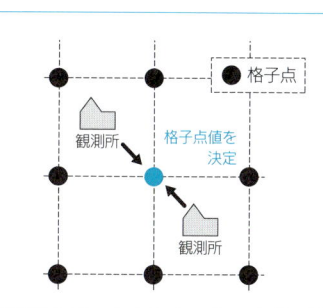

観測所のデータをもとに格子点値を決定
➡ 客観解析

このため観測所で観測された様々な

気象要素の値はただそれだけでは予測を行うことができず、格子点上の値に直す作業がどうしても必要です。その作業のことを客観解析といいます。

ただし、この客観解析は観測所で観測されたデータをもとに、自動的にその間にある格子点の値が決まるような単純なものではありません。第一推定値という前回の数値予報の予測結果をもと（下敷きにすると表現されることもある）にして、その時間に観測された観測値で修正をして、解析値という格子点上の値が決定します。この解析値をもとにすることでコンピューターは予測（つまり数値予報）を行うことができるのです。

ここでの問題では全球数値予報モデルについて聞かれています。このモデルは6時間ごとに客観解析が行われているため、前回の数値予報結果はその客観解析が行われる6時間前からの数値予報結果になります。それが現在行われる客観解析の第一推定値になるため、この値を観測値で修正して解析値は決定するので、(a)の記述は正しいことになります。

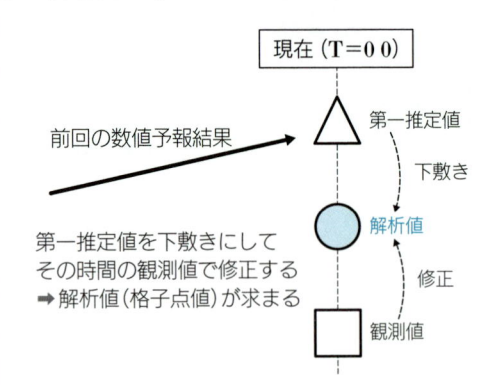

また観測値と第一推定値と比較した結果があらかじめ定めた範囲から外れる場合、その観測値は誤差が大きい可能性があるため、使用することはありません。ここから(b)の記述は正しいことになります。このような理由から海上など観測所が少ないところでは十分に精度のよい観測値を得ることができないため、第一推定値がそのまま解析値として採用されることもあります。

☀ (c)(d)の記述について

コンピューターの中にシミュレーションされた格子点とまったく同じ場所に観測所が仮にあったとしても、その観測所で何かしらの誤差が生じる可能性が

あります。

　そのため観測所で観測されたデータがそのままその格子点における解析値になることはありません。必ずその場所の観測値と第一推定値を合わせた客観解析を行うことで、その格子点上の解析値が決定することを知っていてください。ここから(c)の記述は誤りになります。

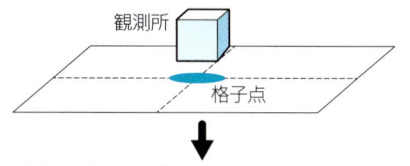

　またこの解析値を決定する方法として現在は四次元変分法という方法を用いています。客観解析とは前回の数値予報結果（第一推定値）をその時刻の観測値で修正をして解析値を決める作業のことですが、その際に用いる観測値は客観解析を行う時間（定時）だけではなく、その時刻以外（非定時）のデータも用いることができます。このように定時（客観解析を行う時間）だけではなく定時以外の観測データも用いて解析値を求める方法を、四次元変分法といいます。定時以外の観測データを用いることで観測データの推移（移り変わり）がわかり、その推移も合わせたものが四次元変分法のイメージです。そのような理由からウィンドプロファイラや気象レーダーなどの細かな時間間隔で観測されたデータも、この四次元変分法により有効に利用されるようになったのです。

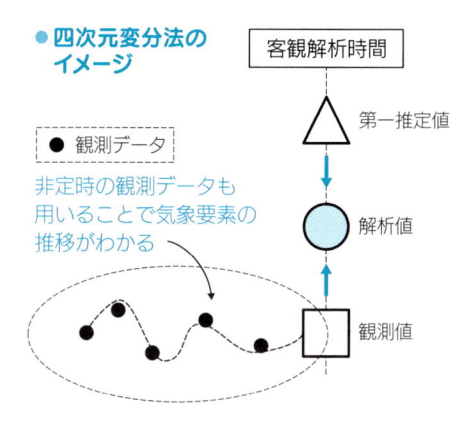

　また客観解析の結果は数値予報の初期値（予報を始める段階でのもとデータのこと）のほかに実況監視にも用いられるので、(d)の記述は正しいことになります。以上のことから(c)のみ誤りとした③が正しい解答になります。

ポイント8 数値予報とガイダンス

3 数値予報プロダクト

問題　平成23年度 第2回 通算第37回試験　専門知識 問6
難度：★★★☆☆

数値予報のプロダクトとして出力される物理量に関する次の文(a)～(d)の下線部の正誤の組み合わせとして正しいものを、下記の①～⑤の中から一つ選べ。

(a) 渦度は、流れの回転の度合いを示す量である。北半球では、負の渦度は低気圧性の回転に対応する。

(b) 鉛直p速度は、ある空気塊の気圧の時間変化率を表す。下降流域では、鉛直p速度は負の値となる。

(c) 集中豪雨等の気象状況においてしばしば見られる対流不安定な成層においては、気層の相当温位は高度とともに減少している。

(d) 北半球の中・高緯度の500hPaの風は、等圧面の等高度線とほぼ平行に、高度の高い側を右にみる向きに吹く。

	(a)	(b)	(c)	(d)
①	正	正	誤	誤
②	正	誤	正	正
③	誤	正	誤	正
④	誤	誤	正	正
⑤	誤	誤	正	誤

(a)の下線部について

渦度（天気図上での単位：$\times 10^{-6}$/s）とは流れの回転の度合いを示す量のことであり、正渦度と負渦度があります。正（＋）渦度は反時計回りの渦のことで負（－）渦度は時計回りの渦のことです。

北半球では低気圧が反時計回りに渦をまいているため正渦度にあたり、高気圧が時計回りに渦をまいているので負渦度にあたります。

ここから(a)の下線部は誤りになることがわかります。

また南半球ではコリオリ力が北半球とは逆の方向に働きます（北半球では風の進行方向の直角右向き、南半球では風の進行方向の直角左向きに働く）。そのため渦の巻き方が北半球とは逆で、低気圧は時計回り、高気圧が反時計回りに渦をまいています。

正渦度は北・南半球に関係なく反時計回りの渦を示し、負渦度は北・南半球に関係なく時計回りの渦を示します。南半球では時計回りの渦を持つ低気圧は負渦度、反時計回りの渦を持つ高気圧が正渦度にあたりますので注意が必要です。

● 北半球では

反時計回り　低　正渦度
時計回り　高　負渦度

● 南半球では

反時計回り　高　正渦度
時計回り　低　負渦度

(b)の下線部について

鉛直p速度（単位：hPa/h）※はある空気塊の気圧の時間変化率（1時間あたりの気圧変化量）のことです。鉛直流の強さはこの鉛直p速度で表されることが多く、気圧の時間変化率で表されていることが大きなポイントです。

気圧は高度とともに減少するものですから、地上と上空を比べた場合、地上のほうが気圧が高く、上空は気圧が低いです。

つまり空気塊が上昇する場合は気圧の低い上空に向けて移動することになり、それを鉛直p速度（空気塊の気圧の時間変化量）で表した場合、その値は負（減少する方向）の値になります。

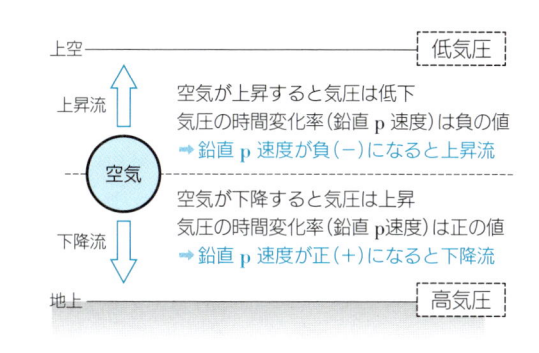

上空　　　　　　　　　　　　　　　低気圧
上昇流 ↑　空気が上昇すると気圧は低下
　　　　　気圧の時間変化率（鉛直p速度）は負の値
空気　　→ 鉛直p速度が負（−）になると上昇流
下降流 ↓　空気が下降すると気圧は上昇
　　　　　気圧の時間変化率（鉛直p速度）は正の値
　　　　　→ 鉛直p速度が正（＋）になると下降流
地上　　　　　　　　　　　　　　　高気圧

※鉛直p速度が10hPa/hと表された場合、約3cm（0.03m）/sの鉛直速度に換算することができます。

逆に空気塊が下降する場合は、気圧の高い地上に向けて移動することになり、それを鉛直p速度（空気塊の気圧の時間変化量）で表すとその値は正（増加する方向）の値になります。

つまり上昇流の場合は鉛直p速度は負（−）の値、下降流の場合は正（＋）の値になります。そのような理由から(b)の下線部は誤りになります。

またこの鉛直p速度は鉛直流の強さを表したものですから、いかにも地上（高度0m）では上昇流も下降流も起こらず、その値は「0」になりそうですが、鉛直p速度は0になるとは限りません。

●鉛直 p 速度の性質

地上（0m）

地上（0m）でも気圧が変化すれば
鉛直 p 速度は0 にはならない
➡ どの高さでも鉛直 p 速度は保存量ではない

それはこの鉛直p速度が気圧の時間変化量で表しているからであり、地上の気圧が1000hPaから990hPaのように、もし時間とともに減少していれば鉛直p速度は負の値になるはずです。逆に地上の気圧が1000hPaから1010hPaのように、もし時間とともに増加していれば鉛直p速度は正の値になるはずです。

このような理由から鉛直p速度は仮に地上であっても常に0になるわけでもなく変化をして、またどの高さでも保存量ではない（要は数値が変化する）ことを知っていてください。

天気図の中でこの鉛直p速度が700hPaの予想天気図に描かれている理由は、鉛直流がその高さで最大になることが多いからです（右図参照）。

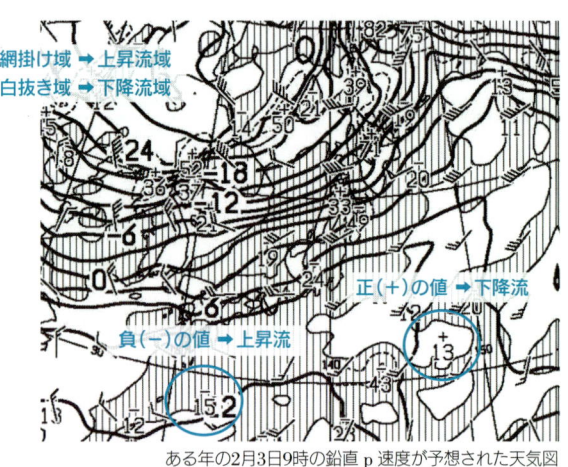

網掛け域 ➡ 上昇流域
白抜き域 ➡ 下降流域

正（＋）の値 ➡ 下降流
負（−）の値 ➡ 上昇流

ある年の2月3日9時の鉛直 p 速度が予想された天気図

(c)の下線部について

対流不安定な成層とは、上空に向けて相当温位が減少しているような成層状態のことをいいます。逆にいうと、下層ほど相当温位が高い成層状態のことで、それは下層ほど大気が高温・多湿（相当温位が高い状態）な状態であり、上層ほど大気が低温・乾燥（相当温位が低い状態）な状態であることを意味しています。このような理由から(c)の下線部は正しいことになります。

●対流不安定成層とは

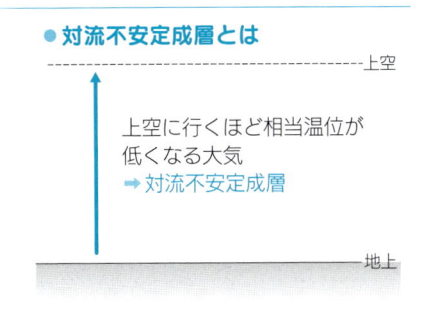

上空に行くほど相当温位が低くなる大気
➡対流不安定成層

特に対流不安定になりやすい時期は日本では梅雨期です。大気下層に高温・多湿な気流が次々に流れ込んできて下層ほど相当温位が高くなり、対流不安定な成層になりやすいのです。

(d)の下線部について

北半球の中・高緯度の500hPa面では低緯度ほど気温が高いため、同じ500hPa面でも高度が高く、逆に高緯度ほど気温が低いため同じ500hPa面でも高度が低くなります。

500hPa面の天気図のような等圧面天気図では、高度の高い部分を高気圧、高度の低い部分を低気圧と見ることができます。したがって風の原動力である気圧傾度力は、高度の高い（気圧の高い）低緯度から高度の低い（気圧の低い）高緯度に向けて働き、コリオリ力により北半球では風は右に向けて曲げられて等高度線とほぼ平行に高度の高い側を右手に見て吹く性質（上図参照）があります。よって(d)の下線部は正しいことになります。以上のことをまとめると(a)誤、(b)誤、(c)正、(d)正の④の組み合わせが正しいことになります。

高度：低 ＝ 気圧：低
等高度線
気圧傾度力 → 風
コリオリ力　等高度線に平行に高度の高い側を右手に見て吹く
高度：高 ＝ 気圧：高

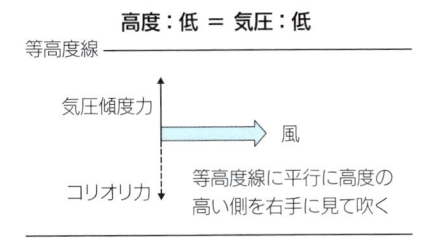

ポイント8 数値予報とガイダンス

4 ガイダンスの種類

問題 平成22年度 第2回 通算第35回試験　専門知識 問8
難度：★★★☆☆

　気象庁が作成している気温ガイダンスの原理について述べた次の文章の空欄(a)～(c)に入る適切な語句や数値の組み合わせを、下記の①～⑤の中から一つ選べ。

　日々の最高気温の予測値が次の簡単な式で表されるとする。ここで、Yは目的変数（最高気温の予測値）、Aは係数、Xは説明変数である。

$$Y=AX$$

　気温ガイダンスは日々の観測値と予測値を評価しながら係数Aを更新していく(a)型の(b)を用いて作成される。例えば、ある日の最高気温の観測値が得られる前の時点における係数と説明変数の値が表のとおりであったとすると、その日の最高気温は30℃という予測になる。その後、表の最高気温の観測値が入手できた段階で観測値と予測値の差を評価して係数が5.5に更新されたとする。この係数を用いて翌日の気温を予測すると、(c)℃という予測になる。このように係数を更新していくことによって、予測誤差を小さくすることができる。

	ある日	翌日
最高気温の観測値(℃)	35	35
係　数	5	5.5
説明変数	6	6

	(a)	(b)	(c)
①	一括学習	カルマンフィルター	35
②	一括学習	ニューラルネットワーク	33
③	逐次学習	カルマンフィルター	33
④	逐次学習	ニューラルネットワーク	35
⑤	逐次学習	ニューラルネットワーク	33

(a)(b)の空欄について

ガイダンスとは数値予報が予測した予測値をもとにして天気を予測する作業のことで、天気の翻訳ともいわれます。

● 気象庁が使用しているガイダンス

①カルマンフィルター（KLM）
②ニューラルネットワーク（NRN）
→ 統計的関係式を修正できる逐次学習型

現在、気象庁が用いているガイダンスには2種類あり、カルマンフィルター（KLM）とニューラルネットワーク（NRN）と呼ばれています。この2つのガイダンスの大きな特徴は、逐次学習型であり、天気の予測に用いる統計的関係式（過去のデータをもとに作成された式）をその都度、修正していくことができることです※。これによって比較的短い期間で統計的関係式を作成することができ、数値予報モデルが変更されても柔軟に対応できるようになりました。

この2種類のガイダンスは同じ統計的関係式を用いていても、カルマンフィルターが線形、ニューラルネットワークが非線形という異なる式を用いています。

線形はその関係をグラフにしたときに直線になり、非線形は直線にはならないことが特徴で、非線形を用いるニューラルネットワークのほうがより複雑な式を用いていることを知っておいてください。

カルマンフィルターとニューラルネットワークは統計的関係式の種類が異なるため、予測している要素も異なります。

具体的には右表のような要素を予測しています。それぞれどの要

● KLMとNRNで予測している天気予報の要素

	要素	手法
降水	平均降水量	KLM
	降水確率	KLM
	最大降水量	NRN
降雪	降雪量地点	NRN
気温	格子型式気温	KLM
	時系列・最高・最低気温	KLM
風	定時・最大・最大瞬間風速	KLM
天気	日照率	NRN
発雷確率	発雷確率	LOG
湿度	時系列湿度	KLM
	日最小湿度	NRN

※ 昔、気象庁ではMOS（モス）と呼ばれるガイダンスを用いており、逐次学習機能がなかったため、式を修正させることができず、1つの統計的関係式を作成するために長期間のデータを集める必要がありました。このMOSに逐次学習機能を付加したものが、カルマンフィルターとニューラルネットワークです。

素をどちらのガイダンスで予測しているかを知っていてください。

ここから(a)には逐次学習、また気温ガイダンスはカルマンフィルター式のガイダンスを用いて予測しているため(b)にはカルマンフィルターが当てはまることになります。

☀ (c)の空欄について

まず説明変数と目的変数についてお話しします。

● 説明変数と目的変数

数値予報の予測値 ←--- 予測のもとになるデータ **説明変数**(予測因子)

↓

統計的関係式

↓

ガイダンス結果 ←--- 予測されたデータ **目的変数**(被予測因子)

数値予報の予測値を統計的関係式(カルマンフィルターは線形、ニューラルネットワークは非線形)に当てはめて、そこからガイダンス結果を得ることができます。

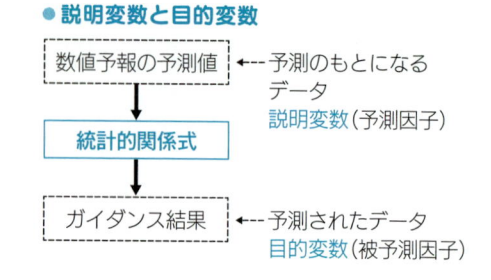

説明変数とは予測因子ともいい、ここでは数値予報の予測値が当てはまります。そして目的変数は被予測因子ともいい、ここではガイダンス結果が当てはまります。説明があって目的が生まれることを考えれば、数値予報の予測値が説明変数、ガイダンス結果が目的変数であることはイメージできます。

ここでは $Y = AX$ の式を例にしてガイダンスの仕組みを問題としています。係数(Xなどの文字の前につく数値)である

目的変数　　係数　説明変数

$$Y = A X$$

説明変数(X)と係数(A)をかけて目的変数(Y)が求まる
※係数を変化させていくのが逐次学習型の特徴

A(ここではAと文字にしていますが、本来は何かの数値であることが多い)にXをかけることでYが求まるわけですから、Xが説明変数であり、Yが目的変数であることがわかります。ここでいうAの係数をその都度、修正することで予測誤差を減少させていくことが、逐次学習型ガイダンスの仕組みです。

ここでは翌日の気温を $Y = AX$ の式を用いて、表に示された係数(5.5)と説明変数(6)を用いて目的変数(翌日の気温)を求めればよいわけです。つまり $Y = 5.5 \times 6$ となり、Yは33となります。これが翌日の気温の予測値です。したがって(c)の空欄には33が当てはまることになります。以上のことをまとめると(a)逐次学習、(b)カルマンフィルター、(c)が33となり、答えは③になります。

ポイント8 数値予報とガイダンス

5 系統的誤差

問題　平成24年度 第1回 通算第38回試験　専門知識 問8
難度：★★★★☆

気象庁の天気予報ガイダンスについて述べた次の文(a)～(d)の正誤の組み合わせとして正しいものを、下記の①～⑤の中から一つ選べ。

(a) 降水確率ガイダンスは、降水量にして1mm以上の雨または0.5mm以上の雪が予報対象期間内に降る確率を示すものである。

(b) 降水量ガイダンスは、数値予報モデルが予測していない大きな降水量が観測されると、それ以降のある期間にわたって、実況の降水量に比べ大きめの降水量を予測する傾向がある。

(c) 気温ガイダンスは、実際の地表面状態の局地性の違いに起因する数値予報モデルの気温の予測誤差を軽減することができる。

(d) 天気予報ガイダンスは、数値予報モデルが前線の位置を精度よく予測できなかった場合、前線の位置のずれに起因する予測誤差を修正できる。

	(a)	(b)	(c)	(d)
①	正	正	誤	正
②	正	誤	正	正
③	誤	正	正	誤
④	誤	誤	正	誤
⑤	誤	誤	誤	正

☀ (a)の記述について

降水確率※は雨や雪にかかわらず予報対象期間内に1mm以上の降水のある確率を表しているために(a)の記述は誤りになります。

※降水量を観測するときは雪は溶かして水にしてから観測しています。降水確率も同じで、対象となる降水が雪であった場合は溶かして水にしてから降水量1mm以上の確率として発表しています。

☀ (b)の記述について

　降水量ガイダンスはカルマンフィルターの方式を用いて予測をしており、逐次学習型であることがこの問題を解く上での大きなポイントです。

　つまりその都度、式を修正していくことができるため、大きな降水量が観測されるとその情報が式に反映されてしまうことがあります。

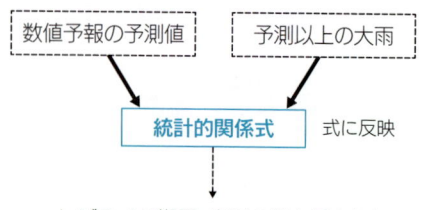

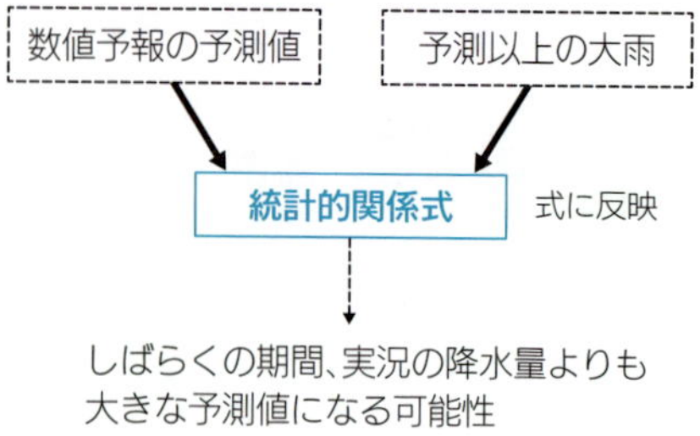

　その結果、それ以降のある期間にわたり実況の降水量に比べて大きめの降水量を予測する傾向があるため、(b)の記述は正しいことになります。

　数値予報の予測値　　予測以上の大雨
　　　　　↓　　　　　　　↓
　　　　　統計的関係式　　→　式に反映
　　　　　　　↓
　しばらくの期間、実況の降水量よりも大きな予測値になる可能性

　また梅雨期から盛夏期のように気温が急激に変化する（場の急激な変化とも表現）ような場合、逐次学習型のガイダンス（カルマンフィルターとニューラルネットワーク）のように式をその都度、修正できるとはいっても、急激な気温などの変化には修正が追いつかず、ガイダンスの精度が一時的に落ちることがあります。

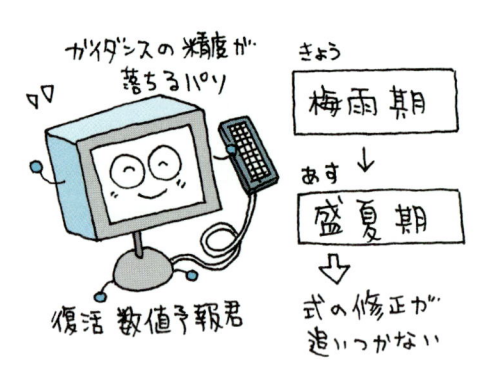

☀ (c)の記述について

　カルマンフィルターにしてもニューラルネットワークにしても、現在用いている気象庁のガイダンスは系統的誤差（バイアスともいう）を修正することができます。

系統的誤差（バイアス）とは
数値予報のくせみたいなもの
➡地形データの不十分さから発生

　系統的誤差とは数値予報のくせのようなもので、主にコンピューターの中で表現されている地形データの不十分さから発生する誤差です。

　どれだけ格子点を細かくしたメソ数値予報モデルでも地形データ※はまだまだ不十分であり、実際の山の形は表現できず、平均された山のデータが使用さ

※格子点間隔が短くなればなるほどより細かな地形データをシミュレーションできます。

系統的誤差 8-5

れています。

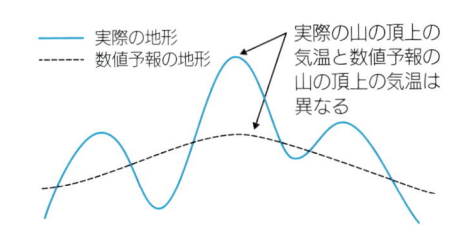

平均された山のデータを用いている以上、実際の山との間での誤差は避けられません。極端な話、数値予報の中で予測された山の頂上の気温と実際の山の頂上の気温を比べても、その値は必ず異なり誤差となります（上図参照）。

この誤差は数値予報の中で表現されている山のデータが実際の山とまったく同じにならない限りは出続ける誤差であり、これを系統的誤差といいます。要は数値予報のくせのようなものです。

しかしこの誤差が常に出続けるものであるならばそれを逆手にとり、常に出続けることを前提にその誤差がどれくらいであるかをデータとして記録し続け、それを統計的関係式として式に組み込めば修正はできるはずです。

そのような理由からカルマンフィルターとニューラルネットワークは、そうした系統的誤差を修正できる統計的関係式を用いているため、予測誤差を修正することができるのです。問題文にある実際の地表面状態の局地性の違いに起因する数値予報モデルの気温の予測誤差とは、まさしくその系統的誤差です。気温ガイダンス（カルマンフィルター）はその誤差は修正することができるため、(c)の記述は正しいことになります。

☀ (d)の記述について

天気予報ガイダンス（カルマンフィルターとニューラルネットワーク）は位相のズレは修正することができません。

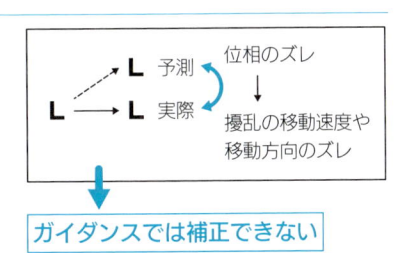

位相のズレとは擾乱の移動速度や移動方向のズレのことです。問題文にある数値予報モデルが前線の位置を精度よく予測できなかった場合における前線の位置のずれに起因する予測誤差とは、まさしくこの位相のズレのことです。このズレは現在の天気予報ガイダンスでは補正することができません。したがって(d)の記述は誤りになります。以上のことから(a)誤、(b)正、(c)正、(d)誤となり、③が正しい解答になります。

ポイント8 数値予報とガイダンス

ポイント 9

天気図と気象災害・注意報・警報

このポイント9では天気図と気象災害・注意報・警報についてお話しをしていきます。防災という観点からも気象災害や注意報、警報は重要であり、予報士としても必須の内容です。

天気図と気象災害・注意報・警報について

　気象予報士の試験に関わる天気図には色々な種類があります。また、それぞれの天気図に掲載されている情報はもちろんのこと、季節ごとに現れる特徴的な天気図の見分け方など、必要な知識は多岐にわたります。天気図の読み取りは予報士にとって基本であり、必須の内容です。

　天気図と気象災害・注意報・警報について次の4つの節に分けて、それぞれの項目に関連する問題を解きながら理解を進めていきましょう。

① 季節ごとに見られる特徴的な天気図

　日本には四季※があり、冬の西高東低に代表されるように天気図には季節ごとの特徴があります。試験では天気図からその季節や擾乱の存在などについて解析することが必要であり、ここではその解説をしていきます。

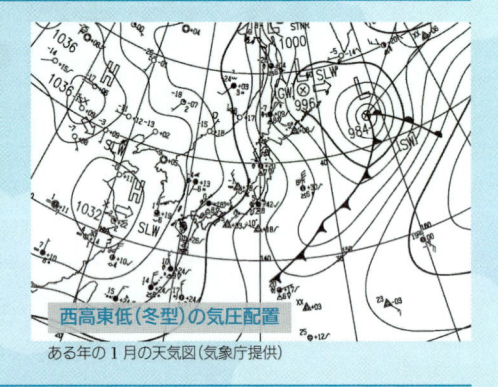

西高東低（冬型）の気圧配置

ある年の1月の天気図（気象庁提供）

② 気象災害

　気象災害にはいくつかの種類がありますが、中でも日本は雨による災害が最も多い国で、次いで風、雪、雷（ひょうも含む）の順になります。

　雨による災害としては、土砂災害（がけ崩れや山崩れなど）・低地の浸水・河川の氾濫または増水などが挙げられます。災害名はよく聞かれるので覚えておいてください。

● 日本で気象災害の多い順
① 雨
② 風
③ 雪
④ 雷（ひょうも含む）

雨による災害
土砂災害・低地浸水・河川氾濫
または増水

※ 春夏秋冬に、梅雨（春と夏の間）と秋霖期または秋雨期（夏と秋の間）を加えると6季に分けることができます。

③ 注意報・警報

注意報には「災害が発生するおそれがある場合にその旨を注意する予報」、警報には「重大な災害が発生するおそれがある場合にその旨を警告する予報」という定義があります。

● 注意報の定義

> 災害が発生するおそれがある場合にその旨を注意する予報

● 警報の定義

> 重大な災害が発生するおそれがある場合にその旨を警告する予報

注意報や警報にはいくつかの種類がありますが、日本では雨による災害が多いため、大雨注意報や警報についてよく出題される傾向があります。

④ 土壌雨量指数・流域雨量指数

土壌雨量指数とは降った雨が土壌中に水分量としてどれだけ貯まっているかを指数化したものです。土砂災害警戒情報※や大雨注意報・警報の発表基準に使用しています。

流域雨量指数とは河川の流域に降った雨水がどれだけ下流の地域に影響を与えるかを指数化したもので、洪水注意報や警報の発表基準に使用しています。

● 土壌雨量指数

> 降った雨が土壌中に水分量としてどれだけ貯まっているかを指数化したもの
> ➡ 土砂災害警戒情報・大雨注意報や警報の発表基準

● 流域雨量指数

> 河川の流域に降った雨水がどれだけ下流の地域に影響を与えるかを指数化したもの
> ➡ 洪水注意報や警報の発表基準

※土砂災害警戒情報とは、大雨警報（土砂災害）が発表されている状況で、土砂災害発生の危険度が非常に高まったときに、市町村長が避難勧告などの災害応急対応を適時適切に行えるよう、また、住民の自主避難の判断の参考となるよう、対象となる市町村を特定して都道府県と気象庁が共同で発表する防災情報です。

ポイント9 天気図と気象災害・注意報・警報

1 季節ごとに見られる特徴的な天気図

問題
平成23年度 第1回 通算第36回試験 専門知識 問9
難度：★★★☆☆

ある日の気象状況を説明した次の文(a)～(d)と、これに対応する500hPa高度・渦度解析図ア～エとの組み合わせとして最も適切なものを、下記の①～⑤の中から一つ選べ。

(a) 関東の南には発達中の低気圧があって、東日本では広い範囲で雨が降っており、標高1000m程度ではみぞれとなっている。

(b) 日本海には上空に寒気を伴うメソαスケールの低気圧があり、北日本

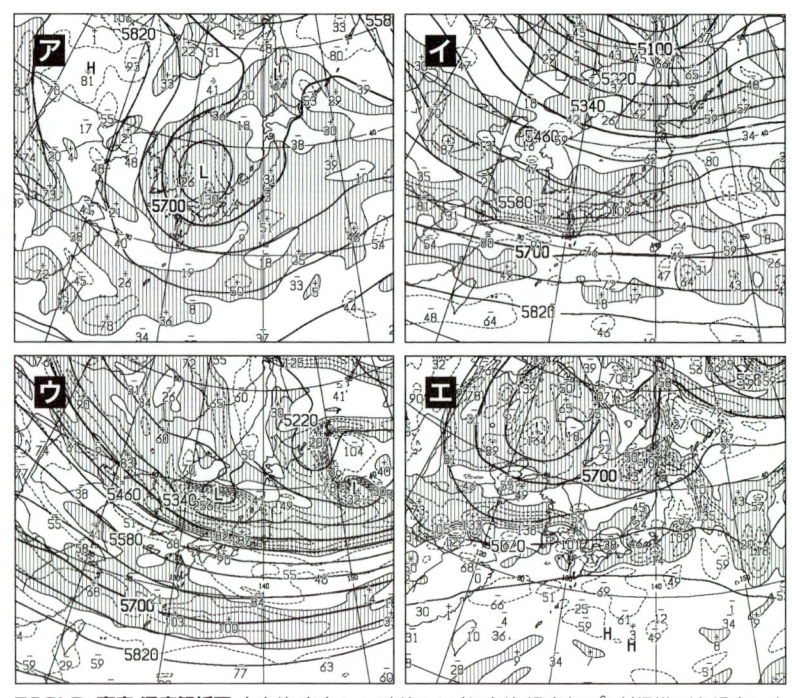

500hPa高度・渦度解析図 太実線:高度(m) 破線および細実線:渦度(10^{-6}/s)(網掛け域:渦度>0)

から西日本の日本海側の広い範囲で雪が降っている。
(c) 動きの遅い上空の寒気の影響で大気の状態が不安定となっている。西日本から東日本の広い範囲で雷雨となり、局地的に非常に激しい雨が降った。
(d) 梅雨前線が九州北部から東日本の南岸にかけて停滞しており、前線の活動が活発化している。

	(a)	(b)	(c)	(d)
①	ア	エ	ウ	イ
②	ア	ウ	ア	エ
③	イ	ウ	エ	ア
④	エ	ア	ウ	イ
⑤	エ	ウ	ア	イ

この問題を解く上で大切なことは、普段から天気図に慣れておくことです。ここでは地上天気図ではなく、500hPa天気図を見ておく必要があります。

ある年の夏季(8月)の500hPa天気図

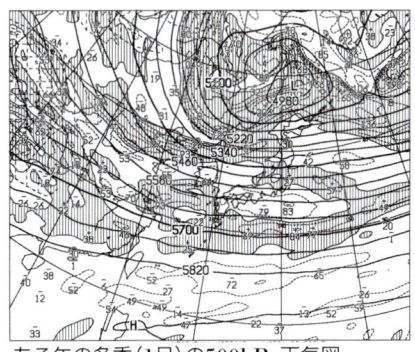

ある年の冬季(1月)の500hPa天気図

※ 両図とも実線が500hPa等高度線を表している

一例として、ある年の夏季(8月)と冬季(1月)の500hPaの日本付近の天気図を上図に載せておきます。夏季は気温が高いので同じ500hPa面の高さでも冬季に比べて全体的に高く※、北海道も沖縄も、多少の気温差はあるもののどこでも暑いように南北に大きな気温差はありません。そのため等高度線の間隔も広くなっていることが特徴です。また5880m等高度線よりも高い場所は太

※気体の状態方程式と静力学平衡の関係から気温が高いと大気密度が小さく層厚が大きくなり、気温が低いと大気密度が大きく層厚が小さくなる特徴があります。詳しくはポイント1の熱力学を復習しておいてください。

平洋高気圧の勢力範囲を示しています。

逆に冬季は気温が低いので、夏季に比べて同じ500hPa面の高さでも全体的に低く、北海道は寒く沖縄は暑いように南北に気温差が大きくなる季節でもあります。そのような理由から等高度線の間隔が狭くなっていることが特徴です（※等高度線の間隔が狭いと気圧傾度が大きく、偏西風が最も強く吹く季節でもあります。実際に冬季のほうがジェット気流は強いです）。

このように500hPa天気図にも地上の気圧配置のようにそれぞれの季節に特徴が見られ、まずはその特徴を知っていることが大切です。

そのように考えると問題図の中でイとウの図に関しては、同じ500hPaでも日本付近の等高度線の値がアとエの図に比べて全体的に低く、またその間隔も狭いことから季節が冬季であることがわかります。

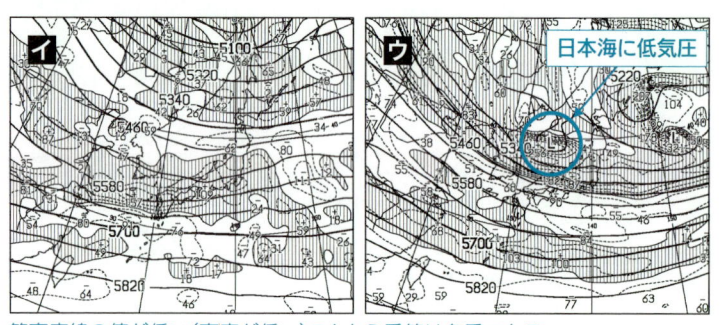

等高度線の値が低い（高度が低い）ことから季節は冬季である
※実線は 500hPa 等高度線で 60m 間隔

その中でもウの図（右上図参照）に関しては日本海付近に低気圧があることがポイントです。ここから(b)「日本海には上空に寒気を伴うメソαスケールの低気圧があり、北日本から西日本の日本海

(b)の記述

日本海には上空に寒気を伴うメソαスケールの低気圧があり、北日本から西日本の日本海側の広い範囲で雪が降っている。

↓

広い範囲で雪であることから季節は冬季であり、日本海に低気圧があることから**ウ**の図が当てはまる

側の広い範囲で雪が降っている。」という記述が当てはまります。

イの図（前ページ左図参照）は(a)「関東の南には発達中の低気圧があって、東日本では広い範囲で雨が降っており、標高1000m程度ではみぞれとなっている。」という記述が当てはまることになります。

(a)の記述を読んだだけではどの天気図が当てはまるかはわかりにくいのですが、「標高1000m程度ではみぞれとなっている。」ということは季節は冬季である可能性が高く、そこからもイの図であることがわかります。

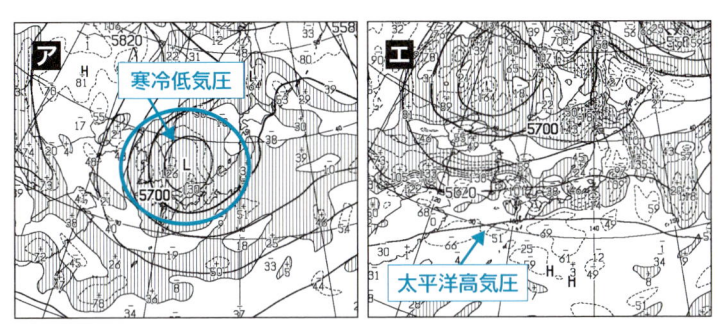

(a)の記述

関東の南には発達中の低気圧があって、東日本では広い範囲で雨が降っており、標高1000m程度ではみぞれとなっている。

↓

標高1000m程度でみぞれであることから季節は冬季の可能性が高いことから**イ**の図が当てはまる

ポイント9 天気図と気象災害・注意報・警報

等高度線の値が高い（高度が高い）ことから季節は冬季でない
※実線は500hPa 等高度線で60m 間隔

アの図（上図参照）は同じ500hPaでも日本付近の等高度線の値がイとウの図に比べて高く、またその間隔も広いことから季節は冬季ではないことがわかります。また、日本海に寒冷低気圧（寒気渦ともいう）※があることがポイントです。

ここから(c)「動きの遅い上空の寒気の影響で大気の状態が不安定となっている。西日本から東日本の広い範囲で雷雨となり、局地的に非常に激しい雨が降った。」という記述が当てはまることになります。

エの図（右上図参照）も同じ500hPaでも日本付近の等高度線の値がイとウの図に比べて高く、またその間隔も広いことから季節は冬季ではないことがわ

※寒冷低気圧とは中心に寒気を伴う低気圧で、地上よりも対流圏中・上層で明瞭になる低気圧です。寒気を伴うことから大気の状態は不安定になりやすく、特に中心から南東側で雷雨などのシビア現象に注意（寒冷低気圧の南東象限）が必要です。また上空の強風軸から切り離され、動きが遅いことも特徴です。

かります。また日本の南海上は500hPa高度が5880m以上であり、太平洋高気圧が日本付近まで張り出してきていることがわかります（※太平洋高気圧が日本を覆うと梅雨明けで夏季となる）。

そのような理由から(d)「梅雨前線が九州北部から東日本の南岸にかけて停滞しており、前線の活動が活発化している。」という記述が当てはまります。

以上のことをまとめると(a)イ、(b)ウ、(c)ア、(d)エとなり、②が正しい解答になります。

(c)の記述

> 動きの遅い上空の寒気の影響で大気の状態が不安定となっている。西日本から東日本の広い範囲で雷雨となり、局地的に非常に激しい雨が降った。

↓

動きの遅い上空の寒気とは日本海にある寒冷低気圧のことで、西〜東日本では雷雨になっていることからアの図が当てはまる

(d)の記述

> 梅雨前線が九州北部から東日本の南岸にかけて停滞しており、前線の活動が活発化している。

↓

梅雨前線が九州北部〜東日本の南岸で停滞しており、太平洋高気圧が日本付近まで張り出しているエの図が当てはまる

2 気象災害

ポイント9 天気図と気象災害・注意報・警報

問題 平成21年度 第1回 通算第32回試験 専門知識 問8
難度：★★★★☆

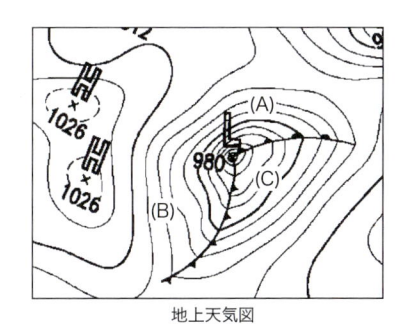

着氷は、気温が氷点下のときに空気中の過冷却水滴もしくは水蒸気が物体に衝突して凍結または昇華することで氷層が形成される現象である。

ある年の2月XX日に北日本のある地方の平野部で広範囲にわたって降水に伴う顕著な着氷があり、樹木の枝折れや停電などの被害が発生した。

図(a)、(b)は共に気温の鉛直分布であり、地上天気図内の(A)〜(C)は低気圧に相対的な地点の位置を示したものである。降水に伴う顕著な着氷が発生するときの気温の鉛直分布と発生地点との組み合わせとして正しいものを、下記の①〜⑤の中から一つ選べ。

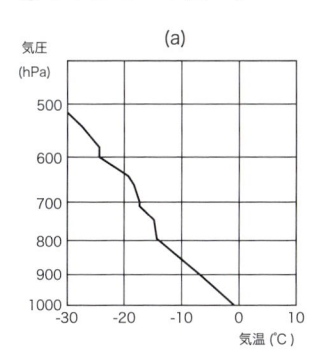

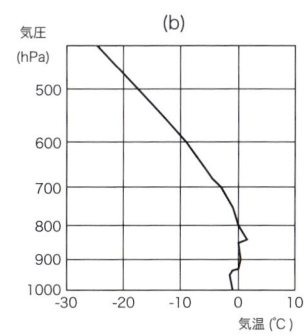

	気温の鉛直分布	発生地点
①	(a)	(A)
②	(a)	(B)
③	(a)	(C)
④	(b)	(A)
⑤	(b)	(B)

問題文にあるように、着氷とは気温が氷点下（0℃以下）のときに空気中の過冷却水滴もしくは水蒸気が物体に衝突して凍結または昇華することで、氷層が形成される現象のことです。ここでのポイントは、氷点下の状況下で過冷却水滴または水蒸気が物体に衝突して凍結または昇華するということです。

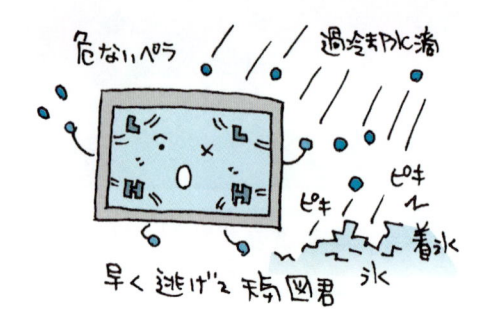

　今回の問題は、降水に伴う顕著な着氷が発生するときの気温の鉛直分布と発生地点の正しい組み合わせを、それぞれ(a)(b)と(A)〜(C)から選べ、というものです。まずここでは降水（溶かせば水になるものすべて）に伴う着氷ということから、水蒸気ではなくて過冷却水滴という氷点下でも凍らない水滴が降ってきているかどうかを考えます。

　(a)の気温の鉛直分布（右図の左参照）はどの地点でも氷点下であり、このような状況下で降水があっても、それは雪のままで地上まで落下してくるので着氷は起こりません。

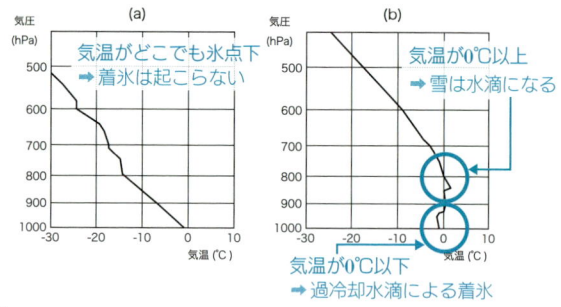

　一方(b)の気温の鉛直分布（上図の右参照）は800〜850hPa付近で0℃以上となるので、仮に雪のままで上空から落下してきてもこの高さで一度溶けて水滴になると考えることができます。また地上付近が0℃以下（氷点下）であり、その水滴は地上では氷点下でも凍らない過冷却水滴になっていると考えられ、地上に衝突すると同時に凍結し着氷となる恐れがあります。ここから気温の鉛直分布は(b)が当てはまることになります。

　次に(A)〜(C)の中から発生地点を選びます。まずそれぞれの地点の特徴についてお話ししておきますと、(A)は温暖前線の北側、(C)は暖域（温暖前線と寒冷前線の間）、(B)は寒冷前線の西側になります。

　(A)の地点は温暖前線の北側にあたり、東側から吹き込んでくる寒気の上に

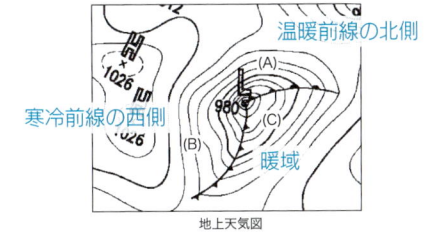

南側から吹き込んでくる暖気が流入している状況です。温暖前線の北側はその寒気と暖気の境目（前線面や前線帯、または転移層という）にあたる高さで逆転層（対流圏内において気温が高度とともに上昇している層）が形成されていると考えることができます。

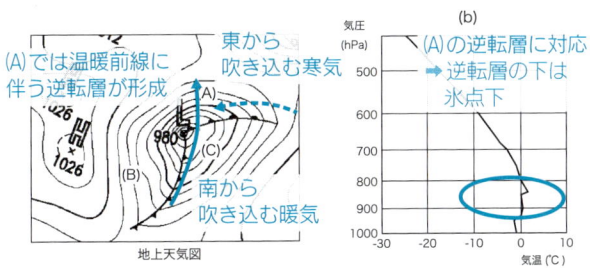

この問題の季節は2月であり、逆転層の下の寒気は氷点下になっていることも十分に考えられます。そのような理由から(A)の地点が着氷の発生する可能性の高い場所になります。

(C)の地点は温暖前線と寒冷前線の境目で暖域と呼ばれ、寒冷前線の東側（温暖前線の西側）を低気圧の中心に向かって吹き込む暖気が卓越する場所です。気温が高く、一般的にはどこでも暖気であるために寒気の上を暖気が滑昇して発生するような逆転層も形成されにくく、そのような理由から着氷は考えられにくいのです。

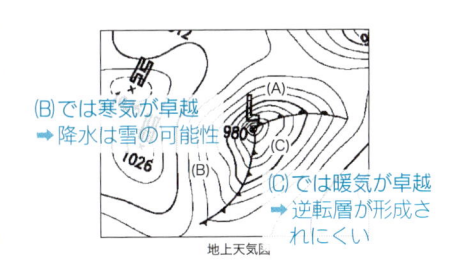

(B)の地点は逆に寒冷前線の西側で寒気が卓越する地点であり、降水が仮にあったとすれば雪となります。また寒冷前線※からかなり離れており、降水自体の可能性も低いため、やはり着氷は考えにくいです。以上のことから、着氷の発生地点との組み合わせは(b)と(A)の④が解答になります。

※温暖前線は乱層雲による地雨で広い範囲で降ることが特徴です。一方、寒冷前線は積乱雲によるしゅう雨で、狭い範囲ですが強く降る（短時間強雨）ことが特徴です。

ポイント9 天気図と気象災害・注意報・警報

3 注意報・警報

問題 平成23年度 第1回 通算第36回試験　専門知識 問13
難度：★★★★☆

気象庁が大雨警報を発表するときの基準が下表のとおりであり、この基準のみに基づいて発表されるとしたとき、大雨警報の発表状況について述べた次の文(a)〜(d)の正誤の組み合わせとして正しいものを、下記の①〜⑤の中から一つ選べ。

市町村等を まとめた地域(*1)	市町村等	雨量基準(*2)	土壌雨量指数基準
P地域	A市	平坦地：R3 = 70 平坦地以外：R1 = 50	100
P地域	B町	R3 = 70	105
Q地域	C市	R1 = 60	
Q地域	D村	R1 = 70	110

(*1) 災害特性や都道府県の防災関係機関等の管轄区域などを考慮してまとめた区域
(*2) R1は1時間雨量(mm)、R3は3時間雨量(mm)を表す

(a) A市においては、1時間60mmの雨が一部で予想されても、大雨警報(浸水害)が発表されない場合がある。

(b) C市は土壌雨量指数基準が設定されていないため、大雨警報(土砂災害)が発表されることはない。

(c) D村で、1時間80mmの雨が予想され、大雨警報(浸水害)が発表されているときに、土壌雨量指数の予想値が110を超えた場合でも、すでに大雨警報が発表中のため、警報は切り替えられない。

(d) P地域全域で1時間70mmの雨が予想された場合は、A市には大雨警報(浸水害)が発表されるが、B町には大雨警報(浸水害)が発表されることはない。

	(a)	(b)	(c)	(d)
①	正	正	誤	誤
②	正	誤	誤	正
③	誤	正	誤	正
④	誤	誤	正	正
⑤	誤	誤	正	誤

まず現在の大雨警報には厳密には次の3種類あることを前提として知っておいてください。雨量基準に到達することが予想される場合は「大雨警報（浸水害）」、土壌雨量指数基準に到達すると予想される場合は「大雨警報（土砂災害）」、両基準に到達すると予想される場合は「大雨警報（土砂災害、浸水害）」です。

● **大雨警報には3種類ある**

雨量基準に達する場合
　➡ 大雨警報（浸水害）
土壌雨量基準に達する場合
　➡ 大雨警報（土砂災害）
両基準に達する場合
　➡ 大雨警報（浸水害・土砂災害）

ⓐの記述について

A市において、大雨警報（浸水害）の発表基準にあたる雨量基準は平坦地と平坦地以外の2つの地域に分かれています。平坦地はR3（3時間雨量）が70mm、平坦地以外がR1（1時間雨量）が50mmと予想された場合に発表されます。

市町村等	雨量基準（*2）
A市	平坦地　　：R3 = 70 平坦地以外：R1 = 50

A市では1時間60mmの雨が予想されても平坦地では基準に達せずに大雨警報（浸水害）は発表されるとは限らない

ⓐの記述では1時間60mmの雨が予想されているとあるので、平坦地以外の地域ではその発表基準（1時間50mm）を上回るため、大雨警報（浸水害）は発表されることになります。ただし、1時間に60mmと予想されていても3時間で70mmまで降るとは限りません。したがって平坦地ではその基準（3時間で70mm）を上回ることにはならないので、発表されるとは限りません。したがってⓐの記述は正しいことになります。

ⓑの記述について

土壌雨量指数とは降った雨が土壌中に水分量としてどれだけ貯まっているかを指数化したものです。簡単にいうと土砂災害の起こりやすさを表した指数です。

土砂災害が起きやすい
　↓
土壌雨量指数が小さくても土砂災害の恐れ

土砂災害が起きにくい
　↓
土壌雨量指数が大きくても土砂災害が起こらない可能性

ただし、この土壌雨量指数の値が高いからといって、値の低い場所よりも常に土砂災害が起きやすいかというとそうではありません。土砂災害が起きやすい場所では、土壌雨量指数の値が小さくても土砂災害が起こる恐れもあるので注意が必要です。

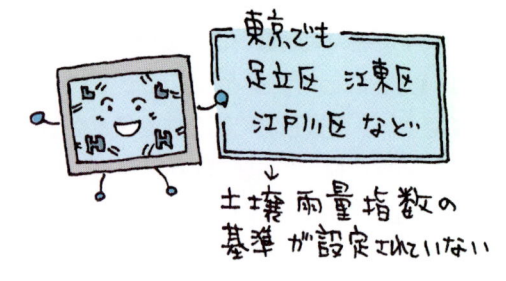

　問題図のC市を見ると、確かに土壌雨量指数の基準が設定されておらず、これは土砂災害が起きるような場所（山など）がないということです。このような地域では大雨警報の中でも大雨警報（土砂災害）は発表されないので、(b)の記述は正しいことになります。

☀ (c)の記述について

　D村で1時間80mmの雨が予想され、大雨警報（浸水害）が発表されているときに土壌雨量指数の予想値が110を超えた場合には、大雨警報（土砂災害・浸水害）に切り替えられます。したがって(c)の記述は誤りになります。同じ大雨警報でも、大雨警報（浸水害）・大雨警報（土砂災害）・大雨警報（土砂災害、浸水害）はそれぞれ意味は異なるので、(c)の記述のように切り替えられる※場合もあることに注意をしてください。

☀ (d)の記述について

　P地域全体で1時間70mmの雨が予想された場合、A市では平坦地（1時間70mmということは3時間雨量で考えても70mmに達したことになる）でも平坦地以外（1時間50mmの雨量基準）でも大雨警報（浸水害）は発表されることになります。

※注意報や警報は解除されるか、新たな注意報・警報に切り替わるまで効力は維持されます。また注意報や警報は地域ごとにその基準は異なり、火山噴火や強い地震の後に一時的（暫定的）にその基準を低くすることもあります。

同じようにB町の雨量基準は3時間70mmであるため、1時間70mmの雨量が予想された場合には、その雨量基準に達しているので土砂災害（浸水害）は発表されることになります。ここから(d)の記述は誤りになります。

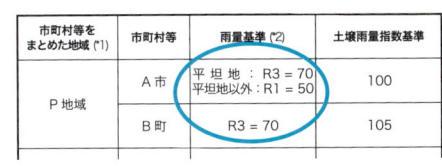

市町村等をまとめた地域(*1)	市町村等	雨量基準(*2)	土壌雨量指数基準
P地域	A市	平坦地：R3 = 70 平坦地以外：R1 = 50	100
	B町	R3 = 70	105

P地域で1時間70mmの雨が予想された場合
→ A市でもB町でも大雨警報（浸水害）は発表される

以上のことをまとめると、(a)正、(b)正、(c)誤、(d)誤となり、①の解答の組み合わせが正しいことになります。

大雨注意報や警報の新しい基準

2021年現在、大雨注意報や警報は、表面雨量指数と土壌雨量指数を基準に発表されています。

● 大雨注意報・警報の発表基準

表面雨量指数
土壌雨量指数 ｝を基準に発表

ここでいう表面雨量指数とは、短時間の強雨による浸水の危険度の高まりを把握するための指標のことです。

降った雨が地中に浸み込みやすい山地や水はけのよい傾斜地では、雨水が貯まりにくい特徴がありますが、地表面の多くがアスファルトで覆われている都市部では、雨水が地中に浸み込みにくく地表面に貯まりやすい特徴があります。表面雨量指数は、こうした地面の状況や地質、地形の勾配などを考慮して、降った雨が地表面にどれだけ貯まっているかを数値化したものです。

具体的にいうと大雨警報（浸水害）は表面雨量指数、大雨警報（土砂災害）は土壌雨量指数を基準に発表されており、両基準に達する場合は大雨警報（土砂災害・浸水害）として発表されています。つまり1時間や3時間雨量といった雨量基準は、2021年現在では用いられていないことを知っていてください。

ポイント9 天気図と気象災害・注意報・警報

4 土壌雨量指数・流域雨量指数

問題
平成24年度 第1回 通算第38回試験　専門知識 問13
難度：★★★☆☆

気象庁で作成している土壌雨量指数及び流域雨量指数について述べた次の文(a)〜(d)の正誤の組み合わせとして正しいものを、下記の①〜⑤の中から一つ選べ。

(a) 土壌雨量指数は、地中に貯えられている降水の量を指数化したものであり、表層付近で発生する土砂崩れ・がけ崩れや、地中深い部分で発生する深層崩壊などの土砂災害の危険性を把握するために用いられる。

(b) 土壌雨量指数は5km格子ごとに計算される。2つの格子で計算された土壌雨量指数の値が異なる場合、値の大きい格子の方が常に土砂災害の危険性が高い。

(c) 流域雨量指数は、降水が河川に流出する過程と河川を流下する過程を計算し、それらによる洪水の危険度の高さを5km格子ごとに指数化したものであり、降水のなかった地域でも値が大きくなることがある。

(d) 流域雨量指数は、ダムや堰、水門等がある河川の下流域の洪水の危険性を正しく表現することができる。

	(a)	(b)	(c)	(d)
①	正	正	誤	正
②	正	誤	正	誤
③	正	誤	誤	誤
④	誤	正	誤	正
⑤	誤	誤	正	誤

(a)の記述について

土壌雨量指数とは地中に貯えられている降水の量を指数化したものです。
またこの土壌雨量指数で用いているタンクモデル（次ページ図参照）という手法は、比較的表層の地中をモデル化したものです。深層崩壊や大規模な地滑

りなどにつながるような地中深い状況を対象とはしていません。

そのためこの土壌雨量指数によって地中に蓄えられている降水の量を把握することはできますが、地中深い部分で発生する深層崩壊などの土砂災害の危険性を把握することはできません。したがって(a)の記述は誤りになります。

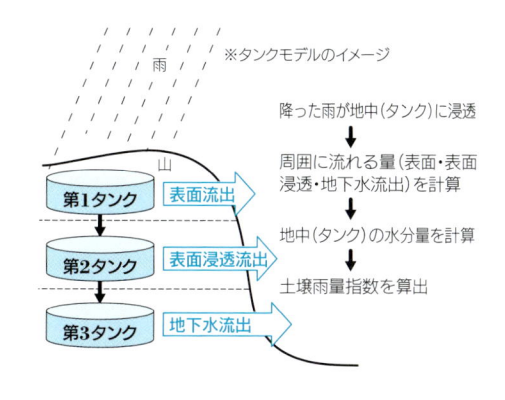

(b)の記述について

土壌雨量指数は地表面を5km四方のメッシュ（格子）に分けて、それぞれの格子で計算されます。しかし、場所によって土砂災害の起こりやすさは異なるので、値が大きいからといって常に土砂災害の危険性が高いわけではありません。したがって(b)の記述は誤りです。

(c)(d)の記述について

流域雨量指数とは、河川の流域に降った雨水がどれだけ下流の地域に影響を与えるかを指数化したものです。

流域雨量指数は、降水が河川に流出する過程（流出過程）と河川を流下する過程（流下過程）を計算し、それらによる洪水の危険度の高さを5km格子ごとに指数化したものです。これにより河川の上流で降った降水が下流までどの程度影響を与えるかを把握することができます。降水のなかった地域でも値が大きくなることがあるので、(c)の記述は正しいことになります。またこの

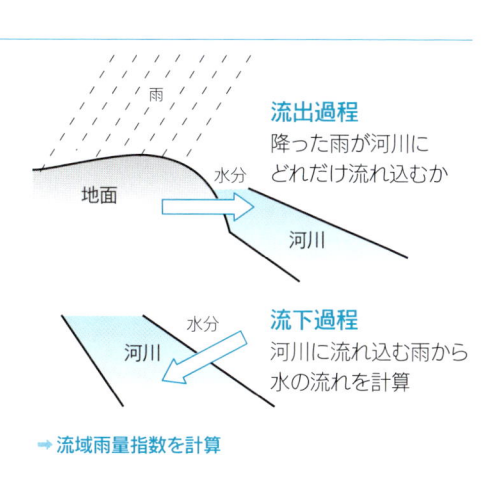

流域雨量指数を用いても、ダムや堰（せき：水をせき止める構造物）、水門など[※]がある下流域の洪水の危険性を正しく表現することはできませんので、(d)の記述は誤りです。以上のことから(a)誤、(b)誤、(c)正、(d)誤の組み合わせの⑤が解答になります。

[※]流域雨量指数は実際の水位や流量を推計したものではなく、①ダムや堰、水門、生活排水などの人為的な流水の制御の効果、②河川の形状や雨水の河川への流入経路など、詳細な河川環境、③海の干満による流出・流入などの事項も十分に勘案（考え合わせること）する必要があります。

ポイント 10
気象擾乱

このポイント10では気象擾乱についてお話しをしていきます。
擾乱（じょうらん）とは主に低気圧を指す言葉で、
よく出てくる言葉ですので覚えておいてください。
その他にも日本付近を代表する気圧配置についても
ここでお話ししていきます。

気象擾乱について

ここでは日本付近に影響を与える主な擾乱や気圧配置について、次の4つの節に分けてそれぞれに関連する問題を解きながら理解を進めていきましょう。

ガオー
一緒にがんばろうっテイ
温帯低気圧君

① 温帯低気圧

温帯低気圧とは主に中緯度で発生する低気圧です。地上天気図でみると等圧線の形が完全な円形ではなく、紡錘形（簡単にいうと楕円形のこと）になっており、温暖前線や寒冷前線などの前線を伴っていることが特徴です（右図参照）。

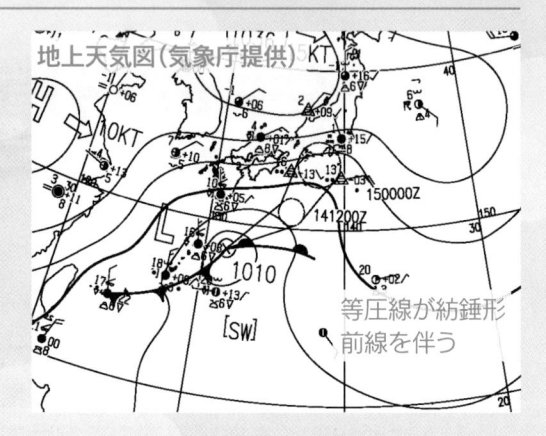

地上天気図（気象庁提供）
等圧線が紡錘形
前線を伴う

② 台風

台風とは、熱帯地方※で発生する熱帯低気圧のうち最大風速が17.2m/s（34kt）以上に達したものをいいます。地域によりハリケーンやサイクロンと呼ばれることもあります。台風は中心に暖気を伴っており、地上天気図では温帯低気圧のような前線は伴っていません（P.231の図参照）。

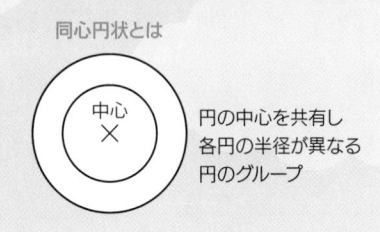

同心円状とは

中心 ×

円の中心を共有し各円の半径が異なる円のグループ

※赤道より北の東経100°〜180°の間の北西太平洋域で発生する熱帯低気圧のうち、最大風速が17.2m/s（34kt）以上に達したものを台風といいます。熱帯低気圧も台風も構造上は同じです。あくまでも最大風速の違いで名前が決まります。

等圧線（等高度線）は円形で、特に同心円状（円の中心を共有し各円の半径が異なる円のグループのこと）と表現されます。

3 寒冷低気圧

寒冷低気圧とは中心に寒気を伴った低気圧のことで、この低気圧も前線は伴っていません。

地上天気図では明瞭ではなく（地上天気図では描かれていないこともある）500hPaなど対流圏中・上層ほど明瞭になる特徴があります。等圧線（等高度線）の形は円形であることが多いです。

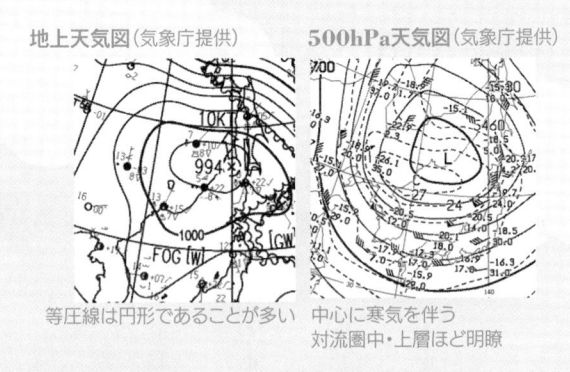

地上天気図（気象庁提供）　　500hPa天気図（気象庁提供）

等圧線は円形であることが多い　中心に寒気を伴う
　　　　　　　　　　　　　　対流圏中・上層ほど明瞭

4 日本付近に影響を与える気圧配置

ここで紹介した擾乱のほかにも日本付近に影響を与える気圧配置はあります。ここでは特に梅雨型と冬型（西高東低）の気圧配置に係わる問題について解説をしていきます。

ポイント10 気象擾乱

1 温帯低気圧

問題　平成23年度 第1回 通算第36回試験　一般知識 問9
難度：★★☆☆☆

温帯低気圧の構造やエネルギーについて述べた次の文(a)〜(d)の正誤の組み合わせとして正しいものを、下記の①〜⑤の中から一つ選べ。

(a) 温帯低気圧は、大気中に水蒸気が存在しないと発生しない。
(b) 温帯低気圧は、熱を南北に輸送することにより南北温度差を弱める。
(c) 発達期にある温帯低気圧においては、対応する気圧の谷の西側に上昇気流、東側に下降気流がある。
(d) 発達期にある温帯低気圧においては、南北の熱輸送のため上空にいくほど気圧の谷の軸が東に傾いている。

	(a)	(b)	(c)	(d)
①	正	正	正	正
②	正	誤	誤	正
③	正	誤	誤	誤
④	誤	正	誤	誤
⑤	誤	誤	正	正

(a)(b)の記述について

先に結論をいうと、温帯低気圧は南北方向の温度差（温度傾度ともいう）が大きくなると発生して、その南北方向の温度差を縮める働きがあります。

それでは温帯低気圧が発生する仕組みを詳しく

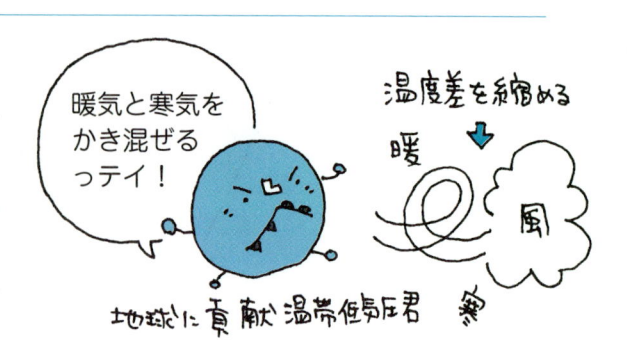

温帯低気圧 10-1

お話しします。温帯低気圧は偏西風と密接な関係があります。

偏西風とは主に中緯度上空で、大きく見ると西から東に向けて吹く風であり、一年を通して吹いています。

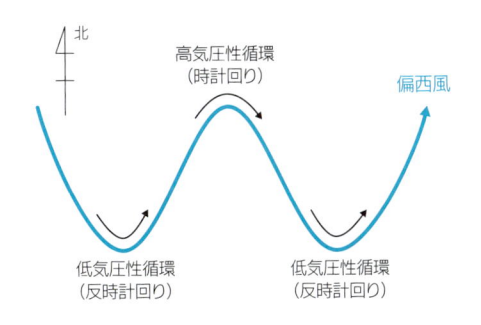

偏西風が南北に蛇行している状態を南北流型(偏西風が東西に吹いている場合は東西流型という)といいます。偏西風が蛇行することにより、南に張り出している場所では低気圧性循環(北半球では反時計回り)、北に張り出している場所では高気圧性循環(北半球では時計回り)という風の流れが発生します(上図参照)。

同じ気圧傾度力(気圧差がある場合に働く力)という条件をつけた場合、風は高気圧性循環のほうが強く吹き、低気圧性循環のほうが弱く吹くという性質があります。

ただし高気圧と低気圧を比べた場合、実際には低気圧のほうが風が強くなります。気圧傾度力という風を吹かせる原動力そのものが大きいからです。台風の風があれだけ強いのは等圧線が混み合って黒くて見えなくなるくらい気圧傾度(気圧差)が大きく、そこから働く気圧傾度力が大きくなるからです(右図参照)。

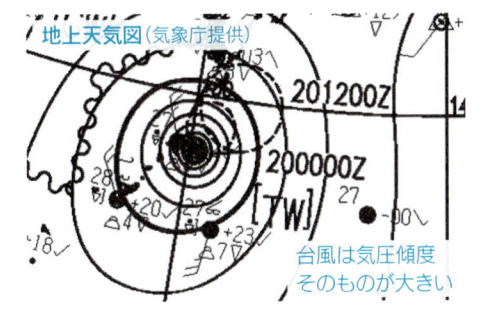

偏西風は西から東に向かって吹きますので西側が風上側(上流)であり、東側が風下側(下流)です。

ポイント 10 気象擾乱

そのように考えると偏西風が南に張り出している場所（低気圧性循環＝風が弱い）から偏西風が北に張り出している場所（高気圧性循環＝風が強い）に向かう場所は、風の弱い場所から強い場所へと向かうことになります。その間（右図のA地点）では、風による発散（空気が離れる状態）が起きて、速度発散（風速の違いで発散が起きる状態）が起きます。

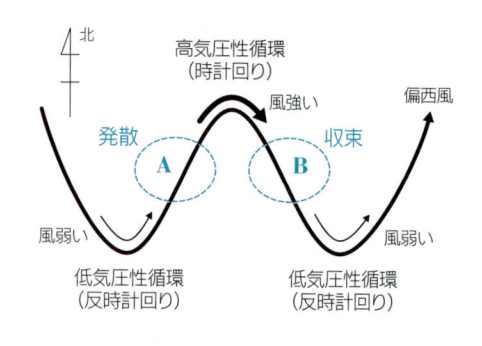

逆に偏西風が北に張り出している場所（高気圧性循環＝風が強い）から偏西風が南に張り出している場所（低気圧性循環＝風が弱い）に向かう場所は、風の強い場所から弱い場所へと向かうわけです。その間（上図B地点）では風による収束（空気が集まる状態）が起き、詳しくは速度収束（風速の違いで収束が起きる状態）が起きます。

そして風による発散が起きている場所では、その部分の空気を補うために下層から空気を上昇させる（右図のA地点）ことになります。この上昇流が発生する場所の地上では低気圧が発生し、これが温帯低気圧です。

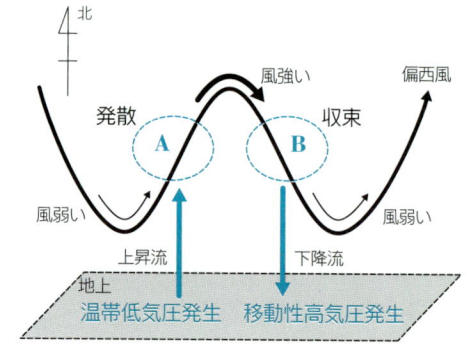

また風による収束が起きている場所ではその部分の空気を逃がすために下層に向けて空気を送り、下降流が発生する（上図のB地点）ことになります。この場所の地上で高気圧が発生し、詳しくは移動性高気圧が発生することになります。

ここからもわかるように、水蒸気がなくても、偏西風が蛇行することで空気の収束と発散が起き、その影響で温帯低気圧は発生するのです。

またこの偏西風が蛇行するときは南北の温度差が大きくなったときです。温度差がそれ以上大きくならないように、偏西風を蛇行させることで南側の暖か

い空気と北側の冷たい空気をかき混ぜているのです（右図参照）。

偏西風は空気をかき混ぜることで南北の温度差を小さくする働きがあり、このような働きのことを、特に熱輸送と呼びます[※]。

つまり南北の温度差が大きくなることで偏西風を蛇行させ、偏西風が蛇行することで温帯低気圧や移動性高気圧が発生します。

そしてここでの問題のテーマとなっている温帯低気圧は、やはり水蒸気ではなくて南北の温度差が大きくなることで発生するものです。

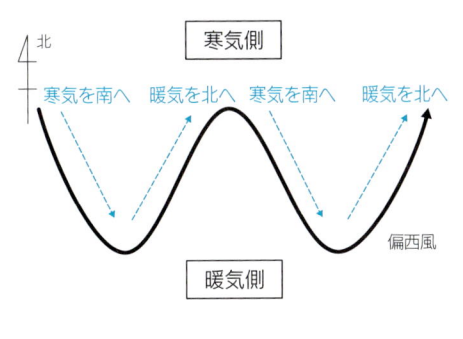

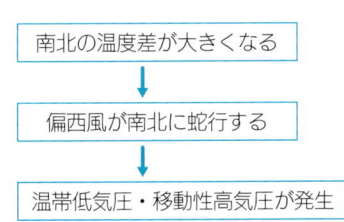

温帯低気圧はこのように南北の温度差が大きくなった状態で、偏西風の南北の蛇行とともに地上天気図に表れて反時計回りに回転します。これにより温帯低気圧の進行方向前面（低気圧の中心から見て東側）では南よりの風とともに暖気を北へ運び、進行方向後面（低気圧の中心から見て西側）では北よりの風とともに寒気を南へ運び、南北の温度差を小さくしています。つまりこの温帯低気圧も熱輸送に関連しています。ここから(a)の記述は誤りとなり、(b)の記述は正しいことになります。

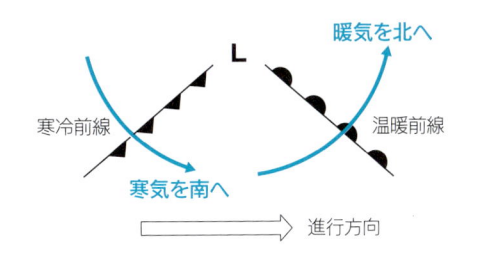

(c)(d)の記述について

温帯低気圧には発生期、発達期、最盛期（閉塞期）、衰弱期という4つの段階があり、これを温帯低気圧のライフサイクルといいます。それぞれの時期（発

※熱輸送に関わる偏西風の波のことを詳しくは傾圧不安定波といい、この傾圧不安定波も水蒸気ではなく南北の温度差（南北の温度差がある状態を傾圧性とも表現する）が原因で発生するものです。

達期など）をライフステージといいます。

ライフステージの中で特に試験に出題されるのが発達期であり、その発達期に見られる温帯低気圧の構造の特徴は主に以下の3つです。これを温帯低気圧の発達3条件といいます（※ちなみに低気圧が発達するとは中心気圧を低下させている状態のことを指します）。

> ●温帯低気圧のライフサイクル
> ①発生期
> ②発達期
> ③最盛期（閉塞期）
> ④衰弱期

> **温帯低気圧の発達3条件**
> ①地上低気圧中心に対して上空の気圧の谷（トラフ）が西側に位置している。
> ②地上低気圧の進行方向前面で上昇流、後面で下降流が対応している。
> ③地上低気圧の進行方向前面で暖気移流、後面で寒気移流が対応している。

発達期に見られる構造の特徴を図にすると下図の通りで、ポイントは温帯低気圧の進行方向前面で暖気が地上から上空に向けて上昇し、後面で寒気が上空から地上に向けて下降していることです。

これにより温帯低気圧は位置エネルギー（有効位置エネルギー）※が運動エネルギーに変換されることで低気圧の中心気圧を低下させ、雨や風を強化させることができます。そして温帯低気圧のエネルギー源はこの位置エネルギーを運動エネルギーに変換させることです。ここから(c)(d)の記述ともには誤りとなり、(a)誤、(b)正、(c)誤、(d)誤の④が解答になります。

●発達する温帯低気圧の構造

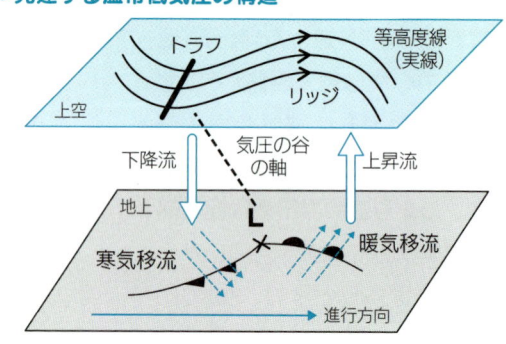

※気圧の谷の軸…地上低気圧中心と上空のトラフを結んだもの

※位置エネルギーは物体が高い位置にあり、質量が大きいほど大きくなるエネルギーです。mgh（m：質量、g：重力加速度、h：高さ）という記号で表すことができます。運動エネルギーは $\frac{1}{2}mv^2$（m：質量、v：速度）という記号で表し、物体の質量が大きく速度が速いほど大きくなるエネルギーです。

ポイント10 気象擾乱

2 台風

問題 平成25年度 第2回 通算第41回試験 専門知識 問12
難度：★★★★☆

台風が発達するときの過程について述べた次の文(a)〜(d)の正誤の組み合わせとして正しいものを、下記の①〜⑤の中から一つ選べ。

(a) 台風中心から少し離れた地点の接線方向の風速が、大気境界層よりやや上の自由大気中で最も大きくなる。

(b) 台風中心付近に向かう動径方向の風速成分が、大気境界層よりやや上の自由大気中で最も大きくなり、対流圏下層の台風中心付近での暖湿気流の収束が強まる。

(c) 台風中心付近の対流圏中層は寒冷となり、鉛直方向の不安定が増大して対流活動が活発になる。

(d) 対流活動に伴う潜熱の放出により台風中心付近の気圧が低下するために、台風中心から少し離れた地点の対流圏下層での接線方向の風速が大きくなる。

	(a)	(b)	(c)	(d)
①	正	正	誤	誤
②	正	誤	正	正
③	正	誤	誤	正
④	誤	正	正	誤
⑤	誤	誤	正	正

(a)(b)の記述について

まずここでは風の速度を表す言葉である、接線速度と動径速度についてお話をしておきます。簡単にいうと接線速度と動径速度は風を2つの方向に分解した場合のそれぞれの速度成分のことをいいます。

次ページ上図のように円を描き、この円の中心から見て東の方角（図の上が北の方角）にある点Aで風が吹いているとします。ここではその風を矢印で表

し、この矢印のことをベクトルと専門的には呼びます。

　ベクトルの長さが風速の大きさ、矢印の向きが風の吹く向き（風向は風の吹いてくる方向であることに注意）を表していて、ここでは北東の方角に向かって風は吹いている（風向は風の吹いてくる方向なので南西）ことになります。

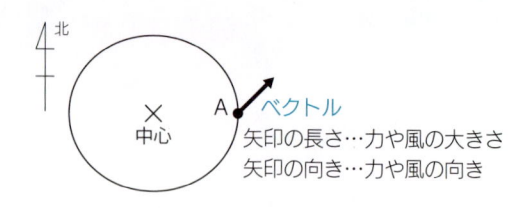

　この北東の方角に向かって吹いている風の根元から円の中心方向に向けて線を引き、同じくこの風の根元からその中心方向に引いた線と垂直になるように線を引き、この線のことを接線といいます。接線とは円に交わらずに接している線のことで、円と接している点を接点といいます。この北東に向かって吹いている風を1つの対角線として平行四辺形（ここでは長方形）を描き、その接線と中心方向に向かう線に沿っている2つの辺の長さが接線速度（この問題では接線方向の風速と表現）と動径速度（この問題では動径方向の風速と表現）ということになります（上図参照）。

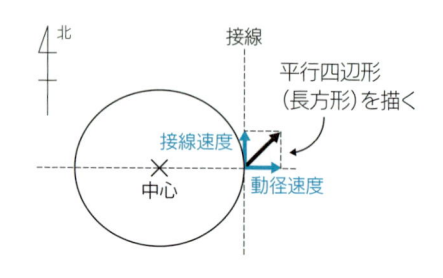

　台風を含めて低気圧の風は、地上付近（高度約1km以下の大気境界層内）では摩擦力が働きます。そのため風は等圧線に平行ではなく交わるように、気圧の低い側（低圧側）である低気圧の中心方向に向けて吹くことになります。

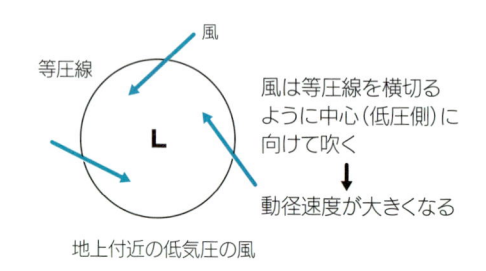

　低気圧の中心方向に向けて吹くということは上図のように動径速度が大きくなり接線速度は小さくなります。

　逆に摩擦力の働かない自由大気中（高度約1km以上）では、風は中心方向に向けて吹かずに等圧線に平行に吹くことになります。

等圧線に平行に風が吹くということは右図のようにこの風自体が接線速度ということになり、逆に中心に向かう速度成分がないために動径速度は小さく(この場合は0)なります。

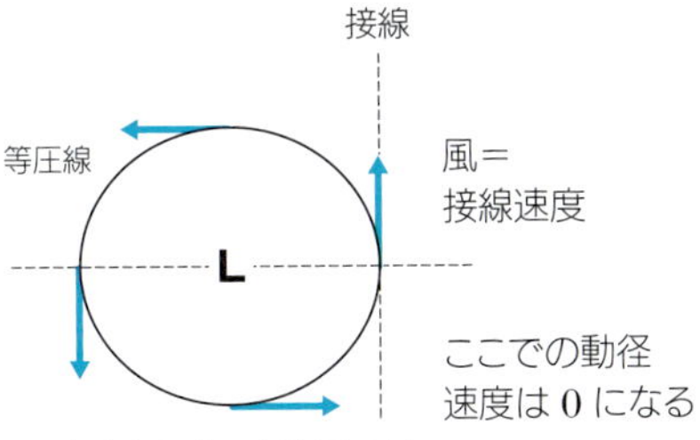

台風は下層ほど低気圧がより明瞭であり※、中心と周囲との気圧差(気圧傾度)が大きく風が強く吹きます。ただ地上付近(大気境界層)では摩擦力が働くために風速自体が弱められますが、風は低圧側に曲げられて中心方向に吹き込むように吹くため、ここから地上付近では風の動径速度(中心に向かう風成分)は大きくなり、逆に接線速度は小さくなります(右図参照)。

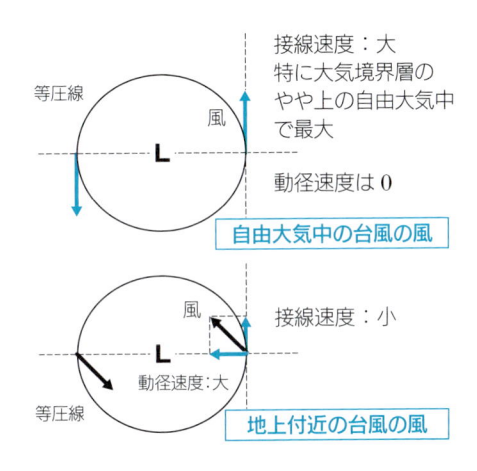

そして摩擦力の影響をほとんど受けなくなった大気境界層よりも上の自由大気中で風は等圧線に平行に吹き、風速は下層ほど大きくなるので、その兼ね合いからちょうど大気境界層のやや上の自由大気中で接線速度が最も大きくなるのです。ここから(a)の記述は正しく、(b)の記述は誤りになります。

☀ (c)の記述について

台風の中心付近は、地上付近で摩擦力により収束した暖湿気流が上昇流となり、凝結(水蒸気が水滴になること。簡単にいうと雲になること)に伴う潜熱の放出の効果により、暖気核(ウォームコア)を形成(対流圏中・上層で顕著)しています。ここから(c)の記述は誤りになります。

※台風は対流圏下層ほど明瞭な低気圧(北半球では反時計回りに風は吹き込む)です。対流圏上層では高気圧となり、風は北半球で中心から離れたところでは時計回りに、中心から周囲に向けて吹き出しています。

☀ (d)の記述について

　台風が発生し発達するメカニズムを第二種条件付不安定（CISK）といいます。

　台風は海面水温の比較的高い（26～27℃以上）海上で発生します。このような海上の空気は非常に暖湿であり、そのような空気が仮に地上付近で収束したとしま

● **台風の発生場所**

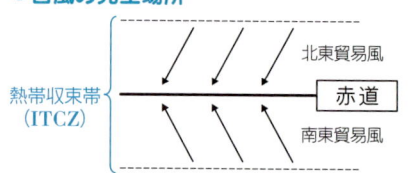

熱帯収束帯（緯度5～20°）の中の海面水温が26～27℃以上の海上
※緯度5°以下の赤道付近ではコリオリ力が働かないため発生しない

す（※台風の発生する地域は緯度がおよそ5～20°の熱帯収束帯：ITCZという場所で、空気は収束しやすい場所です。ただし台風の発生にはコリオリ力が必要であるため、緯度5°以下では発生はしません）。

　地上付近で収束した空気はそれよりも下には行けずに上昇しかできないので、ここで上昇流が発生します。空気が上昇すると、非常に湿った空気であるため気温低下に伴い水蒸気の凝結が起こりやすく、対流性の雲が発生します。

　この雲の中で水蒸気の凝結に伴う潜熱が発生し、その潜熱により空気が暖められます。暖かい空気は密度が小さく（要は軽く）なり、

● **台風の発生・発達のメカニズム**

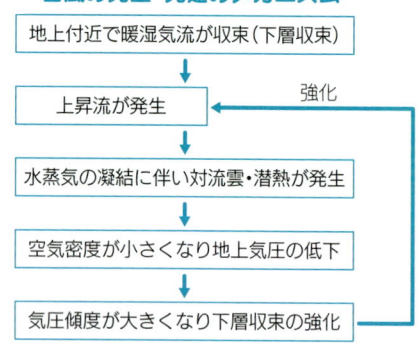

地上付近で暖湿気流が収束（下層収束）
↓
上昇流が発生 ← 強化
↓
水蒸気の凝結に伴い対流雲・潜熱が発生
↓
空気密度が小さくなり地上気圧の低下
↓
気圧傾度が大きくなり下層収束の強化

→ 台風にまで発達

ここで地上の気圧が周囲に比べて低くなります。周囲よりも気圧が低下すればするほど気圧差（気圧傾度）が大きくなるので、風が強くなり地上付近での収束がより強化されます。

　下層の収束が強まれば強まるほどそこで発生する上昇流が強まり、さらに大きな対流性の雲が発生します。大きな雲が発生すれば水蒸気の凝結に伴う潜熱の量も増えるので空気の密度はさらに小さくなり、地上の気圧はさらに周囲よりも低下し、下層収束も強まります。あとはこれまでの過程をどんどん繰り返し、やがては台風にまで発達するのです。

このような台風が発生・発達するメカニズムを第二種条件付不安定といい、詳しくは積乱雲群と低気圧性の渦がお互いに発達を促し合うメカニズムのことです。また台風のエネルギー源は水蒸気の凝結に伴う潜熱であることも、試験ではよく問われるので覚えていてください。

　台風のエネルギー源が水蒸気の凝結に伴う潜熱であることから、水蒸気が少なくなると、その潜熱の発生も少なくなるので台風は衰弱していきます。

　そのような理由から台風は、水蒸気の供給が少なくなる台風の進路上の海面水温の低下や台風の上陸（台風の中心が北海道・本州・四国・九州の海岸に達した場合をいう）によって衰弱※していきます。

　天気予報でもよく耳にしますが、台風の中心付近は台風の眼といい、衛星画像などで雲が見られません。これは台風の中心付近は遠心力（円の中心か

- **台風が衰弱する理由**
①台風の進路上の海面水温の低下
②台風が上陸
➡ 水蒸気の供給が少なくなるため

ら遠ざかる向きに働く力）が強すぎるため、空気や雲が中に入ることができないからです。このため台風の眼の中は晴れて風も穏やかなことが多いです。

　そう考えると台風の風は、台風の中心から少し離れた地点（距離にして30〜100km）で強まることになります。この問題の(a)の記述でも説明したように、台風に伴う接線速度は、摩擦力の働かない大気境界層のやや上の自由大気中で最も大きくなります。具体的には台風の中心から少し離れた地点の、大気境界層のやや上の自由大気中で最大となります。(d)の記述は台風の中心から少し離れた地点の対流圏下層での接線方向の風速が最大となると表現していますが、対流圏下層とは700hPa（約3000m）付近までの層を指し、大気境界層のやや上の自由大気中という意味も含まれています。ここから(d)の記述は正しいことになります。以上のことから(a)正、(b)誤、(c)誤、(d)正の、③の解答が正しいことになります。

※台風は低緯度で発生し、北上して中緯度にさしかかると寒気の影響を受けて温帯低気圧となり再発達することがあります。これを台風の温帯低気圧化（台風の温低化）といい、台風が温帯低気圧化すると強風域や強雨域が広がる傾向があります。

ポイント10 気象擾乱

3 寒冷低気圧

問題　平成24年度 第1回 通算第38回試験　専門知識 問10
難度：★★★☆☆

　北半球の寒冷低気圧とそれに伴う現象に関する次の文章の下線部(a)〜(d)の正誤について、下記の①〜⑤の中から正しいものを一つ選べ。

　対流圏中・上層においては、寒冷低気圧の中心部は周囲よりも気温が低く、低気圧の周囲には、(a)反時計回りの循環がある。中心部では、上空の圏界面は大きく垂れ下がっており、下部成層圏の空気は周囲よりも(b)温度が高く密度が小さいため、対流圏の上層や中層では気圧が低くなっている。一方、地上では、(c)低気圧として明瞭に認められないこともある。
　4月から5月にかけて、日本付近に寒冷低気圧が東進してくる場合、(d)中心の南東側から東側にかけて大気の成層状態が不安定となり、積乱雲が発達して強い雨や落雷、降雹などの現象が発生することがある。

① (a)のみ誤り　　② (b)のみ誤り　　③ (c)のみ誤り
④ (d)のみ誤り　　⑤ すべて正しい

(a)(c)の下線部について

　寒冷低気圧は中心が寒気で覆われているため空気密度が大きく（重く）なり、層厚が小さくなります。そのため地上ではその上にある空気が冷たく重いので、低気圧は不明瞭（低気圧としては解析されない場合もある）となっています。

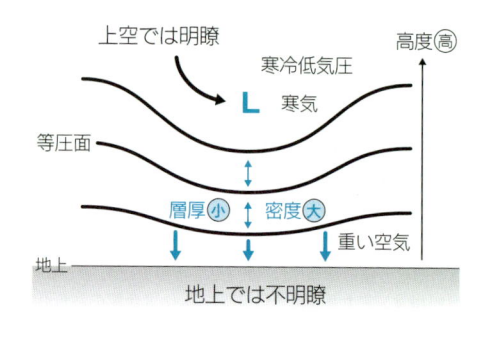

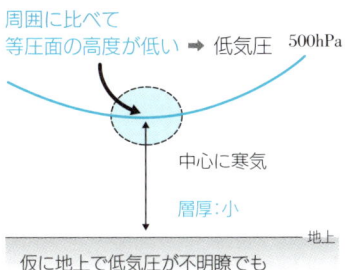

ただしそのぶん層厚が小さくなるため、対流圏中・上層ほど周囲に比べて500hPa面などの等圧面高度が低くなる特徴があります。等圧面天気図ではどこも同じ気圧なのですが、高度が低い場所ほど気圧が低く、高度が高い場所ほど気圧が高いと考えることができます。

●寒冷低気圧の構造の特徴

周囲に比べて等圧面の高度が低い → 低気圧　500hPa

中心に寒気

層厚：小

地上

仮に地上で低気圧が不明瞭でも対流圏中・上層では低気圧が明瞭になる

つまり中・上層の等圧面天気図で周囲に比べて高度の低くなる寒冷低気圧は、地上で不明瞭であっても中・上層ほど明瞭となり、低気圧性循環（北半球では反時計回りの渦）もよりはっきりと見ることができます。逆に地上付近では不明瞭となるため、低気圧性循環もはっきりとは見られません。ここから(a)(c)の下線部は正しいことになります。

☀ (b)の下線部について

寒冷低気圧は中心が寒気で覆われているために、空気密度が大きく層厚が小さくなります。そのため対流圏界面（単に圏界面ともいう）という対流圏と成層圏の境界（一般的には約11km）も、周囲に比べて低くなる特徴があります。

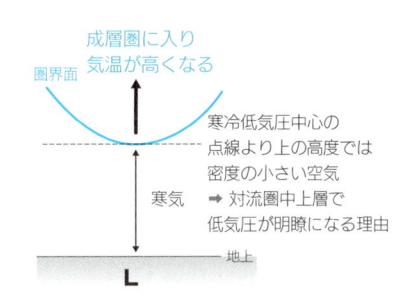

対流圏界面が周囲に比べて低いということは、寒冷低気圧の中心付近は周囲よりも低い高度で成層圏に入っていることになります（右図参照）。

成層圏は単純に高度とともに気温が高くなる層ですから、寒冷低気圧の中心付近は季節などにもよりますが、実際の天気図でも300hPa（約9000m）付近

成層圏に入り気温が高くなる

圏界面

寒冷低気圧中心の点線より上の高度では密度の小さい空気
→ 対流圏中上層で低気圧が明瞭になる理由

寒気

地上

L

では周囲に比べて気温が高くなっていることがあります。周囲に比べて気温が高いと空気密度が小さく軽くなり、その高さ（9000mなど）で気圧を比べた場合※、寒冷低気圧は周囲に比べて低くなります。ここからも寒冷低気圧の対流圏中・上層の気圧は周囲に比べて低く、(b)の下線部は正しいことになります。

※気圧は異なる高さでは比べることはできず、同じ高さで比べることがポイントになります。

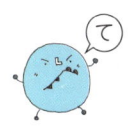

☀ (d)の下線部について

　寒冷低気圧は中心に寒気を伴っています。そのため寒冷低気圧が近づいてくると、地上と上空の温度差（気温減率）が大きくなり、大気の成層状態は不安定になるので、積乱雲が発達することがあります。したがって短時間強雨・落雷・突風・降ひょうなどシビア現象（激しい現象）に対して注意をしなければなりません。

　特に寒冷低気圧の中心から見て南東側から東側（南東側とだけ表現されることもある）にかけては注意が必要で、これを寒冷低気圧の南東象限といいます。

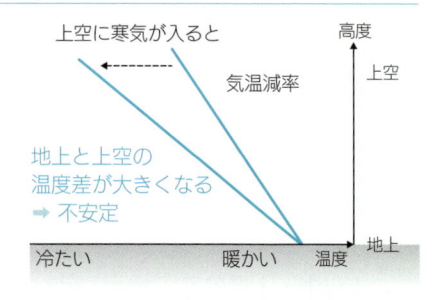

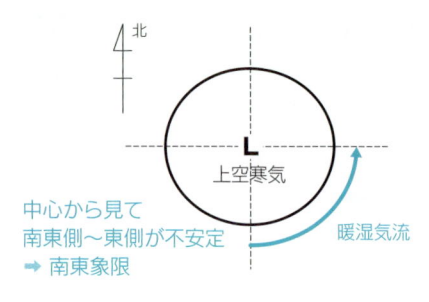

　その理由は、風の流れを考えた場合、寒冷低気圧は低気圧性循環なので、低気圧の中心から見て南東側から東側は、南よりの暖湿気流が流入しやすい場所になります。暖湿気流が下層に流入すれば上空の寒気との関係で、より一層地上と上空の温度差が大きくなり、大気の状態は非常に不安定となるからです。

　寒冷低気圧といっても、その安定度はどこでも同じではなく、不安定になりやすい場所があることを知っておくことは大切です。ここから(d)の下線部は正しいことになります。以上のことからこの問題の解答は⑤のすべて正しいとなります。

　なお、象限とはX軸（東西方向）とY軸（南北方向）が交わる部分を原点Oとして、その原点Oから見て4つの場所のひとつひとつを指します（右図参照）。寒冷低気圧の中心が原点Oだとすると南東方向の部分の象限であるため、寒冷低気圧の南東象限といいます。

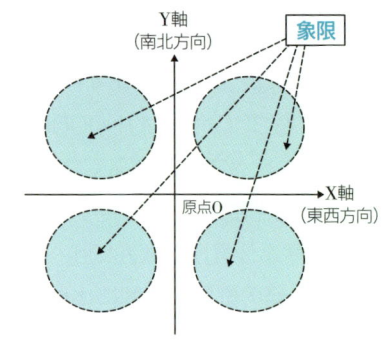

ポイント10 気象擾乱

4 日本付近に影響を与える気圧配置

問題　平成23年度 第1回 通算第36回試験　専門知識 問10
難度：★★★★☆

左図は日本付近に梅雨前線が停滞し西日本で大雨となったときの850hPa 風・相当温位とレーダーエコーの重ね合わせ図、右図（次ページを参照）はそのときの地上風・気温・露点温度分布図である。このときの日本付近の気象状況について述べた次の文章の空欄(a)～(d)に入る語句や記号の組み合わせとして正しいものを、下記の①～⑤の中から一つ選べ。

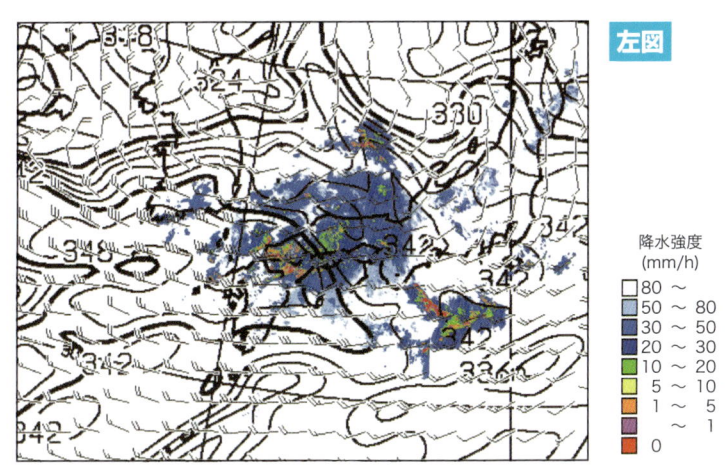

左図

850hPa 風・相当温位とレーダーエコーの重ね合わせ図
矢羽：風向・風速（ノット）(短矢羽：5ノット、長矢羽：10ノット、旗矢羽：50ノット)
実線：相当温位 (K)
塗りつぶし域：降水強度 (mm/h)（凡例のとおり）

降水強度 (mm/h)
80 ～
50 ～ 80
30 ～ 50
20 ～ 30
10 ～ 20
5 ～ 10
1 ～ 5
～ 1
0

左図で相当温位の(a)領域や風のシアーに着目すると、850hPaの前線帯は朝鮮半島付近から北日本にかけてのびていると見られる。一方、右図の(b)に着目すると、地上の前線は図中の(c)の線に対応すると考えられる。左図では、対馬海峡付近に風速40ノット、相当温位345Kを超える領域が

あり、西日本の活発な降水域に向かう強い(d)が見られる。

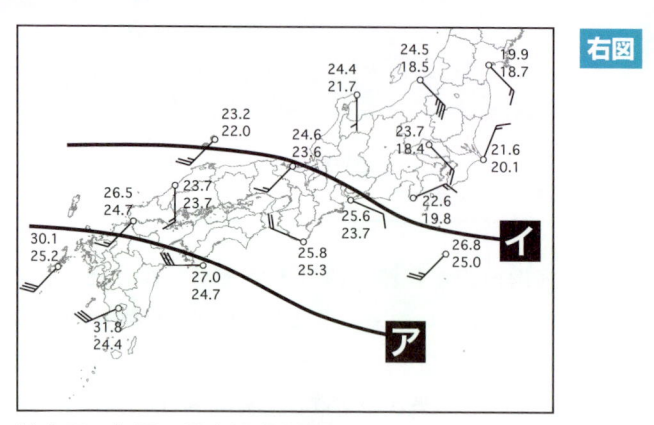

地上風・気温・露点温度分布図

数値(上):気温(℃)、数値(下):露点温度(℃)
矢羽:風向・風速(m/s)(短矢羽:1m/s、長矢羽:2m/s、旗矢羽:10m/s)

	(a)	(b)	(c)	(d)
①	高い	気温	イ	上昇流
②	高い	気温	ア	暖湿流
③	高い	露点温度	ア	上昇流
④	水平傾度の大きい	気温	ア	暖湿流
⑤	水平傾度の大きい	露点温度	イ	暖湿流

(a)の空欄について

梅雨前線は梅雨期(5月末〜7月末頃まで)に日本付近の東西に停滞する停滞前線のことです。

梅雨前線は、温帯低気圧に伴う温暖前線(暖気の勢力が強い前線)や寒冷前線(寒気の勢力が強い前線)のような一般的な前線とは特徴が異なります。梅雨前線は、温度差(温度傾度)

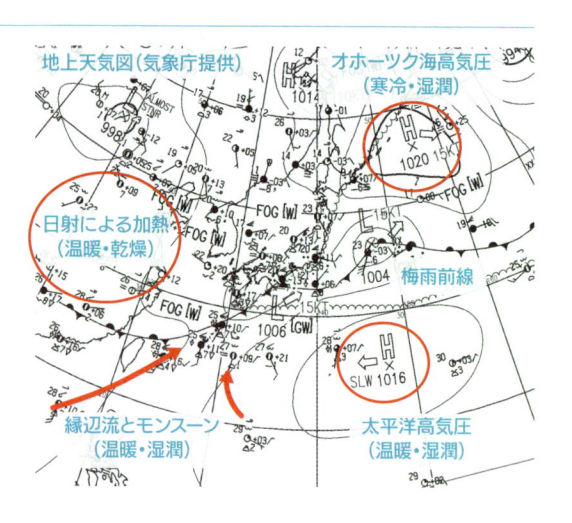

よりも水蒸気量の差（水蒸気傾度）に大きな違いが見られます。

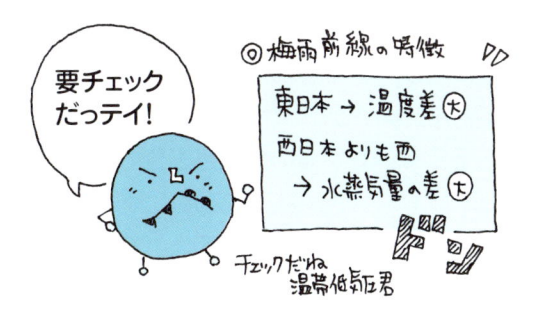

　この理由は梅雨前線の発生原因にあります。梅雨前線は、東日本では寒冷・湿潤なオホーツク海高気圧と温暖・湿潤な太平洋高気圧の間に形成されます。そのため南北の水蒸気量の差にはほとんど違いがなく（どちらも湿潤）、温度傾度が大きくなります。

　西日本よりも西（中国大陸にかけても含まれる）では、強い日射による加熱効果により中国大陸上の空気が加熱されて、温暖で乾燥した性質を持つ空気が滞留します。この空気と、温暖で湿潤な太平洋高気圧の縁辺流やモンスーンという季節風（温暖・湿潤）の間に、梅雨前線は形成されます。そのため南北の温度差にほとんど違いがなく（どちらも温暖）、水蒸気量の差に大きな違いが見られます（前ページ下図参照）。

　この梅雨前線の場所による性質の違い（東日本では温度差が大きく、西日本よりも西では水蒸気量の差が大きくなる）は、試験でもよく問われるので覚えておいてください。

　梅雨前線は温度差よりも水蒸気量の差が大きい（詳しくは西日本以西）ことが特徴です。したがってその解析（意味は本質を明らかにすることであり、天気図に記入すること）においては、実際の天気図では等温線よりも等相当温位線の情報（等温線と等相当温位線はともに850hPa天気図に掲載されている）を見ることがポイントになります。

　その名の通り、等温線とは温度の等しい地点を結んだ線、等相当温位線とは相当温位の等しい地点を結んだ線です。つまり等温線が集中している場所とは温度差が大きく異なる地域を示しており、一般的な前線はこのように等温線が集中しているところに対応し、詳しくは等温線の集中帯の南側

● 前線解析

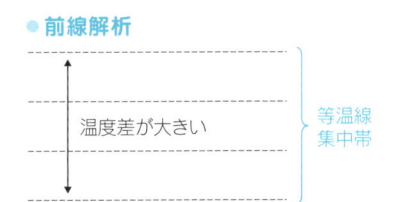

温度差が大きい	等温線集中帯

前線は850hPa天気図の等温線の集中帯の南側に沿うように対応

に沿うように解析されます。

　ただし、梅雨前線は温度差よりも水蒸気量の差が大きな前線なので等温線はほとんど集中していないため、それだけの情報では解析は難しいです。

　そこで登場するのが相当温位です。相当温位※とは、温位（簡単にいうと1000hPaの温度のことで温度の大小で決定する）と水蒸気の潜熱（簡単にいうと水蒸気量のことで水蒸気量の大小で決定する）を足したものです。そのため仮に温度差はなくても水蒸気量に差があれば、相当温度には違いが見られるはずです。

　つまり梅雨前線は、温度差がほとんどなく等温線からの情報ではわかりにくくても、水蒸気量に差が出るため相当温位ではその値の違いは大きくなります。そのような理由から梅雨前線付近では特に等相当温位線が集中することになり、詳しくは等相当温位線の集中帯の南側に沿って梅雨前線は解析されることが多いです。ここから(a)の空欄には水平傾度の大きいが当てはまります。

● 梅雨前線解析

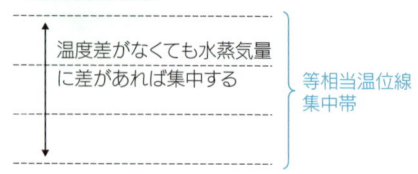

温度差がなくても水蒸気量に差があれば集中する　｝等相当温位線集中帯

梅雨前線解析は 850hPa 天気図の等相当温位線の集中帯（詳しくは南側）に着目

☀ (b)(c)の空欄について

　(a)の空欄の解説においては相当温位の差を見ることで梅雨前線は解析することができましたが、この問題の図（問題図：右）は地上の気温と露点温度についての観測結果が書かれたものです（右図参照）。

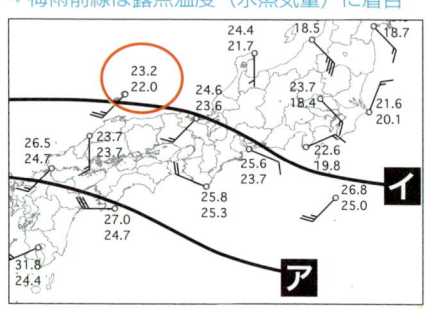

　こちらも梅雨前線がどこに対応しているかを答える問題なので、やはり温度差ではなく水蒸気量の差を見なければならず、露点温度に差が大きく出ているところに着目する必要があります。

矢羽根の横の数値は上：気温、下：露点温度
➡ 梅雨前線は露点温度（水蒸気量）に着目

※相当温位は空気が寒冷で乾燥しているほどその値は小さくなり、温暖で湿潤であるほどその値は大きくなります。ここでは梅雨前線解析において有効であると説明しましたが、もちろん一般の前線解析においても有効です。

日本付近に影響を与える気圧配置　10-4

　露点温度とは未飽和の空気の温度を低下させていき、飽和に達するときの温度のことです。

> ● 露点温度とは
> 未飽和の空気の温度を低下させていき飽和に達するときの温度
> ↓
> 露点温度が高いと水蒸気量が大きい
> 　　　　　低いと水蒸気量が小さい

　つまり露点温度が高い状態とは飽和に達する温度が高いことであり、空気中に含まれる水蒸気量が大きいことを意味しています。逆に露点温度が低い状態とは飽和に達する温度が低いことであり、空気中に含まれる水蒸気量が小さいことを意味しています。そのように考えると露点温度は、空気中に含まれる水蒸気量の差によりその大小が決まることになり、露点温度の差を見ることで空気中の水蒸気量の差を知ることができます。

　そのような理由から、ここでは梅雨前線が主役であるために気温ではなく露点温度に差が大きく出ているところ（つまり水蒸気量に差が大きく出ているところ）に着目する必要があり、(b)の空欄には露点温度が当てはまります。

イの線を境に露点温度の差が大きい
露点温度：18.4℃
露点温度：25.0℃

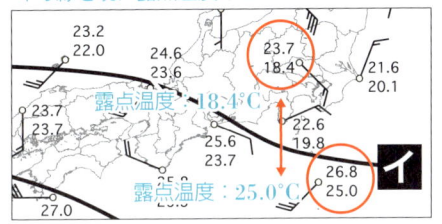

　また問題の右図ではアとイの線を比較すると、イの線のところで露点温度に差が大きく出ているため(c)にはイが当てはまります。

☀ (d)の空欄について

　この問題の図（問題図：左）には850hPaの風・相当温位とレーダーエコーを重ね合わせた情報が掲載されています。

対馬海峡
40ktの風
345Kの等相当温位線
（等相当温位線は3Kごとに引かれている）

　対馬海峡付近には風速40ノット、相当温位が345Kを超える（相当温位が非常に高く、空気が非常に暖湿である状態）領域が見られます（上図参照）。

このように相当温位が高く、等相当温位線が舌の形（前ページ下図の西日本から中国大陸に見られる345Kの等相当温位線に着目）に見えるような場所を湿舌（湿舌状）といいます。このような場所では下層の空気が非常に暖かく湿っている（相当温位が高い）ため、成層状態が対流不安定（上層ほど相当温位が低くなるような成層状態）※になることも多く、大雨の可能性があるので注意が必要です。

　このようなことから西日本で見られる活発な降水域に向かい、風速が大きく相当温位の値も大きな空気が流れ込んできているため、(d)には暖湿流が当てはまります。

　以上のことをまとめると(a)水平傾度の大きい、(b)露点温度、(c)イ、(d)暖湿流が当てはまり、⑤の解答が正しいことになります。

西日本の降水域に向かい風速が大きく
相当温位の大きな空気（暖湿流）が流入

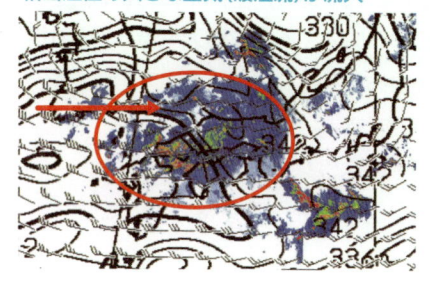

※一般的に相当温位が318K以上だと高温・多湿、336K以上になると大雨の目安といわれています。対流不安定とは空気の層全体が持ち上がったときに層全体が不安定化（これを不安定が顕在化するという）することで、対流雲が集団的に発生・発達するといわれています。

日本付近に影響を与える気圧配置　10-4

問題　平成24年度 第2回 通算第39回試験　専門知識 問11
難度：★★★☆☆

冬季の降雪に関する次の文(a)〜(d)の正誤の組み合わせとして正しいものを、下記の①〜⑤の中から一つ選べ。

(a) 大陸から日本海に吹き出した寒気が海上で変質し成層が不安定となって対流雲が発生するときには、その雲列がのびる方向は、雲底と雲頂付近の間の風のシアベクトルの向きとほぼ同じであることが多い。

(b) 日本海上に筋状の対流雲ができ始める地点と大陸の海岸線との間の距離は、海面水温など他の条件が同じならば、大陸から吹き出す大気の下層の気温が低いほど長い。

(c) 日本海側で発生する里雪型と呼ばれる大雪は、上空の寒気が日本の東の海上に抜けたあとに発生することが多い。

(d) 地上付近の気温が0℃を少し上回るときの地上における降水は、下層の湿度が低いほど雪の可能性が高くなる。

	(a)	(b)	(c)	(d)
①	正	正	誤	正
②	正	誤	誤	正
③	正	誤	誤	誤
④	誤	正	正	誤
⑤	誤	誤	正	誤

☀ (a)の記述について

冬季になると天気予報などで、西高東低の冬型気圧配置という台詞をよく耳にします。これはその名の通り、日本から見て西の大陸にシベリア高気圧、日本の東海上に低気圧が位置している状態（西に高気圧、東に低気圧で西高東低）で、主に冬季※を中心に見られる気圧配置です。このような気圧配置になると日本には北西の季節風が流れ込んでくるようになります。

大陸から北西の風として日本に流れ込んでくる風は、寒冷で乾燥しています。その空気が相対的に暖かい日本海を吹走する際に、下層から熱（顕熱とも表

※気象庁では冬季を12〜2月、春季を3〜5月、夏季を6〜8月、秋季を9〜11月の期間と定めています。

現）と水蒸気（潜熱とも表現）の供給を帯びて気団変質し、大気の成層状態が不安定となり日本海の広い範囲で対流性の雲が発生します。この対流性の雲が北西の風により、すっと伸びたものが筋状の雲と呼ばれる雲です。正式にはロール状対流雲といいます。

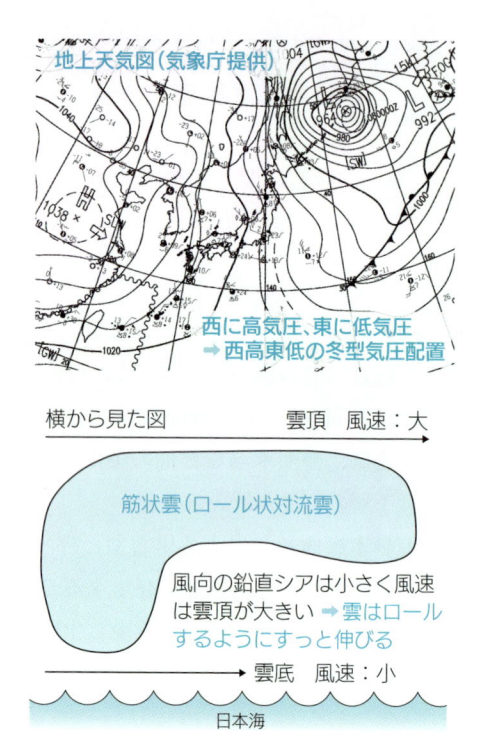

地上天気図（気象庁提供）

西に高気圧、東に低気圧
→ 西高東低の冬型気圧配置

この筋状の雲が発生する際には雲頂と雲底付近の風の風向はほぼ同じ向きをしており、逆に風速は雲底よりも雲頂のほうが大きくなっています。

横から見た図　　雲頂　風速：大

筋状雲（ロール状対流雲）

風向の鉛直シアは小さく風速は雲頂が大きい → 雲はロールするようにすっと伸びる

雲底　風速：小

日本海

雲頂と雲底の風の風向がほぼ同じ向き（風向の鉛直シアは小さい）であり、風速は雲底よりも雲頂のほうが大きい（風速の鉛直シアは大きい）からこそ、筋状の雲と呼ばれるようにすっと伸びた雲が発生します。もし雲頂と雲底の風の風向が異なっていれば、雲は筋のようにはまっすぐには伸びません。また風速が雲底よりも雲頂のほうが大きいからこそ、雲頂がすっと伸びて筋のようになるのです（右上図参照）。

そのような理由から、筋状の雲が発生する場合、雲底と雲頂の風のベクトル（風を矢印で表したもの）の差（シアベクトルのこと）と、筋状の雲の走向はほぼ同じ向きであり、(a)の記述は正しいです。

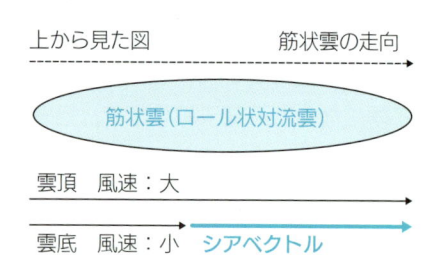

上から見た図　　筋状雲の走向

筋状雲（ロール状対流雲）

雲頂　風速：大

雲底　風速：小　シアベクトル

☀ (b)の記述について

日本海に発生した筋状の雲の、そのでき始める地点と大陸との海岸線（陸地と海水面との境界を結んだ線）まで間の距離を離岸距離といいます。

離岸距離が短いほど大陸から吹き出す寒気は強く、逆に離岸距離が長いほど大陸から吹き出す寒気が弱いことを意味しています。

大陸から吹き出す寒気が強いほど日本海の海面との温度差が大きく、大気はより不安定となるため対流雲（筋状の雲）が発生しやすくなり、大陸との海岸線からの距離が短くなるからです。ここから大陸から吹き出す大気の下層の気温が低いほど（離岸距離が）長いとした(b)の記述は誤りになります。

☀ (c)の記述について

ひと口に冬型気圧配置といっても、山雪型と里雪型の2種類に大きく分けることができます。山雪型は日本海側の山沿いや山間部を中心に雪となることで、里雪型は日本海側の平野部を中心に雪が降りやすい気圧配置のことです。

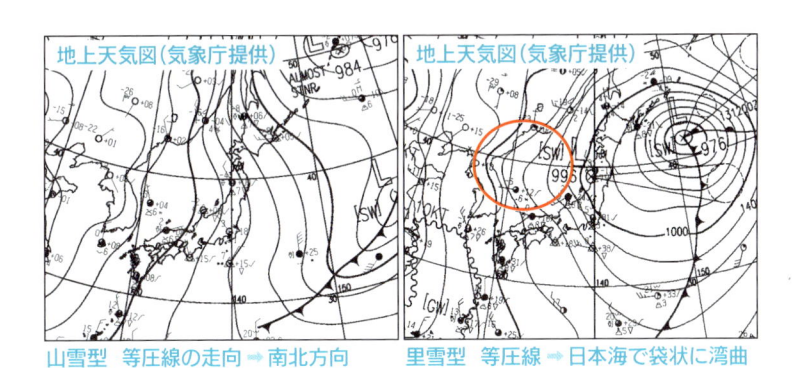

山雪型か里雪型かの見分け方にはポイントがあります。地上天気図ではどちらも西高東低の気圧配置ではあるのですが、山雪型は等圧線の走向は南北方向に並んでいます。里雪型は等圧線が袋状に湾曲しており、日本海にはその等圧線が袋状になっている部分で小低気圧（寒気場内小低気圧のこと。ポーラーローともいう）が発生していることもあります。

また山雪型では上空の寒気（500hPaの高さで見ることが多い）の中心は日

山雪型 ➡ －42℃以下の寒気は東海上へ　　　里雪型 ➡ －36℃以下の寒気が日本海に南下し寒気中心(C)も見られる

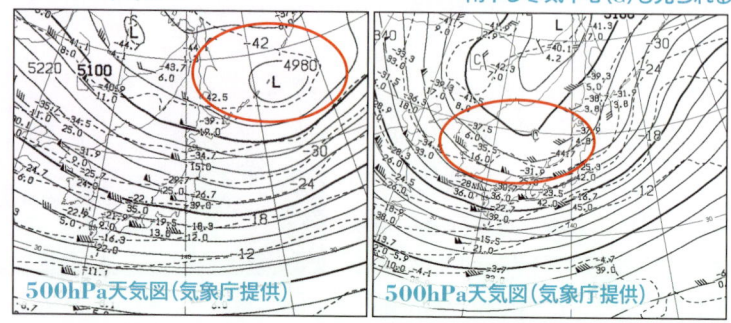

500hPa天気図(気象庁提供)　　　500hPa天気図(気象庁提供)

本の東海上に抜けていることが多く、逆に里雪型では上空の寒気の中心はまだ日本海上にあることが多いのです。

　日本海上に寒気の中心があるからこそ大気の状態が非常に不安定となり、対流雲が発達(積乱雲)して日本海側の平野部でも大雪をもたらすことがあるのです。ここから(c)の記述は誤りです。

(d)の記述について

　地上において雨か雪かの目安は単純に考えて気温であり、0℃以上であれば雨、0℃以下であれば雪になると判断することができます。

　ただし、実際には雨か雪かの判別には地上の気温だけではなく湿度が重要です。

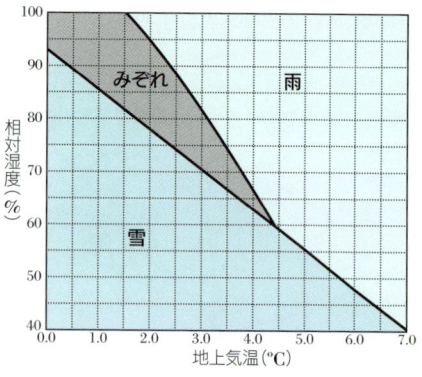

　右図は雨雪判別図で縦軸が湿度（上ほど値が大きい）、横軸が地上気温（右ほど値が大きい）です。この図を見ると地上気温が5℃であっても湿度が50％程度であれば雪になる可能性が高くなっています。その理由は、湿度が低いほど、雪（雪片→雪のひとひらのこと）の表面からの昇華（雪から水蒸気への変化）が大きく、その際に潜熱が奪われて、雪の表面の冷却効果が大きいからです。ここから(d)の記述は正しいことになります。以上のことをまとめると(a)正、(b)誤、(c)誤、(d)正となり、②の解答が正しいことになります。

ポイント 11 法令

学科試験の最後であるポイント11は、
法令についてお話ししていきます。
気象予報士試験は学科一般・学科専門の学科試験、
そして実技1と実技2の実技試験とに分かれています。
法令は学科一般の中で出題されます。

法令について

学科一般では5拓の問題が15問出題されるのですが、そのうち4問はこの法令から出題されることが多いのです。そのため学科一般の法令をなるべく落とさないことが一般合格へのポイントといっても過言ではありません。法令については次の3つの節に分けて、実際に問題を解きながら理解を進めていきましょう。

法令を学ぼうブック

法令BOOK君

1 気象業務法

気象業務法とは気象庁はじめ日本の気象業務従事者の制度、任務などを規定した法律であり、この法律の中から試験では出題されることが多いです。

気象業務法の目的は第一条の中で定められており、「この法律は、気象業務に関する基本的制度を定めることによつて、気象業務の健全な発達を図り、もつて災害の予防、交通の安全の確保、産業の興隆等公共の福祉の増進に寄与するとともに、気象業務に関する国際的協力を行うことを目的とする。」とあります。

気象業務法　第一条（目的）

> 第一条　この法律は、気象業務に関する基本的制度を定めることによつて、気象業務の健全な発達を図り、もつて災害の予防、交通の安全の確保、産業の興隆等公共の福祉の増進に寄与するとともに、気象業務に関する国際的協力を行うことを目的とする。

気象業務法の目的に関しては、よく出題されますので、しっかりと覚えていてください。特に右上図の下線部を中心に覚えておきましょう。

2 災害対策基本法

災害対策基本法は、死者・行方不明者を合わせて5000人以上の多大な被害をもたらした1959年9月の伊勢湾台風を契機として、防災行政の確立と推進を図ること

● 伊勢湾台風（台風15号）

1959年（昭和34年）9月26日に紀伊半島に上陸した台風で、伊勢湾周辺では南寄りで40m/s以上の暴風となり、記録的な高潮（名古屋港で3.89m）が起こった。死者・行方不明者を合わせて5000人以上の多大な被害をもたらした台風である。

を目的として制定された法律です。

　具体的な目的は第一条に定められており、「この法律は、国土並びに国民の生命、身体及び財産を災害から保護するため、防災に関し、基本理念を定め、国、地方公共団体及びその他の公共機関を通じて必要な体制を確立し、責任の所在を明確にするとともに、防災計画の作成、災害予防、災害応急対策、災害復旧及び防災に関する財政金融措置その他必要な災害対策の基本を定めることにより、総合的かつ計画的な防災行政の整備及び推進を図り、もつて社会の秩序の維持と公共の福祉の確保に資することを目的とする。」となっています。試験では気象業務法の次にこの災害対策基本法から出題されることが多いです。上図の下線部を中心に覚えておきましょう。

> **災害対策基本法　第一条（目的）**
>
> 第一条　この法律は、国土並びに国民の生命、身体及び財産を災害から保護するため、防災に関し、基本理念を定め、国、地方公共団体及びその他の公共機関を通じて必要な体制を確立し、責任の所在を明確にするとともに、防災計画の作成、災害予防、災害応急対策、災害復旧及び防災に関する財政金融措置その他必要な災害対策の基本を定めることにより、総合的かつ計画的な防災行政の整備及び推進を図り、もつて社会の秩序の維持と公共の福祉の確保に資することを目的とする。

ポイント11　法令

③ 水防法、消防法

　水防法は洪水や高潮に際して、水災を警戒・防御し、それによる被害を軽減することを目的に制定された法律です。消防法は火災から国民の生命などを守るために制定された法律です。実際の試験ではこのどちらかの法律から1問出題されるかどうかといった重みになります。

ポイント11 法令

1 気象業務法

問題　平成21年度 第1回 通算第32回試験　一般知識 問13
難度：★☆☆☆☆

　気象の予報業務の許可※および予報業務の実施等に関して述べた次の文(a)～(d)の正誤の組み合わせとして正しいものを、下記の①～⑤の中から一つ選べ。

(a) 予報業務の許可の申請を行う者は、気象予報士でなければならない。

(b) 予報業務の許可を受けた者は、3年ごとに更新の手続きをしなければならない。

(c) 予報業務の許可を受けた者が予報に使用するデータは、気象庁から提供されたものでなければならない。

(d) 予報業務の許可を受けた者がその予報業務の範囲を変更しようとするときは、気象庁長官の認可を受けなければならない。

	(a)	(b)	(c)	(d)
①	正	正	誤	正
②	正	正	誤	誤
③	誤	正	正	誤
④	誤	誤	誤	正
⑤	誤	誤	正	誤

(a)(b)(c)の記述について

　予報とは気象業務法により「観測の成果に基く現象の予想の発表」と定義されています。具体的には「時」と「場所」を特定して、今後生じる自然現象の状況を観測の成果をもとに自然科学的方法によって予想し、その結果を利用者（第三者）へ提供することをいいます。また業務とは「反復・継続して行われる行為」のことをいいます。

※許可とは、ある行為が一般に禁止されているとき、特定の場合にそれを解除し、適法にその行為ができるようにする行政行為のことです。

予報業務を行おうとする場合、気象業務法第十七条（下図参照）に定められているように気象庁長官の許可を受けなければならず、これを予報業務の許可制といいます。

気象業務法　第十七条（予防業務の許可）

第十七条　気象庁以外の者が気象、地象、津波、高潮、波浪又は洪水の予報の業務（以下「予報業務」という。）を行おうとする場合は、気象庁長官の許可を受けなければならない。
2　前項の許可は、予報業務の目的及び範囲を定めて行う。

また予報業務の許可は目的と範囲を定めて行うものであります。

目的には一般向け予報と特定向け予報があり、特定向け予報とは予報業務許可事業者と利用者が契約等の関係を結び、それに基づきその契約した利用者に限って提供する予報です。一般向け予報というのは特定向け予報以外の予報です。また範囲とは予報をする地域のことで、例えば全国や関東地方などが挙げられます。

● **目的**
一般向け予報と特定向け予報
※特定向け予報は予報業務許可事業者と利用者が契約等を交わした予報。一般向け予報はそれ以外の予報

● **範囲**
予報を行う地域
※全国や関東地方などの地域

気象業務法の第十九条の三により、当該予報業務のうちの現象の予想については気象予報士に行わせなければならないとあり、予報業務の許可の申請については気象予報士でなくてもできることから、(a)の記述は誤りになります。また予報業務の許可に関しては更新する必要はないことから、(b)の記述も誤りになります。

気象業務法　第十九条の三
（気象予報士に行わせなければならない業務）

第十九条の三　第十七条の規定により許可を受けた者は、当該予報業務のうち現象の予想については、気象予報士に行わせなければならない。

予報業務の許可を受けた者が予報に用いるデータは、気象庁から提供されたものである必要はありません。行おうとする予報業務に対応した資料であれば気象庁の資料である必要はありません※。ここから(c)の記述も誤りになります。

※気象業務支援センターから気象庁のGSM（全球モデル）やMSM（メソモデル）などの数値予報資料を入手することができますが、海外の気象機関の同等の数値予報資料で代替して予報を行うことが可能です。気象庁提供以外の資料を使う場合、気象庁が審査し許可の可否を判断できる説明資料の提出が必要です。

(d)の記述について

気象業務法の第十九条第一項（右図）によると「第十七条第一項の規定により許可を受けた者が同条第二項の予報業務の目的又は範囲を変更しようとするときは、気象庁長官の認可[※1]を受けなければならない。」と定められています。

> **気象業務法　第十九条（変更認可）**
> 第十九条　第十七条第一項の規定により許可を受けた者が同条第二項の予報業務の目的又は範囲を変更しようとするときは、気象庁長官の認可を受けなければならない。
> 2　前条の規定は、前項の場合に準用する。

つまり予報業務の許可の申請をする際には目的（一般向け予報と特定向け予報）と範囲（全国や関東地方など）を定めて行う（前ページ参照）ものであり、その目的を一般向け予報から特定向け予報に変更したり、範囲を関東地方から全国などに変更する際には気象庁長官の認可が必要であるということです。ここから(d)の記述は正しいことになります。以上のことをまとめると(a)誤、(b)誤、(c)誤、(d)正となり、④の解答が正しいことになります。

この他にも予報業務の許可に関してよく出題されるのが届け出[※2]です。気象業務法の二十二条により「第十七条の規定により許可を受けた者が予報業務の全部又は一部を休止し、又は廃止したときは、その日から三十日以内に、その旨を気象庁長官に届け出なければならない。」とあります（上図参照）。この内容に関してもよく出題されますので覚えていてください。

> **気象業務法　第二十二条（予報業務の休廃止）**
> 第二十二条　第十七条の規定により許可を受けた者が予報業務の全部又は一部を休止し、又は廃止したときは、その日から三十日以内に、その旨を気象庁長官に届け出なければならない。

簡単にまとめると、予報業務を行う際にはまず気象庁長官の許可が必要であり、予報業務の目的と範囲を変更する際には気象庁長官の認可が必要です。そして予報業務の全部または一部を休止し、または廃止したときは、その日から三十日以内に気象庁長官に届け出なければならないということです。

[※1] 認可とは公の機関が第三者の行為を補充して、その法律上の効力を完成させる行政行為のことです。許可と認可の違いを簡単にいうと許可は禁止行為に、認可はもともと禁止行為ではない場合に使います。
[※2] 届け出とは学校・役所・会社の上役などに届け出ること。また、その書類。届け書のことです。

ポイント11 法令

2 災害対策基本法

問題 平成23年度 第2回 通算第37回試験 一般知識 問15
難度：★★☆☆☆

　災害対策基本法における発見者の通報義務に関する次の文章の空欄(a)～(c)に入る適切な語句の組み合わせを，下記の①～⑤の中から一つ選べ。

　災害が発生するおそれがある異常な現象を発見した者は、遅滞なくその旨を(a)又は警察官若しくは(b)に通報しなければならない。また、この通報を受けた警察官、(b)は、その旨をすみやかに(a)に通報しなければならない。
　通報を受けた(a)は、その旨を(c)その他の関係機関に通報しなければならない。

	(a)	(b)	(c)
①	気象庁長官	消防吏員	都道府県の機関
②	都道府県知事	海上保安官	消防機関
③	都道府県知事	自衛官	気象庁
④	市町村長	海上保安官	気象庁
⑤	市町村長	自衛官	消防機関

　この問題は「発見者の通報義務等」という内容であり、災害対策基本法の中でも第五十四条の中に定められています（下図参照）。

災害対策基本法　第五十四条（発見者の通報義務等）

> 第五十四条　災害が発生するおそれがある異常な現象を発見した者は、遅滞なく、その旨を市町村長又は警察官若しくは海上保安官に通報しなければならない。
> 2　何人も、前項の通報が最も迅速に到達するように協力しなければならない。
> 3　第一項の通報を受けた警察官又は海上保安官は、その旨をすみやかに市町村長に通報しなければならない。
> 4　第一項又は前項の通報を受けた市町村長は、地域防災計画の定めるところにより、その旨を気象庁その他の関係機関に通報しなければならない。

ⓐⓑⓒの空欄について

　この第五十四条によると、まずその第一項において「災害が発生するおそれがある異常な現象を発見した者は、遅滞なく、その旨を市町村長又は警察官若しくは海上保安官に通報しなければならない」とあります。

　ただし、この際に災害が発生するおそれがある異常な現象を発見した者から市町村町に直接通報があった場合はよいのですが、警察官または海上保安官に通報があった場合は、その両者（警察官または海上保安官）は市町村町に通報（右上図参照）をしなければいけません（第五十四条第三項「第一項の通報を受けた警察官又は海上保安官は、その旨をすみやかに市町村長に通報しなければならない。」の内容から）。

　最後に、この通報を受けた市町村長はその旨を気象庁その他の関係機関に通報しなければいけません（第五十四条第四項「第一項又は前項の通報を受けた市町村長は、地域防災計画の定めるところにより、その旨を気象庁その他の関係機関に通報しなければならない。」の内容から）。

　以上のことからⓐ市町村長、ⓑ海上保安官、ⓒ気象庁が当てはまることになり、④の解答が正しいことになります。

災害対策基本法 第五十四条（発見者の通報義務等）をまとめると

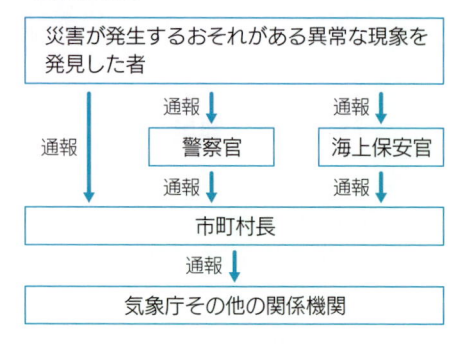

災害が発生するおそれがある異常な現象を発見した者
　　通報↓　　通報↓　　通報↓
　　　　　　警察官　　　海上保安官
　　　　　　通報↓　　通報↓
　　　　　　　市町村長
　　　　　　　通報↓
　　　　気象庁その他の関係機関

3 水防法、消防法

ポイント11 法令

問題
平成21年度 第1回 通算第32回試験 　一般知識 問15
難度：★★★☆☆

消防法、水防法、気象業務法および災害対策基本法に定められた下記の警報および避難のための指示を行う者（機関）の組み合わせとして正しいものを、下記の①～⑤の中から一つ選べ。

	火災に関する警報	水防警報	高潮警報	住民の避難のための立ち退きの指示
①	市町村長	都道府県知事	国土交通大臣	都道府県知事
②	市町村長	都道府県知事	気象庁	市町村長
③	都道府県知事	気象庁	気象庁	市町村長
④	消防機関	気象庁	国土交通大臣	消防機関
⑤	消防機関	市町村長	都道府県知事	都道府県知事

火災に関する警報について

火災に関する警報については消防法の第二十二条で定められています（下図参照）。

消防法　第二十二条（第五章 火災の警戒）

第二十二条　気象庁長官、管区気象台長、沖縄気象台長、地方気象台長又は測候所長は、気象の状況が火災の予防上危険であると認めるときは、その状況を直ちにその地を管轄する都道府県知事に通報しなければならない。
2　都道府県知事は、前項の通報を受けたときは、直ちにこれを市町村長に通報しなければならない。
3　市町村長は、前項の通報を受けたとき又は気象の状況が火災の予防上危険であると認めるときは、火災に関する警報を発することができる。
4　前項の規定による警報が発せられたときは、警報が解除されるまでの間、その市町村の区域内に在る者は、市町村条例で定める火の使用の制限に従わなければならない。

この消防法第二十二条の第三項に「市町村長は、前項の通報を受けたとき又は気象の状況が火災の予防上危険であると認めるときは、火災に関する警報を

発することができる。」と定められています。ここから火災に関する警報については市町村長が発表することになります。

☀ 水防警報について

水防警報については水防法の第十六条で定められています（下図参照）。

水防法　第十六条（水防警報）

第十六条　国土交通大臣は、洪水、津波又は高潮により国民経済上重大な損害を生ずるおそれがあると認めて指定した河川、湖沼又は海岸について、都道府県知事は、国土交通大臣が指定した河川、湖沼又は海岸以外の河川、湖沼又は海岸で洪水、津波又は高潮により相当な損害を生ずるおそれがあると認めて指定したものについて、水防警報をしなければならない。
2　国土交通大臣は、前項の規定により水防警報をしたときは、直ちにその警報事項を関係都道府県知事に通知しなければならない。
3　都道府県知事は、第一項の規定により水防警報をしたとき、又は前項の規定により通知を受けたときは、都道府県の水防計画で定めるところにより、直ちにその警報事項又はその受けた通知に係る事項を関係水防管理者その他水防に関係のある機関に通知しなければならない。
4　国土交通大臣又は都道府県知事は、第一項の規定により河川、湖沼又は海岸を指定したときは、その旨を公示しなければならない。

水防法第十六条の第一項によると「国土交通大臣は、洪水、津波又は高潮により国民経済上重大な損害を生ずるおそれがあると認めて指定した河川、湖沼又は海岸について、都道府県知事は、国土交通大臣が指定した河川、湖沼又は海岸以外の河川湖沼又は海岸で洪水、津波又は高潮により相当な損害を生ずるおそれがあると認めて指定したものについて、水防警報をしなければならない。」と定められています。ここから水防警報を発表できる人は国土交通大臣と都道府県知事であり、この問題では水防警報の発表者を選ぶ選択肢に国土交通大臣がないことから都道府県知事になります。

☀ 高潮警報について

気象業務法の第十三条の中で気象庁が発表する警報について定められていま

す（下図参照）。

気象業務法　第十三条（予報及び警報）

第十三条　気象庁は、政令の定めるところにより、気象、地象（地震にあつては、地震動に限る。第十六条を除き、以下この章において同じ。）、津波、高潮、波浪及び洪水についての一般の利用に適合する予報及び警報をしなければならない。ただし、次条第一項の規定により警報をする場合は、この限りでない。
2　気象庁は、前項の予報及び警報の外、政令の定めるところにより、津波、高潮、波浪及び洪水以外の水象についての一般の利用に適合する予報及び警報をすることができる。
3　気象庁は、前二項の予報及び警報をする場合は、自ら予報事項及び警報事項の周知の措置を執る外、報道機関の協力を求めて、これを公衆に周知させるように努めなければならない。

　第十三条の第一項の中で「気象庁は、政令（内閣が制定する命令）の定めるところにより、気象、地象（地震にあつては、地震動に限る。第十六条を除き、以下この章において同じ。）、津波、高潮、波浪及び洪水についての一般の利用に適合する予報及び警報をしなければならない。」とあり、ここから高潮警報に関しては気象庁が発表しなければならないことがわかります。

　また気象業務法の第二十三条の中で「気象庁以外の者は気象、地震動、火山現象、津波、高潮、波浪及び洪水の警報をしてはならない。ただし、政令で定める場合は、

気象業務法　第二十三条（警報の制限）

第二十三条　気象庁以外の者は、気象、地震動、火山現象、津波、高潮、波浪及び洪水の警報をしてはならない。ただし、政令で定める場合は、この限りでない。

この限りでない。」とあります。このように気象庁以外の者は基本的には警報をしてはならないのですが、先ほどからお話ししているように火災警報は市町村長、水防警報は国土交通大臣と都道府県知事が発表することができます。

　その他にも指定河川洪水警報※といって河川を指定して、その河川ごとに洪水警報が発表される場合があります。これは国土交通大臣と都道府県知事がそれぞれ気象庁長官と共同して、それぞれ管理している河川に対して発表することができます。

　気象庁が単独で洪水警報を発表することもありますが、これは対象となる地域の中で不特定多数の河川に対して発表される警報です。

※詳しくは指定河川洪水予報の中の情報で、氾濫注意情報という指定河川洪水注意報に相当するものと、氾濫警戒情報、氾濫危険情報、氾濫発生情報という指定河川洪水警報に相当するものがあります。

天気予報などでよく聞く洪水警報（または洪水注意報）は、この気象庁が単独で発表する洪水警報です。指定河川洪水警報との違いについては覚えておいてください。

　また津波警報に関しても一般的に気象庁が発表するものですが、津波に関する気象庁の警報事項を適時に受けることができない状況にある地の市町村の長（市町村長のこと）が津波警報（気象業務法施行令の第十条：右上図を参照）を行う場合もあります。

> **気象業務法施行令　第十条**
> （気象庁以外の者の行うことができる警報）
>
> 第十条　法第二十三条ただし書の政令で定める場合は、津波に関する気象庁の警報事項を適時に受けることができない状況にある地の市町村の長が津波警報をする場合とする。

　このように気象庁以外の者でも警報をする場合があります。誰がどの警報をすることができるかはしっかりとまとめておく必要があります（右図参照）。

● 気象庁以外の者が行うことのできる警報
- **火災警報** ➡ 市町村長
- **水防警報** ➡ 国土交通大臣・都道府県知事
- **指定河川洪水警報**
  ➡ 国土交通大臣・都道府県知事
  ※気象庁長官と共同して
- **津波警報** ➡ 市町村長
  ※津波に関する気象庁の警報事項を適時に受けることができない状況

☀ 住民の避難のための立ち退きの指示について

　住民の避難のための立ち退きの指示については、災害対策基本法の第六十条と第六十一条に定められています（次ページを参照）。

　住民の避難のための立ち退きの指示は、第六十条の第一項より市町村長が行うものです。ただし、第六十一条の第一項より、市町村長が指示できない状況（市町村長が災害に巻き込まれている状況など）や市町村長から要求があったときは、警察官又は海上保安官が避難のための立ち退きの指示をすることができます。ここから住民の避難のための立ち退きの指示については市町村長と警察官、海上保安官ができますが、この問題において警察官と海上保安官が選択肢にないことから市町村長が当てはまります。

　以上のことから火災警報は市町村長、水防警報は都道府県知事、高潮警報は気象庁、住民の避難のための立ち退きの指示は市町村長となり、②の解答が正しいことになります。

災害対策基本法　第六十条（市町村長の避難の指示等）

第六十条　災害が発生し、又は発生するおそれがある場合において、人の生命又は身体を災害から保護し、その他災害の拡大を防止するため特に必要があると認めるときは、市町村長は、必要と認める地域の居住者等に対し、避難のための立退きを勧告し、及び急を要すると認めるときは、これらの者に対し、避難のための立退きを指示することができる。
2　前項の規定により避難のための立退きを勧告し、又は指示する場合において、必要があると認めるときは、市町村長は、その立退き先として指定緊急避難場所その他の避難場所を指示することができる。
3　災害が発生し、又はまさに発生しようとしている場合において、避難のための立退きを行うことによりかえつて人の生命又は身体に危険が及ぶおそれがあると認めるときは、市町村長は、必要と認める地域の居住者等に対し、屋内での待避その他の屋内における避難のための安全確保に関する措置（以下「屋内での待避等の安全確保措置」という。）を指示することができる。
4　市町村長は、第一項の規定により避難のための立退きを勧告し、若しくは指示し、若しくは立退き先を指示し、又は前項の規定により屋内での待避等の安全確保措置を指示したときは、速やかに、その旨を都道府県知事に報告しなければならない。
5　市町村長は、避難の必要がなくなつたときは、直ちに、その旨を公示しなければならない。前項の規定は、この場合について準用する。
6　都道府県知事は、当該都道府県の地域に係る災害が発生した場合において、当該災害の発生により市町村がその全部又は大部分の事務を行うことができなくなつたときは、当該市町村の市町村長が第一項から第三項まで及び前項前段の規定により実施すべき措置の全部又は一部を当該市町村長に代わつて実施しなければならない。
7　都道府県知事は、前項の規定により市町村長の事務の代行を開始し、又は終了したときは、その旨を公示しなければならない。
8　第六項の規定による都道府県知事の代行に関し必要な事項は、政令で定める。

災害対策基本法　第六十一条（警察官等の避難の指示）

第六十一条　前条第一項又は第三項の場合において、市町村長が同条第一項に規定する避難のための立退き若しくは屋内での待避等の安全確保措置を指示することができないと認めるとき、又は市町村長から要求があつたときは、警察官又は海上保安官は、必要と認める地域の居住者等に対し、避難のための立退き又は屋内での待避等の安全確保措置を指示することができる。
2　前条第二項の規定は、警察官又は海上保安官が前項の規定により避難のための立退きを指示する場合について準用する。
3　警察官又は海上保安官は、第一項の規定により避難のための立退き又は屋内での待避等の安全確保措置を指示したときは、直ちに、その旨を市町村長に通知しなければならない。
4　前条第四項及び第五項の規定は、前項の通知を受けた市町村長について準用する。

ポイント 12 実技

最後のポイント12は実技についてお話ししていきます。
予報士試験において学科は選択式の試験で、
正しいと思う解答をマークシートに記入していきます。
実技は記述式で、文章でその解答を
記入していく問題が多いです。
実技試験といっても予報官の前で
実際に天気予報をするわけではありません。

実技について

　実技は記述式の試験で、正しいと思う解答を指定された文字数で文章にして書き示して（文章で書き示すことを記述という）いかなければなりません。このため解答が頭の中でぼんやりと浮かんでいても、それを文章にすることができなければ意味はなく、自分の考えを言葉にするための表現力が必要です（※実技試験ではもちろん記述以外で答える問題もあり、計算問題なども出題されることがあります）。

　このポイント12ではその実技についてあくまでも導入部分のみですが、次の4つの節に分けて、実際に問題を解きながら慣れていきましょう。

① 天気記号の読み取り

　実技試験は実技1と実技2があり、それぞれ温帯低気圧や台風などのテーマに沿って大雨の原因や今後の天気の見通しなどが出題されます。

　ここ最近の実技の問題は問1〜問5くらいまでの大きな設問があり、日本付近の気象状況など大きな場から徐々に局地的な気象現象に話が移り、最終的には気象災害や注意報・警報などの防災に対して答える問題が多いです。

> ● 実技問題の流れ
> 問1〜問5までの大きな設問
> 日本付近の気象状況 ➡ 局地現象 ➡ 防災
> 大きな場から小さな場へと移っていく

　特に問1は日本付近の気圧配置などを説明した文章の穴埋め問題となっていることが多く、そこでは天気記号を読み取る問題も数多くあります。

② 学科の知識を実技試験で活かす

　実技問題は記述式とはいっても表現力だけでは問題を解くことはできず、前提として学科（一般・専門とも）の知識が必要です。

　例えば問題の中で台風の暴風域や強風域※の大きさが一般的に進行方向右側のほうが大きくなる理由を聞かれた場合、色々な解答例がありますが、「台風

の進行方向右側では台風固有の風と移動速度が足し合わされるため、暴風域や強風域が大きくなった」と答えることができます（右図参照）。

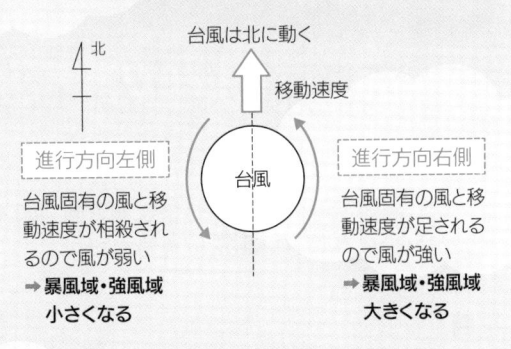

台風は北に動く
移動速度
北
台風

進行方向左側
台風固有の風と移動速度が相殺されるので風が弱い
➡ 暴風域・強風域
　小さくなる

進行方向右側
台風固有の風と移動速度が足されるので風が強い
➡ 暴風域・強風域
　大きくなる

3 実技試験で出題される計算問題

　計算問題は学科試験の一般知識の中で出題されることが多いですが、実際は実技試験でも出題されることがあります。ここ最近の実技試験は試験時間（学科は60分・実技は75分）が足りないくらいに問題数が多いため、計算問題が出題されたときは落ち着いて取り組むことが大切です。

4 ストーリーを意識することの大切さ

　実技問題には必ずストーリーがあるといわれています。このためそのストーリーを意識して解くことはとても大切です。
　簡単にその例を説明すると、例えば日本付近で大雨が予想されているとします。「その大雨と予想された理由を大気の成層状態（要は安定か不安定か）から推測して答えよ」とあった場合、大雨になった理由を聞かれていますから、大気の状態は不安定と答えることができるはずです。安定の場合、大雨にはならず逆に天気は回復します。

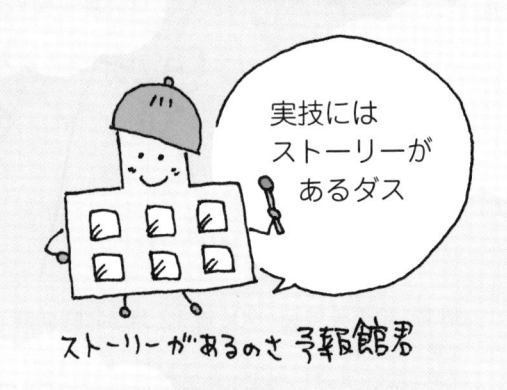

実技にはストーリーがあるダス

ストーリーがあるのさ 予報館君

ポイント 12 実技

※暴風域とは平均風速25m/s（50kt）以上の暴風が吹いている地域、強風域とは平均風速15m/s（30kt）以上の強風が吹いている地域のことです。

ポイント12 実技

1 天気記号の読み取り

問題 平成23年度 第2回 通算第37回試験　実技1　問1(2)
難度：★★☆☆☆

問1

(2) 地上天気図(図1拡大図)の、輪島(石川県)、松江(島根県)、鹿児島(鹿児島県)の現在天気と、松江で観測されている雲形を下の枠内から選んで答えよ。また、過去天気で雷電を観測している国内の地点名を答えよ。

現在天気	連続性の雨，連続性のみぞれ，連続性の雪，しゅう雨，しゅう雨性のみぞれ，しゅう雪，晴れ，曇り，前1時間内にしゅう雨あり
雲　形	巻雲，高積雲，積雲，層積雲，積乱雲，層雲，乱層雲

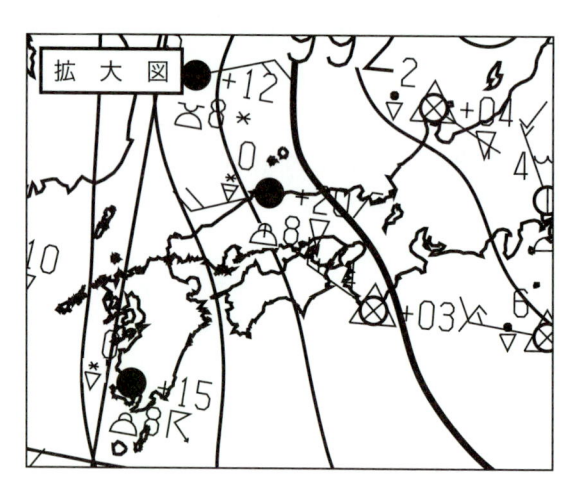

図1　地上天気図　XX年12月31日9時(00UTC)
実線：気圧(hPa)
矢羽：風向・風速(ノット)(短矢羽：5ノット，長矢羽：10ノット，旗矢羽：50ノット)

天気記号の読み取り　12-1

　まずこの問題を解く上で大切なのは、観測地点の場所を知ることです。最近の問題では観測地点名の横に「輪島（石川県）」のように都道府県名を書いてくれることが多く、大体の場所は把握することができますが、予報士として覚えておくことは大切です。

　下図にその地点名を載せておきますので参考にしてください。この図は高層気象観測網で高層気象観測をしている地点ですが、地上天気図の地点にも対応しています（ラジオゾンデとは高層気象観測測器のこと）。

ラジオゾンデによる
高層気象観測網
2012.4.1現在

稚内
札幌
釧路
秋田
輪島
館野
松江
福岡
潮岬
八丈島
鹿児島
名瀬
父島
南大東島
石垣島
南鳥島

出典：気象庁ホームページ

　この問題は輪島（石川県）と松江（島根県）、鹿児島（鹿児島県）の現在天気と、松江で観測されている雲形を、問題の中の枠内（中央の枠内）から選び、また過去天気で雷電を観測している国内の地点名を答える問題です。

まず輪島と松江と鹿児島は右図に示した地点の観測所です。ここからまずは現在天気の天気記号を正確に読み取り答えていけばよいわけです。

下図に現在の天気記号の代表的なもの（実際は100種類ある）を載せておきますので、参考にしてください。

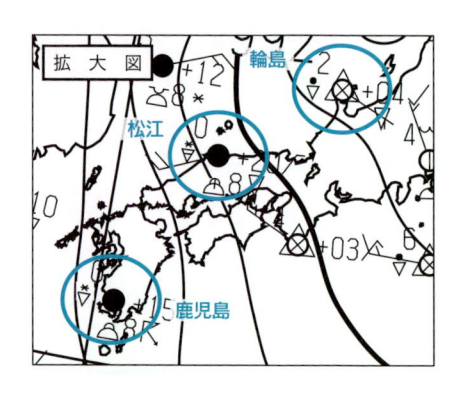

∞	═	↙	,	•	＊
煙霧	もや	雷電	霧雨または霧雪があった	雨があった	雪があった
•/＊	•'	＊'	▽'	≡'	↙'
みぞれまたは凍雨があった	しゅう雨があった	しゅう雪またはしゅう雨性のみぞれがあった	ひょう、氷あられ、雪あられがあった	霧があった	雷電があった
≡	,	,,	,•	,••	,'
霧	弱い霧雨(前1時間内に止み間があった)	弱い霧雨(前1時間内に止み間がなかった)	並の霧雨(前1時間内に止み間があった)	並の霧雨(前1時間内に止み間がなかった)	強い霧雨(前1時間内に止み間があった)
,,••	•,	••	•,•	•••	•',
強い霧雨(前1時間内に止み間がなかった)	弱い雨(前1時間内に止み間があった)	弱い雨(前1時間内に止み間がなかった)	並の雨(前1時間内に止み間があった)	並の雨(前1時間内に止み間がなかった)	強い雨(前1時間内に止み間があった)
••••	＊	＊＊	＊,＊	＊＊＊	＊＊＊＊
強い雨(前1時間内に止み間がなかった)	弱い雪(前1時間内に止み間があった)	弱い雪(前1時間内に止み間がなかった)	並の雪(前1時間内に止み間があった)	並の雪(前1時間内に止み間がなかった)	強い雪(前1時間内に止み間があった)
＊＊＊＊＊	△	▽•	▽	▽•	▽＊
強い雪(前1時間内に止み間がなかった)	凍雨	弱いしゅう雨	並または強いしゅう雨	激しいしゅう雨	弱いしゅう雨性のみぞれ
▽＊•	▽＊	▽＊	▽△	▽△	▽△
並または強いしゅう雨性のみぞれ	弱いしゅう雪	並または強いしゅう雪	雪あられまたは氷あられ、弱	雪あられまたは氷あられ、並または強	弱いひょう
▽△	※雨や雪などの記号が •• のように水平(横)に並ぶと現象の連続性(止み間がないこと)を意味し、 • のように垂直(縦)に並ぶと現象に止み間があることを意味する。また記号の右側に](カッコ)の記号がつけば「前1時間内」にその現象があったことを意味する。				
並または強いひょう					

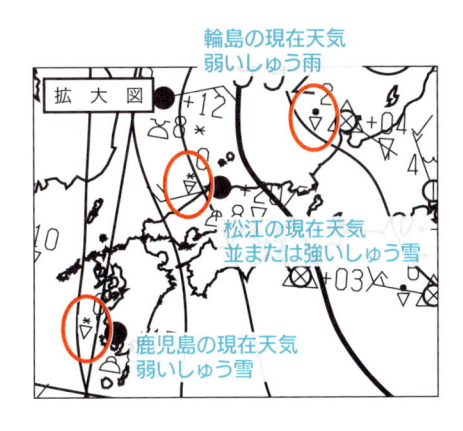

天気記号の読み取り　12-1

　輪島の現在天気は詳しくは弱いしゅう雨になりますが、ここでは問題の中央部分にある枠内の選択肢から語句を選ばなければならないので、解答はしゅう雨になります。

　同じようにして松江は詳しくは並または強いしゅう雪になりますが、ここでは問題の選択肢よりしゅう雪が解答になります。

　そして鹿児島は弱いしゅう雪ですが、ここでも問題の選択肢よりしゅう雪が解答になります（現在天気記号がどこに書かれているかなどは次ページ中図を参照）。

現在天気	連続性の雨，連続性のみぞれ，連続性の雪，しゅう雨，しゅう雨性のみぞれ，しゅう雪，晴れ，曇り，前1時間内にしゅう雨あり

　次に松江で観測されている雲形（下層雲形）は無毛積乱雲というのが正しい解答になるのですが、問題の選択肢より選ぶと単純に積乱雲が解答になります（雲形については次ページの上図）。

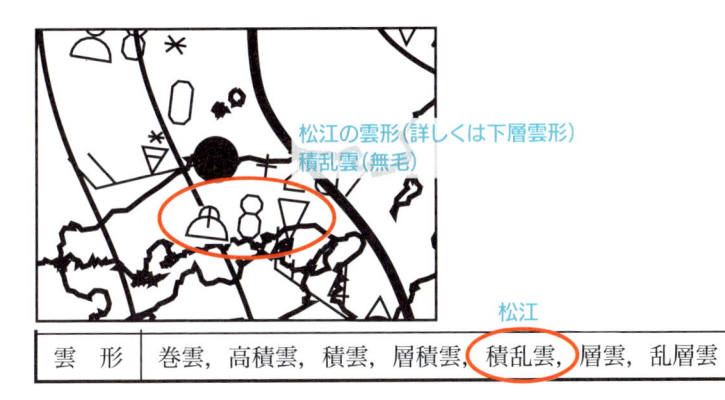

雲　形	巻雲，高積雲，積雲，層積雲，積乱雲，層雲，乱層雲

コード	下層雲（C_L）		中層雲（C_M）		上層雲（C_H）	
0		下層雲なし		中層雲なし		上層雲なし
1	◠	Cu	∠	As	⌐	Ci
2	△	Cu	∠	As または Ns	⌐	Ci
3	△	Cb（無毛）	ω	Ac	⌐	Ci
4	⊙	Sc	〈	Ac	⁀	Ci
5	⌵	Sc	⌒	Ac	⌢	Ci と Cs
6	―	St	⋇	Ac	⌢	Ci と Cs
7	---	悪天下の Cu、St	⌒	Ac	⌢	Cs
8	⌓	Cu と St	⊓	Ac	⌢	Cs
9	⊠	Cb	〈	Ac	2	Cc

● 雲形の記号
下層雲 Cu：積雲
　　　 Cb：積乱雲
　　　 Sc：層積雲
　　　 St：層雲
中層雲 As：高層雲
　　　 Ac：高積雲
　　　 Ns：乱層雲
上層雲 Cc：巻積雲
　　　 Ci：巻雲
　　　 Cs：巻層雲

　積乱雲は下層雲形の中に分類されており、詳しくは無毛積乱雲と多毛積乱雲があります。

　同じ積乱雲ではありますが特に雲頂部分の状態が異なり、無毛積乱雲はまだ雲頂が丸く毛羽立ったような雲が見られない状態のことをいいます。

　一方、多毛積乱雲とは雲頂の丸みが崩れて毛羽立ったような雲が見られることが特徴で、多くはかなとこ雲を伴っている状態の積乱雲のことです。

　最後に過去天気で雷電（雷鳴と電光のこと）を観測している国内の地点名を答える問題です（過去天気記号については右ページ中図参照）。

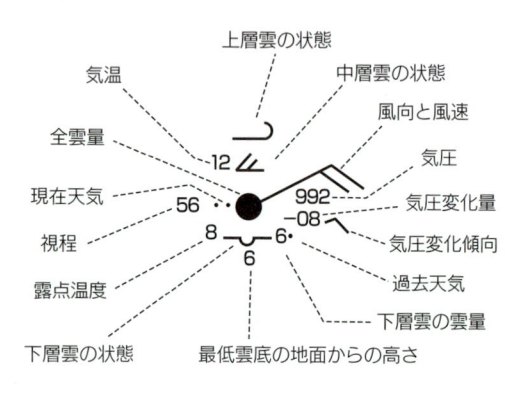

（気象通報式の記入例：上層雲の状態、中層雲の状態、風向と風速、気温、気圧、全雲量、気圧変化量、現在天気、気圧変化傾向、視程、過去天気、露点温度、下層雲の雲量、下層雲の状態、最低雲底の地面からの高さ）

◎ 雲の状態を表す記号

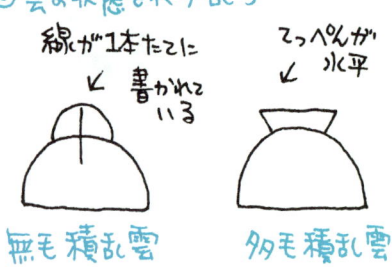

無毛積乱雲（線が1本たてに書かれている）
多毛積乱雲（てっぺんが水平）

12-1 天気記号の読み取り

雲頂がわく
毛羽立った
雲がない

雲頂が崩れて
毛羽立つような
雲
↓
かなとこ雲も
含む

無毛 積乱雲　　多毛 積乱雲

　問題より国内とあるので、もちろん日本国内の中からの地点を選ぶことになり（問題の指示はしっかりと守るようにする）、ここではわかりやすくするために図1の拡大図のみを載せて（実際の問題は日本周辺の地上天気図も載せている）いますが、ここから選ぶと<u>過去天気で雷電を観測している地点は鹿児島</u>になります。

　また過去天気のしゅう雨性降水とは、詳しくはしゅう雨やしゅう雪などをまとめた言葉であり、しゅう雨だけのことを指しているわけではありませんので、解答ではしゅう雨性降水と正しく書くことが望まれます。

● 過去天気

記号	天　気
≡	霧
,	霧雨
●	雨
✳	雪
▽	しゅう雨性降水
⦦	雷電

　以上のことからこの問題の解答は、<u>輪島の現在天気はしゅう雨、松江と鹿児島の現在天気はしゅう雪、松江の雲形は積乱雲、雷電を観測している地点は鹿児島</u>になります。

平成23年度第2回通算第37回試験　実技1　問1(2)の解答

	現在天気	雲　形
輪　島	しゅう雨	
松　江	しゅう雪	積乱雲
鹿児島	しゅう雪	

過去天気で雷電を観測している地点名：鹿児島

ポイント12 実技

2 学科の知識を実技試験で活かす

問題 平成25年度 第1回 通算第40回試験 実技2 問2（3）
難度：★★★☆☆

問2

(3) この低気圧は、48時間後にはどの発達段階に該当するかを、下記の枠の中から選んで記号で答えよ。また、その根拠を、図8を用いて40字程度で述べよ。

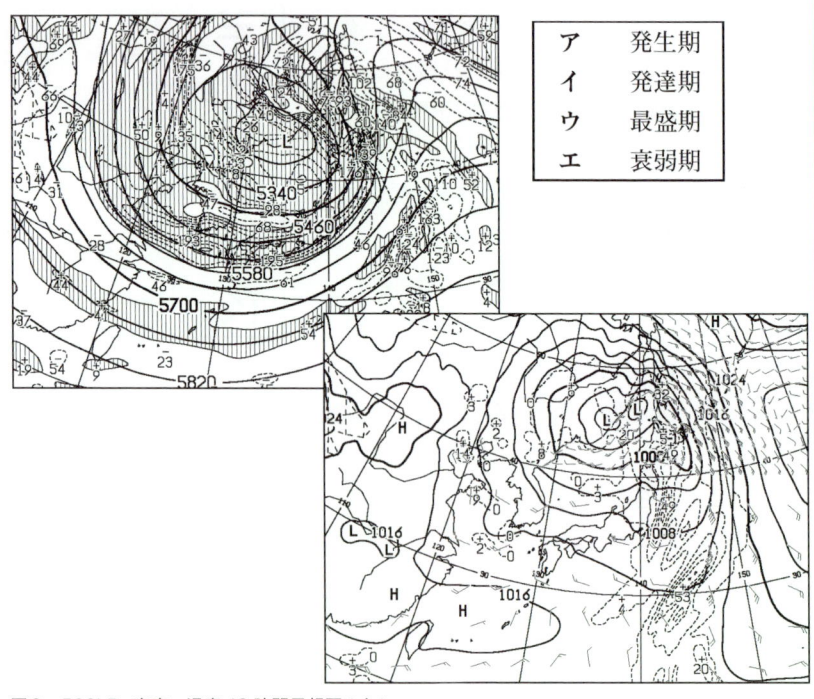

ア	発生期
イ	発達期
ウ	最盛期
エ	衰弱期

図8　500hPa 高度・渦度 48 時間予想図（上）
　　　太実線：高度 (m)，破線および細実線：渦度 (10^{-6}/s)（網掛け域：渦度＞0）
　　　地上気圧・降水量・風 48 時間予想図（下）
　　　実線：気圧 (hPa)，破線：予想時刻前 12 時間降水量 (mm)
　　　矢羽：風向・風速（ノット）（短矢羽：5ノット，長矢羽：10ノット，旗矢羽：50ノット）
　　　初期時刻　XX 年 4 月 22 日 9 時（00UTC）

学科の知識を実技試験で活かす **12-2**

　この問題は温帯低気圧（問題では単に低気圧とだけ表現）の発達段階（要はライフステージのことで、発生期→発達期→最盛期→衰弱期の時期のこと）を答える問題です。その根拠も40字程度で答える必要があります。

　温帯低気圧の発達期に見られる構造には下記のように3つの特徴があり、これを温帯低気圧の発達3条件といいます（※詳しくはポイント10「気象擾乱」の第1節「温帯低気圧」を復習しておいてください）。

> **温帯低気圧の発達3条件**
> ①地上低気圧中心に対して上空の気圧の谷（トラフ）が西側に位置している。
> ②地上低気圧の進行方向前面で上昇流、後面で下降流が対応している。
> ③地上低気圧の進行方向前面で暖気移流、後面で寒気移流が対応している。

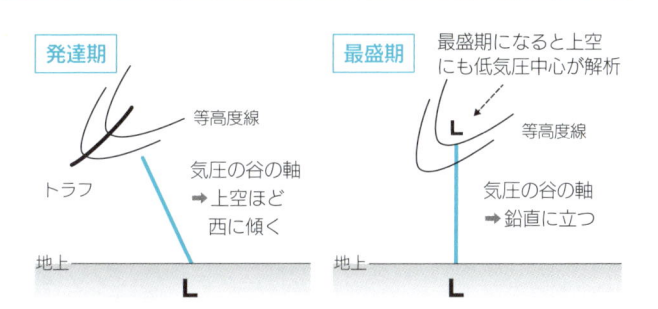

　上記のように発達期には地上低気圧中心に対して上空の気圧の谷（トラフ）が西側に位置しており、地上低気圧中心と上空の気圧の谷（または低気圧中心）を結んだ気圧の谷の軸が上空に向かうほど西に傾いています。

　ただし最盛期（閉塞期）になると地上低気圧中心と上空の低気圧中心（最盛期になると上空にも低気圧中心が解析されることが多いので、気圧の谷ではなく上空の低気圧中心と表現している）を結んだ気圧の谷の軸が鉛直に立つことが大きな特徴です。

　問題の地上天気図（図8下）より着目している低気圧の48時間後に予想される位置は右図に示した通りです。実際の問題では問題の流れや他の天気図などをヒントに位置も推測して読み取らないといけません。

ポイント **12** 実技

同時刻（48時間後）の500hPaの天気図（図8上）より、先ほど確認した地上低気圧のほぼ真上に500hPaの低気圧中心も予想されています。ここから地上低気圧中心と上空（500hPa天気図で見ることが多い）の低気圧中心を結んだ気圧の谷の軸が、鉛直に立つ構造をしていることがわかります。

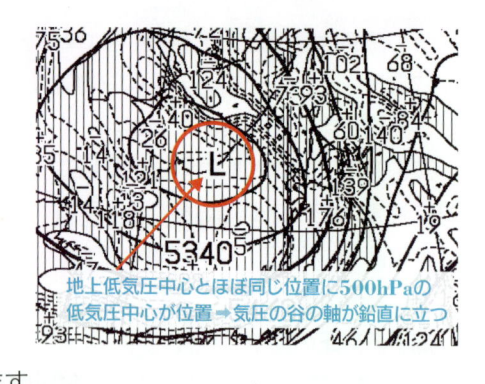

地上低気圧中心とほぼ同じ位置に500hPaの低気圧中心が位置⇒気圧の谷の軸が鉛直に立つ

　ここから48時間後における温帯低気圧の発達段階は最盛期であることがわかります。その根拠は上記において確認したように、気圧の谷の軸が鉛直に立っていることです。ここから<u>解答は発達段階：ウ（最盛期）</u>となり、<u>根拠：「地上と500hPaの低気圧の中心位置がほぼ同じで、気圧の谷の軸が立っている。（38字）」</u>となります。解答例の「気圧の谷の軸」と「立っている。」の間に「鉛直に」を加えて、「気圧の谷の軸が鉛直に立っている。」と表現してもよいでしょう。

　またこのように最盛期になると、地上天気図だけではなく上空の天気図でも低気圧中心が解析されることが多くなります。

　そのような場合は「地上低気圧中心と上空の気圧の谷を結んだ気圧の谷の軸」と書くよりも「地上低気圧中心と上空の低気圧中心を結んだ気圧の谷の軸」と書くことが望まれます。

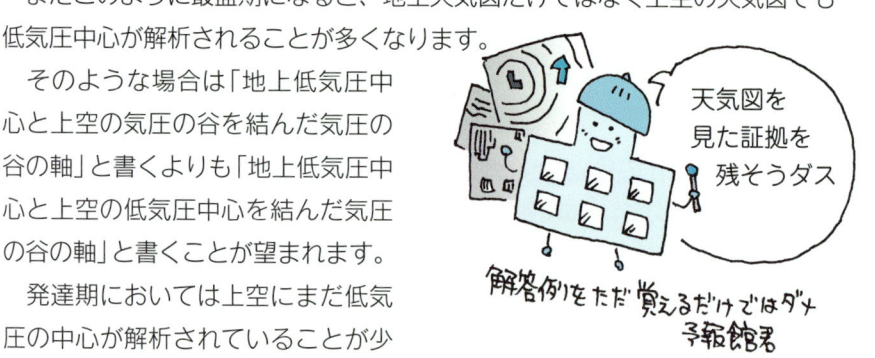

　発達期においては上空にまだ低気圧の中心が解析されていることが少ないので、地上低気圧中心と上空の気圧の谷を結んだ気圧の谷の軸と表現されることが多いのです。このように解答では、そのときの状況によって使い分けをすることが大切です。要は実技ではそのときの天気図を見た証拠を残すことがとても大切なのです。

　このように実技試験においては事前に温帯低気圧の構造などについての学科知識を知っておくことが必要であり、その知識を天気図で実際に確かめることにより解答することができるようになります。

天気図を見た証拠を残そうダス

解答例をただ覚えるだけではダメ　予報館君

3 実技試験で出題される計算問題

ポイント12 実技

問題 平成24年度 第1回 通算第38回試験 実技1 問4(2)③④⑤
難度：★★★★☆

問4

③ 図12を用いて、強い降水域における850hPa面の鉛直速度ω（hPa/h単位）を、符号を付して等値線の値（10hPa/h刻み）で答えよ。

④ 高度850hPa付近では1hPaの気圧差が何mの高度差に対応するかを、空気の密度を1.0kg/m³、重力加速度を9.8m/s² として、小数第1位を四捨五入して整数値で求めよ。

⑤ ④で求めた気圧差と高度差の関係を用いて、③で答えた鉛直速度ωを鉛直速度w（m/s単位：上向きを正）に換算し、小数第2位を四捨五入して小数第1位まで求めよ。

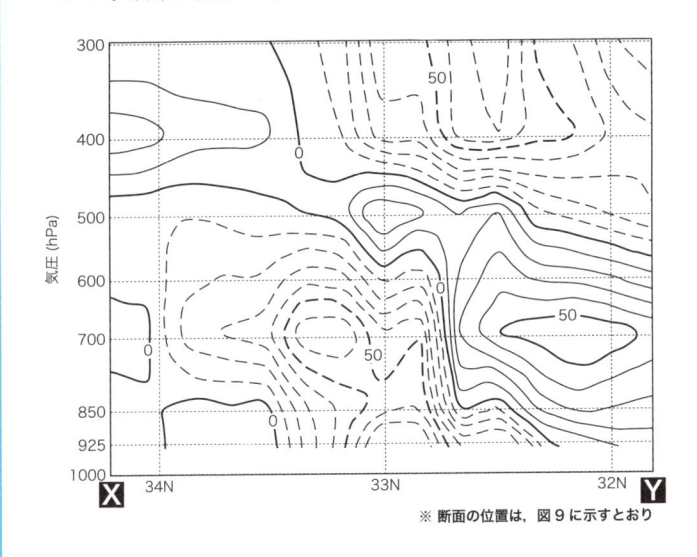

図12 鉛直流鉛直断面図　XX年7月4日21時（12UTC）
実線および破線：鉛直p速度（hPa/h）

③について

　この問題は図12を用いて、強い降水域における850hPa面の鉛直速度ω（鉛直p速度のことでオメガと読む）を求める問題です。

　強い降水域とはここでは図を付けておりませんが、実際の問題では図9の解析雨量図（レーダーとアメダスなどの降水量観測値から作成した降水量分布図）の中において1時間20mm以上の降水域のことです。

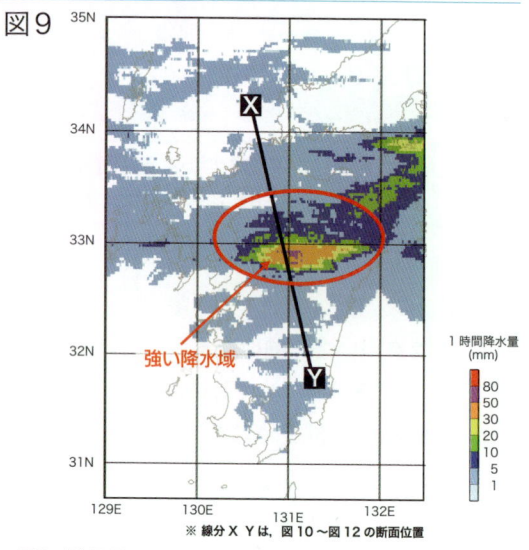

図9

図9　解析雨量図　XX年7月4日21時 (12UTC)
塗りつぶし域：前1時間降水量(mm)（凡例のとおり）
※ 線分X Yは、図10〜図12の断面位置

　右上図がその図9で、東経131度、北緯33度付近にある降水域（黄色で表された降水域の内側）のことです。

　図12は右上の図9のX-Yの断面図です。強い降水域は北緯33度付近にあるので、横軸の北緯33度と縦軸の850hPaの高さを表す直線が、ちょうど交わる部分の鉛直速度を読み取ればよいわけです。またこの図の中の鉛直速度※を表す曲線の実線の符号は＋（正）、破線の符号は－（負）であり、それぞれ50hPa/h（単位はhPa/h）の値ごとに等値線の値が描かれています。

　その場所にはちょうど破線で描かれた等値線が通っています。850hPaの高さで北緯33.5度付近には0と書かれた等値線があり、これを基準に慎重に読み取りましょう。

　すると0の等値線から数えて6本目に850hPaで北緯33度付近を通る破線（符号は－）があり、つまりその値は<u>－60hPa/h</u>になります。

　これが<u>強い降水域における850hPa面の鉛直速度ωの値で、ここでの解答</u>

※この問題の鉛直速度ωとは鉛直p速度のことで、空気塊の気圧の時間変化率（1時間あたりの気圧変化量）を意味しています。また負（－）の値は上昇流、正（＋）の値は下降流を表しています。

実技試験で出題される計算問題 **12-3**

です。問題の中で10hPa/h刻みで答えるように指示があることにも注意が必要です。

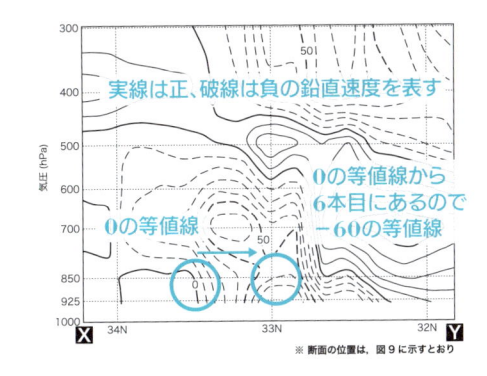

実線は正、破線は負の鉛直速度を表す
0の等値線
0の等値線から6本目にあるので−60の等値線

※ 断面の位置は、図9に示すとおり

④について

　これは高度850hPa付近における1hPaの気圧差が何mの高度差に対応するかを求める問題です。このように気圧差と高度差の対応を求める問題は、ポイント1の熱力学の中の静力学平衡の式を用いることで解くことができます。

　静力学平衡の式は$\Delta P = -\rho g \Delta Z$であり、それぞれの記号の意味は、$\Delta P$：気圧差、$\rho$：密度、$g$：重力加速度、$\Delta Z$：高度差です。

　今回は1hPaの気圧差が何mの高度差に対応するかを求める問題で、高度差を求めることになりますので、まずは静力学平衡の式をΔZ（高度差）＝の式に直しましょう（式の中の−：マイナスは、わかりやすくいうと高度が高くなるにつれて気圧は低くなるという意味の−なので、ここから

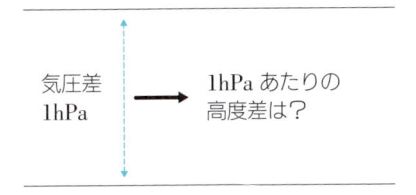

気圧差1hPa → 1hPaあたりの高度差は？

$\Delta P = \rho g \Delta Z$（−は省略）

↓ 左辺と右辺を入れ替える

$\rho g \Delta Z = \Delta P$

↓ 両辺をρgで割ると
左辺のρとgが約分されて

$\Delta Z = \dfrac{\Delta P}{\rho g}$

$\Delta Z = \dfrac{\Delta P}{\rho g}$

↓ $\Delta Z =$に直した式に値を代入
ΔPには$100Pa$、ρには$1.0 kg/m^3$
gには$9.8 m/s^2$を代入

$\Delta Z = \dfrac{100}{1 \times 9.8}$

↓ 計算すると
$\Delta Z = \dfrac{100}{1 \times 9.8} = \dfrac{100}{9.8} = 10.2$

$\Delta Z = 10.2 = 10 m$　小数第1位を四捨五入

ポイント12 実技

は省略する)。

　直し方は左辺($\varDelta P$)と右辺($\rho g \varDelta Z$)を入れ替えて、その入れ替えた式($\rho g \varDelta Z = \varDelta P$)の両辺($\rho g \varDelta Z$と$\varDelta P$)をそれぞれ$\rho g$で割れば左辺の$\rho g$が約分されて、$\varDelta Z = \frac{\varDelta P}{\rho g}$という$\varDelta Z =$の式になります。

　この$\varDelta Z =$に直した式の記号に該当する値を代入して、1hPaの気圧差が何mの高度差に対応するかを求めていきましょう。

　ここでは1hPaあたりの気圧差に対応する高度差を求めますので、$\varDelta P$には1hPaが当てはまり、hPaはPa(1hPa = 100Paに対応)に直して代入しますので、ここでは100Paを代入することになります。

　そしてρは問題より1.0kg/m³、gには9.8m/s²を代入することで、あとは計算すれば$\varDelta Z$が求まります。

　すると$\varDelta Z = \frac{100(\varDelta P)}{1(\rho) \times 9.8(g)} = \frac{100}{9.8} =$約10.2となり、ここでは少数第1位を四捨五入して整数値で求めるとあるので、10.2の2を四捨五入して、<u>解答は10m</u>となります。つまり高度850hPa付近における1hPaの気圧差は、10mの高度差に対応することを意味しています。

☀ ⑤について

　この問題は④で求めた気圧差と高度差の関係:1hPaの気圧差は10mの高度差に対応することを用いて、③で答えた鉛直速度ω:-60hPa/hの上昇流(鉛直p速度で負の値は上昇流)を鉛直速度w(m/s単位:上向きを正)に換算する問題です。

③の解答:-60hPa/h
④の解答:1hPaの高度差が10mに対応

↓ 1hPa = 10mであることから
60hPa = 600mの高度差であることがわかる

60hPaの気圧差 = 600mの高度差に対応

　まず④の解答より、1hPa = 10mの高度差に対応していることから、③で求めた-60hPa/hの60hPaがどのくらいの高度差に対応しているかを求めます。1hPa = 10mですから60hPaであれば60hPa × 10m(1hPaあたりの高度差) = 600mに該当します。つまり-60hPa/hの上昇流は高度差に換算すると、600mに対応するほどの上昇流であることがわかります。

　ただしこのままではまだ不十分です。ここで単位に着目をしてみると-60hPa/hは1時間あたりの気圧差であり、つまりその60hPaを単純に高度

実技試験で出題される計算問題　12-3

差に換算した600mも1時間あたりの値になります。

　ここでは鉛直速度wの単位はm/sで1秒間あたりの値であり、つまり1時間あたりの高度差である600mを1秒間あたりの値に直せばそれが解答になります。

　1時間は秒に換算すると3600秒になるので600mを3600秒で割ると600÷3600＝0.16になります。問題より少数第2位

● 鉛直速度 ω

-60hPa/h
↓ 高度差に換算
600m/h

$-60\text{hPa/h}\cdot 600\text{m/h}$ は1時間あたりの値

● 鉛直速度 w

m/s

1秒間あたりの値に変換することが必要

1時間は3600秒

600m（1時間あたりの高度差）÷3600秒＝
0.16≒0.2m/s（1秒間あたりの高度差）

を四捨五入して少数第1位まで求めよとあるので0.16の6を四捨五入すると、解答は0.2m/sとなります。

　つまり－60hPa/hの鉛直速度ω（1時間あたりの気圧差）は、0.2m/sの鉛直速度w（1秒間あたりの高度差）に換算することができます。

ポイント12 実技

ポイント12 実技

4 ストーリーを意識することの大切さ

問題 平成23年度 第1回 通算第36回試験 実技1 問4(1)
難度：★★★☆☆

問4

(1) 図4で山陰沖にある3時間10mm以上の帯状降水域Bは、図1の地上天気図に見られる前線に対してどのような位置関係にあるかを簡潔に述べよ。

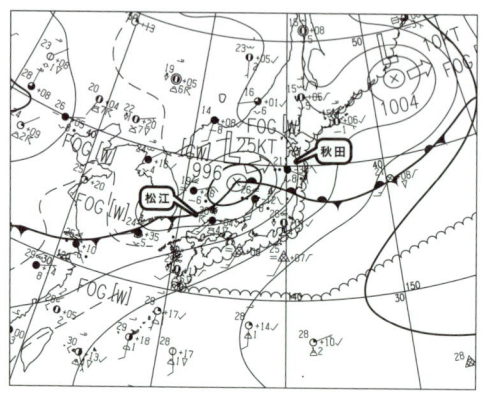

図1 地上天気図　XX年7月11日21時（12UTC）
実線：気圧（hPa）
矢羽：風向・風速（ノット）（短矢羽：5ノット、
　　　　　　　　　　　　　　長矢羽：10ノット、旗矢羽：50ノット）

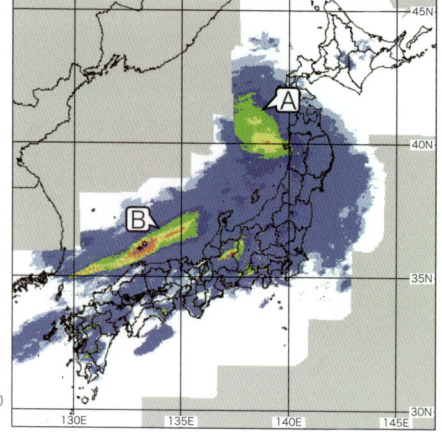

図4 解析雨量による前3時間降水量図
　　XX年7月11日21時（12UTC）
塗りつぶし域：前3時間降水量（凡例のとおり）
灰色域：レーダーデータの処理範囲外

ストーリーを意識することの大切さ　12-4

　図4で山陰沖にある3時間10mm以上の帯状降水域B（右図参照）が、図1の地上天気図の前線に対してどのような位置関係にあるかを求める問題です。

　このような問題では慎重にその対象となる位置関係を求めていく必要があります。

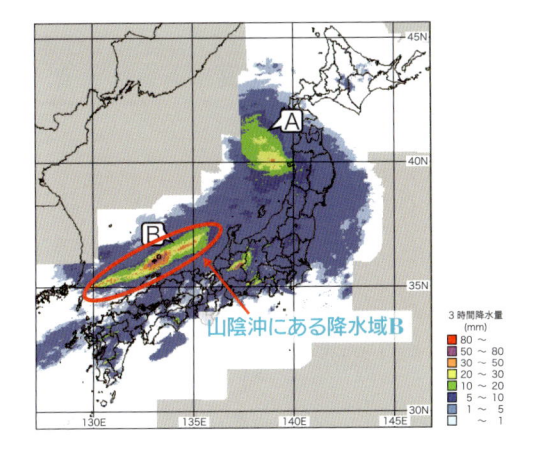

　ここでは図1の前線を図4の図に写し取り、そこから両者の位置関係を答えていきます。ただし、図1と図4は縮尺が異なるのでそのまま比べることはできず、ここでは緯度・経度をうまく使って比べます。

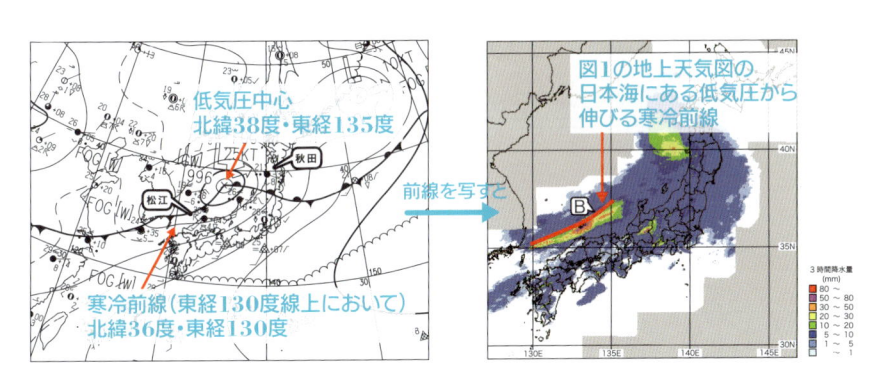

　図1の日本海に見られる低気圧の中心位置は北緯38度、東経135度で、そこから伸びる寒冷前線の東経130度を横切る緯度は北緯36度あたりです。その2点をもとにして図1の寒冷前線を図4に書き写したのが上図です。

　ここから寒冷前線よりも南側に降水域B（詳しくは3時間10mm以上の帯状降水域B）は位置していることがわかり、解答例のように簡潔に答えると南側にあるがこの問題の解答になります。

ポイント 12　実技

問題 平成23年度 第1回 通算第36回試験 実技1 問5(1)
難度：★★★★★

問5

(1) 図11から、前線が浜田（島根県）を通過した時間帯を、1時間刻みの値で答えよ。また、そのように判断した根拠を二つ、合わせて35字程度で答えよ。

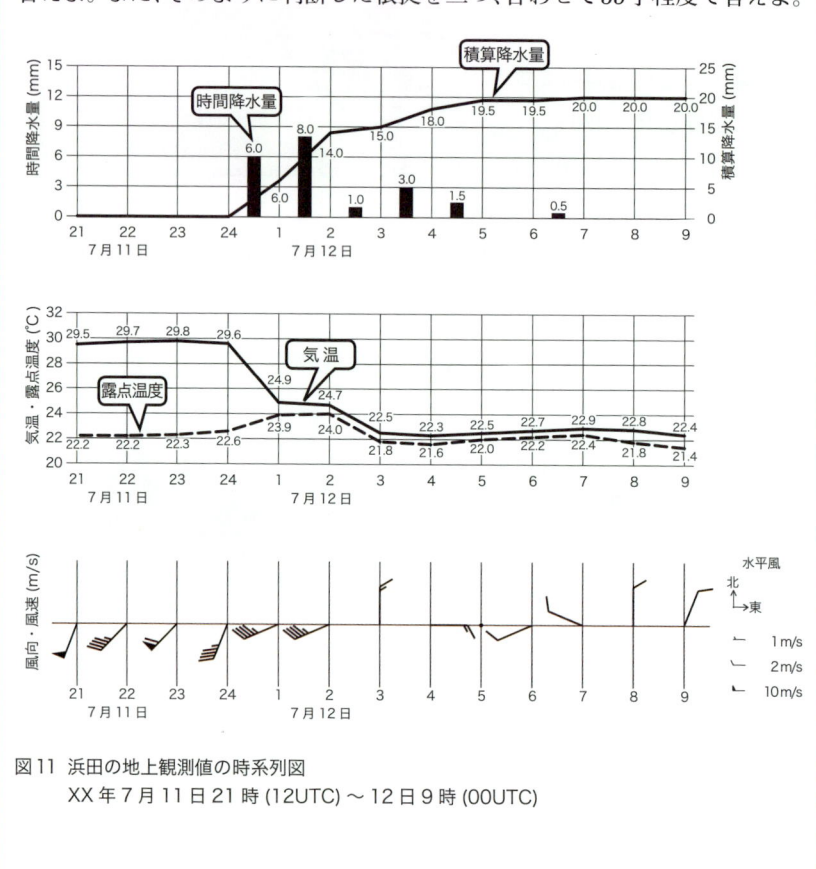

図11 浜田の地上観測値の時系列図
　　　XX年7月11日21時(12UTC)〜12日9時(00UTC)

この問題は前問と同じ実技試験（平成23年度第1回 通算第36回試験 実技1）であり、前問の続きであることをまずはしっかりと意識してください。

この問題は、図11から浜田（島根県）を前線が通過した時間帯を、根拠も合わせて答えるものです。

ストーリーを意識することの大切さ　12-4

　まず浜田の位置は右下図に示した通りです。図1は前問でも使った地上天気図で、この天気図の時間が7月11日21時（12UTC）です。

したがってこの時間においてはまだ浜田を寒冷前線は通過しておらず、この時間以降のどこかで通過することになります。

　一般に、寒冷前線が通過すると短時間に強い降水（落雷や突風を伴う）が観測され、風向が南または南西の風から西または北西の風に急変します。

　また、それに伴い気温が急激に低下し、露点温度も低くなります。

　それでは図11を見て浜田を前線（詳しくは寒冷前線）が通過する時間帯を考えていきましょう。まず図11（上）は降水量の変化を表した図であり、大きく目に付くのが11日24時～12日2時の比較的強い降水量を観測した時間帯です。

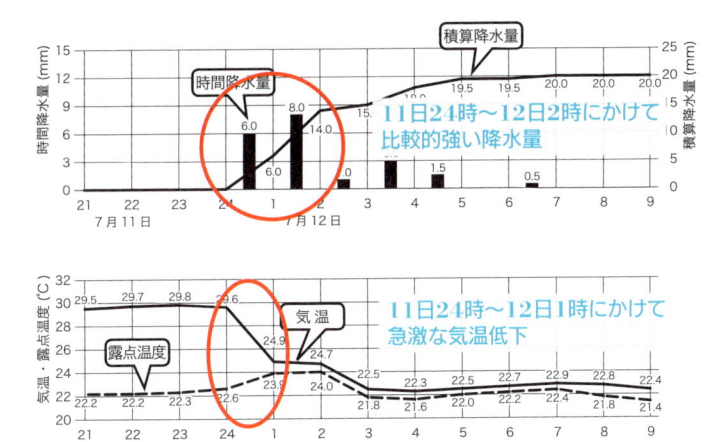

図1　地上天気図　XX年7月11日21時（12UTC）
実線：気圧（hPa）
矢羽：風向・風速（ノット）（短矢羽：5ノット、長矢羽：10ノット、旗矢羽：50ノット）
UTC：協定世界時（日本時間は協定世界時に9時間足すと換算）

浜田を7月11日21時の段階で寒冷前線は通過していない

11日24時～12日2時にかけて比較的強い降水量

11日24時～12日1時にかけて急激な気温低下

　また図11（中）は気温と露点温度の変化を表した図であり、ここでも11日24時～12日1時にかけての急激な気温低下が大きく目に付きます。

　このように強い降水量が観測され、気温も急激に低下していることから、寒

ポイント 12 実技

冷前線が通過した時間帯は11日24時〜12日1時（問題より1時間刻みの値で答えることに注意）であろうと、ここでは推測することができます。

しかしこの問題の前に解説をした問題（P.284〜P.285までの問4（1）の解説のこと）では、その解答として寒冷前線の南側に、山陰沖にある3時間10mm以上の帯状降水域Bが対応していると導き出したはずです。

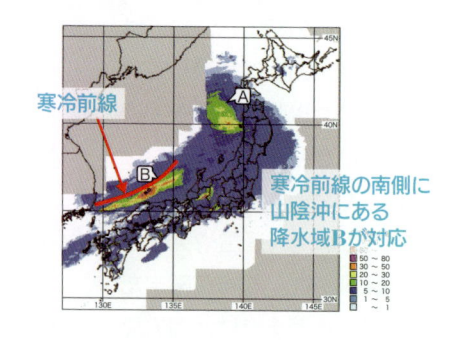

一般的に寒冷前線の通過と同時に降水も強まることが多いのですが、今回の問題では上記のような理由（寒冷前線の南側に、山陰沖にある3時間10mm以上の帯状降水域Bが対応していること）から、寒冷前線の通過する前にはすでに強い降水量が観測されるはずです。

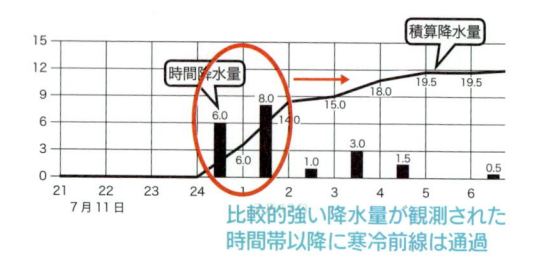

そのように考えると、図11（上）において比較的強い降水量が観測された時間帯（11日24時〜12日2時）よりも後に寒冷前線が通過すると判断でき、降水量はここではあまり参考にならないことがわかります。

そこで次に着目したいのが図11（下）の風向と風速の変化を表した図です。この図を見ると、12日2時〜12日3時において風向が西南西から北に急変していることがわかります。

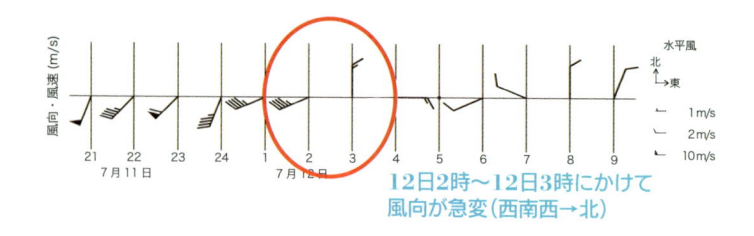

ストーリーを意識することの大切さ　12-4

　また図11（中）の気温と露点温度の変化を表した図を見ると、風向が急変した時間帯と同じ時間帯（12日2時～12日3時）に、急激ではありませんが※、気温は24.7℃（12日2時）から22.5℃（12日3時）、露点温度が24.0℃（12日2時）から21.8℃（12日3時）と、だいたい2℃程度低下していることがわかります。

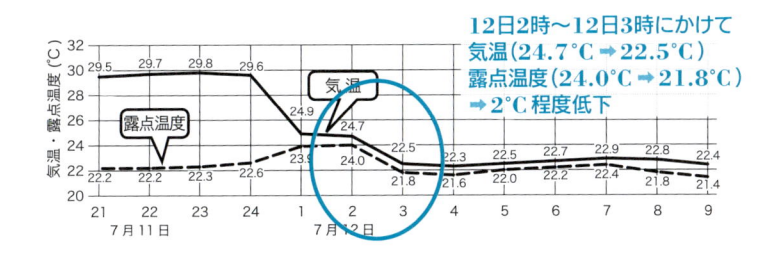

（図：気温・露点温度のグラフ　21時～9時、7月11日～7月12日）

12日2時～12日3時にかけて
気温（24.7℃ → 22.5℃）
露点温度（24.0℃ → 21.8℃）
→ 2℃程度低下

　このような理由から浜田を寒冷前線が通過した時間帯は12日2時～12日3時にかけてと判断できます。またその根拠は解答例のように「風向が西南西から北へ変化し、気温と露点温度がともに約2℃下降した。（32字）」になります。

　このように実技問題においてはそのストーリーを意識して解くことがとても大切であり、問題の流れを考えることで答えることができる問題も数多くあります。

（吹き出し：実技はストーリーをよく考えて試験に取り組むことが大切ダス）

　実際の実技試験中ではゆっくりと問題に取り組む時間はないかもしれませんが、問題にはストーリーがあることだけはしっかりと意識をしておいてください。

　そして実技の勉強において過去問題などに取り組む場合、最初の段階では試験時間（実技試験は75分）を意識せずに、ゆっくりと時間をかけて問題のストーリーやその問題が問われる意味を考えることが大切です。参考にしていただけるととてもうれしいです。

※ 11日24時～12日1時にかけての気温の急激な低下は、比較的強い降水による蒸発に伴う潜熱の吸収であると判断できます。蒸発に伴い空気中の水蒸気が増えることで湿度が高くなり、緩やかながらも露点温度が高く（11日24時：22.6℃ → 12日1時：23.9℃）なっていることがその証拠です。

ポイント 12　実技

索引

●英数字

3時間大雨確率 ... 203
3時間降水量 ... 203
3時間卓越天気 ... 203
3時間発雷確率 ... 203
500hPa天気図 ... 213
6時間降水確率 ... 203
CISK ... 238
GPV ... 189
GSM ... 188,257
hPa ... 126
IR ... 68,150
ITCZ ... 238
KLM ... 189,203
MSM ... 188,257
NRN ... 189,203
Pa ... 126
UV ... 68
VIS ... 68,150
VS ... 68,150
WV ... 151

●あ行

暖かい雨 ... 48,54
亜熱帯ジェット気流 ... 159
雨雲 ... 49
雨 ... 48
あられ ... 61
アルベド ... 72,80
暗域 ... 158
安定 ... 30
伊勢湾台風 ... 254
位相のズレ ... 207
位置エネルギー ... 97,234
一般形の鉛直方向の運動方程式 ... 194
一般向け予報 ... 257
移動性高気圧 ... 232
移流霧 ... 63
移流性逆転層 ... 64

ウィーンの変位則 ... 71
ウィンドプロファイラ ... 171,182
ウォームコア ... 237
うすぐも ... 49
渦度 ... 91,118,198
雨雪判別図 ... 252
雨量基準 ... 221
うろこぐも ... 49
上向き長波放射 ... 74
雲形の記号 ... 274
雲頂高度 ... 46
雲底高度 ... 44
運動エネルギー ... 97,234
運動方程式 ... 192
雲粒 ... 50
衛星画像 ... 150
エーロゾル ... 48,50
エコー ... 173
エネルギー量 ... 79
エマグラム ... 11,44
遠日点 ... 84
遠心力 ... 103
鉛直P速度 ... 199
鉛直シア ... 91,114
鉛直方向 ... 31
鉛直方向の運動方程式 ... 192,194
応用プロダクト ... 189
大雨警報 ... 221,222
おぼろぐも ... 49
温位 ... 26,33
温室効果 ... 75
温帯低気圧 ... 228,230
温帯低気圧の発達3条件 ... 234,277
温帯低気圧の発達過程 ... 166
温暖前線 ... 218
温度移流 ... 117
温度風 ... 91,114

●か行

項目	ページ
解析値	196
ガイダンス	188,189,202
ガイダンス結果	204
海面エコー	176
過去天気	275
火災	261
可視画像	150,155
可視光線	68,70,85
風	90
河川増水	210
河川氾濫	210
下層雲	49,66
かなとこ雲	162
過飽和	60
カルマンフィルター	189,203,206
過冷却雲粒	59
過冷却水滴	59
寒気移流	117
寒気場内小低気圧	251
乾燥空気	27,34
乾燥断熱減率	31
乾燥断熱変化	26,38
乾燥中立	32
観測値	196
寒帯前線ジェット気流	159
寒冷前線	218
寒冷低気圧	215,229,240
寒冷低気圧の南東象限	242
気圧	12,17,124,126
気圧傾度	107
気圧傾度力	93,100,103,112,201
気圧傾度力の水平成分	93
気圧の尾根	106
気圧の時間変化率	199
気圧の谷	106
気圧の単位	12
気圧配置	229,243
気圧変化量	199
気温・風	203
気温ガイダンス	207
気温減率	31
幾何光学的散乱	87
気象衛星観測	150
気象業務支援センター	257
気象業務法	254,256,262
気象災害	210,217
気象擾乱	228
気象ドップラーレーダー	171,178
気象レーダー	153,170
気象レーダー観測	170
気象レーダーの誤差	175
気層	124
気体の状態方程式	124,133,192
輝度	160
輝度温度	155,156
基本方程式	192
逆転層	64
客観解析	189,195
吸湿性	51
凝結	27,51,128
凝結熱	124,128
強風域	269
許可	258
極軌道衛星	150,153
霧	49,51,62,65,157
近日点	84
空間スケール	191
空気抵抗	54
空気の重さ	12
空気の温度	18
空気の密度	18
雲	49,50,62
雲パターン	151,161
くもりぐも	49
クラウドリーフ	166
傾圧不安定波	233
系統的誤差	189,205,206
傾度風	90,103,105
傾度風平衡	90,103
警報	211,220
夏至	83
巻雲	49
巻積雲	49

巻層雲	49
高気圧	103
高気圧性曲率	106
高気圧性循環	231
格子点値	195
降水確率	205
降水過程	48
降水強度	174
洪水警報	263
降水量	129,205
降水量ガイダンス	206
高積雲	49
高層雲	49
高層気象観測網	271
高度	124,126
氷の飽和水蒸気密度	59
黒体	68,70
誤差	196
コリオリ因子	95,105
コリオリパラメータ	95,105,143
コリオリ力	94,103,105,111
混合霧	63
混合比	34,41

●さ行

災害対策基本法	254,259
サイクロン	228
最高気温・最低気温	203
最小湿度	203
再放射	75
里雪型	251
三角関数	139
散乱	53,69,82,84
散乱強度	86
散乱係数	86
シア	91
シークラッター	176
ジェット気流	158
ジオポテンシャル高度	100,119
紫外線	68,70
時間スケール	191
仕事	20

下向き長波放射	74
湿潤空気	27
湿潤断熱減率	31
湿潤断熱変化	38
湿舌	248
質量保存の法則	145,192
視程	65
指定河川洪水警報	263
シミュレーション	195
収束	232
自由大気	91,110
自由対流高度	45
終端速度	54
住民の避難のための立ち退きの指示	264
重力	54
ジュール	23
十種雲形	49,157
昇華	60
昇華凝結過程	60
蒸気霧	63
条件付不安定	31
上層雲	49
状態方程式	12,13
消防法	255,261
深層崩壊	224
水蒸気圧	37,43
水蒸気画像	151,158
水蒸気吸収帯	159
水蒸気の潜熱	27
水蒸気の輸送方程式	192
水蒸気保存の式	192
水蒸気密度	37,43
水蒸気量	34
水滴	51,60
水平シア	91
水平方向の運動方程式	192
水防警報	262
水防法	255,261
水溶性	52
数値予報	188,196
数値予報資料	257
数値予報プロダクト	189,198

数値予報モデル	188
すじぐも	49
筋状雲	250
ステファン・ボルツマン定数	76
ステファン・ボルツマンの法則	76,151
正渦度	119,198
西高東低	210,249
静止気象衛星	150,152
静水圧平衡	192
成層圏	64
静力学平衡	12,13,188,192
積雲	49
赤外画像	150,155
赤外線	68,70,150
赤外放射	72
積乱雲	49,157,162,274
摂氏	21
接線	236
接線速度	173,235
絶対安定	31
絶対渦度	125,143
絶対渦度保存則	125,142
絶対温度	21
絶対不安定	31
接地逆転層	64
説明変数	204
全球数値予報モデル	188,191,193
全球モデル	188,257
旋衡風	109
旋衡風平衡	109
前線解析	245
前線性逆転層	64
潜熱	26,128,130
潜熱量	130
層厚	13
層厚と温度の関係	14
層雲	49,157
層間	115
総観規模	193
層状雲	49,157
層積雲	49
相対渦度	118,125,136,143
相対湿度	37,65
相当温位	26,246
速度収束	232
速度発散	232

●た行

第一推定値	196
大気境界層	91,110
大気の状態	30
大規模スケール	193
体積	55
第二種条件付不安定	238
台風	228,235
台風の温低化	239
台風の発生	238
太平洋高気圧	215
太陽高度角	83
太陽放射	53,69,71,74,79
太陽放射エネルギー量	82
対流雲	49
対流圏	64
対流不安定な成層	201
高潮警報	262
竜巻	109
多毛積乱雲	274
単一の積乱雲	194
暖気移流	117
暖気核	237
タンクモデル	224
断熱変化	22
短波放射	72,74,79
地球自転角速度	95
地球放射	63,69,71,74,79
逐次学習型ガイダンス	204
逐次学習機能	203
地形エコー	176
地形データ	206
地衡風	90,100,105,114,116
地衡風平衡	90,100
地上気圧	17
地上付近	110
着氷	218

見出し	ページ
注意報	211,220
中間圏	64
中層雲	49
長波放射	72,74,79
沈降性逆転層	64
津波警報	264
冷たい雨	48,58,177
定圧比熱	22,131
低気圧	103
低気圧性曲率	107
低気圧性循環	231,241
定積比熱	22,131
低地浸水	210
定容比熱	22
テーパリングクラウド	162
天気記号	272
天気記号の読み取り	270
天気図	210,213
天気予報の要素	203
転向力	96
電磁波	68,70,150,172
電波	172
等圧線	107
等圧面	116
等温層	32
冬季	249
動径速度	173,179,235
等高度線	107
冬至	83
特定向け予報	257
土砂災害	210
土砂災害警戒情報	211
土壌雨量基準	221
土壌雨量指数	211,221,224
ドップラー効果	171
届け出	258
ドライスロット	167
トラフ	106

●な行

見出し	ページ
内部エネルギー	20
にゅうどうぐも	49
ニューラルネットワーク	189,203,206
認可	258
熱エネルギー保存の法則	192
熱帯収束帯	238
熱帯低気圧	228
熱輸送	233
熱力学	10
熱力学の第一法則	20
熱力学平衡の式	193,281
熱力学方程式	192
熱量	20
粘性係数	54

●は行

見出し	ページ
バイアス	189,206
梅雨前線	244
梅雨前線解析	246
波長	68,71
発見者の通報義務	259
発散	232
ハリケーン	228
バルジ	166
反射率	72
非静力学平衡	188
非断熱変化	21
ひつじぐも	49
避難の指示	265
ひまわり	150,152
ひょう	61
氷晶	51,60
被予測因子	204
不安定	30
負渦度	119,198
冬型気圧配置	249,251
ブライトバンド	177
プリミティブ方程式	192
浮力	45
プロダクト	189
平均受信電力	174
平衡高度	46
ベクトル	236
偏西風	231

ボイル・シャルルの法則	192
放射	68
放射強度	76,156
放射霧	63,128
放射平衡	69,78,79
放射平衡温度	69
放射冷却	63
暴風域	269
飽和	34,60
飽和水蒸気圧	37,58
飽和水蒸気密度	37,58
ポーラーロー	251

●ま行

マイクロ波	153,154
摩擦力	54,91,110
ミー散乱	87
水の飽和水蒸気密度	59
みぞれ	61
密度	18,55
未飽和	34
無毛積乱雲	274
明域	158
メソαスケール	191
メソ数値予報モデル	188,191,193
メソスケール	191
メソスケールモデル	188
メソモデル	188,257
目的変数	204
持ち上げ凝結高度	44
もや	51,62,65

●や行

山雪型	251
融雪層	177
四次元変分法	197
予測因子	204
予測式	192
予報業務	257

●ら行

ライフステージ	234,277
ラジオゾンデ	271
乱層雲	49,157
離岸距離	250
リッジ	106
流域雨量指数	211,224,225
流下過程	225
流出過程	225
レイリー散乱	85,153
レーダー反射因子	174
レーダービーム	173
連続の式	145,192,193
ロール状対流雲	250
露点温度	28,247

●わ

惑星渦度	125,143
惑星規模	193
わたぐも	49

●著者プロフィール
中島俊夫（なかじま・としお）
気象予報士

1978年、大阪府生まれ。気象予報士試験に2度合格するなど型破りな予報士。大手気象会社で予報を学び、現在は個人で予報士講座「夢☆カフェ」を展開。予報士の劇団「お天気しるべ」を結成し、2013年には旗揚げ公演。著書に『気象予報士 かんたん合格 10の法則』（技術評論社）、『イラスト図解 よくわかる気象学』シリーズ（ナツメ社）。特技はイラストと歌うこと。
著者ブログ：気象予報士 中島俊夫の「夢は夢で終わらせない」ブログ
URL：http://ameblo.jp/nakajinoyume/

◆ カバーデザイン .... 下野ツヨシ（ツヨシ＊グラフィックス）
◆ カバーイラスト .... ハンダタカコ
◆ 本文イラスト .... 中島俊夫
◆ 本文デザイン・DTP .... 田中　望（ホープ・カンパニー）

気象予報士かんたん合格
解いてわかる必須ポイント12

| 2014年 | 8月20日 | 初版 | 第1刷発行 |
| 2021年 | 8月20日 | 初版 | 第2刷発行 |

著　者　　中島俊夫（なかじまとしお）
発行者　　片岡　巌
発行所　　株式会社技術評論社
　　　　　東京都新宿区市谷左内町21-13
　　　　　電話 03-3513-6150　販売促進部
　　　　　　　 03-3513-6175　書籍編集部
印刷／製本　港北出版印刷株式会社

定価はカバーに表示してあります。

本書の一部または全部を著作権法の定める範囲を越え、無断で複写、複製、転載、テープ化、ファイルに落とすことを禁じます。
©2014　中島俊夫

造本には細心の注意を払っておりますが、万一、乱丁（ページの乱れ）や落丁（ページの抜け）がございましたら、小社販売促進部までお送りください。送料小社負担にてお取り替えいたします。

ISBN 978-4-7741-6633-9 C3044
Printed in Japan

■ 本書の内容に関するご質問はFAXまたは書面にてお送りください。弊社ホームページからお問い合わせいただくこともできます。

■ 宛先
〒162-0846
東京都新宿区市谷左内町21-13
株式会社技術評論社
書籍編集部
『気象予報士かんたん合格
解いてわかる必須ポイント12』係
FAX：03-3267-2269

■ ホームページ
https://gihyo.jp/book